# C++
面向对象程序设计基础

U0303865

徐宏喆 李 文 董丽丽

**西安交通大学出版社**
XI'AN JIAOTONG UNIVERSITY PRESS

## 内容简介

本书是一本介绍面向对象程序设计内容及原理的教材,主要用于本科生学习面向对象程序设计课程及实验。本书以 C++语言为基础,Microsoft Visual C++ 6.0(简称为 VC++ 6.0)和 Code::Blocks 为实验环境,系统地阐述了面向对象程序设计的特点和思想,旨在使读者迅速迈入面向对象程序设计的大门,同时掌握 C++程序设计的基本技能和面向对象程序设计的概念与方法,并能编写出具有良好风格的程序。

本书共分为 8 章及 4 个附录。第 1 章总体介绍面向对象程序设计和 C++语言;第 2 章通过与传统程序设计的比较,介绍面向对象程序设计的概念和特性;第 3 章至第 8 章,详细阐述了 C++支持的面向对象程序设计的基本方法,包括 C++语言基础、类、对象、派生与继承、多态性、I/O 流等;最后,在附录中介绍相应的开发环境,并安排综合与系统的训练,作为知识性的扩充与编程能力的提高。

**图书在版编目(CIP)数据**

C++面向对象程序设计基础/徐宏喆,李文,董丽丽编. —西安:西安交通大学出版社,2014.8(2020.12 重印)
ISBN 978-7-5605-6449-4

Ⅰ.①C… Ⅱ.①徐…②李…③董… Ⅲ.①C 语言–程序设计 Ⅳ.①TP312

中国版本图书馆 CIP 数据核字(2014)第 144316 号

| | | |
|---|---|---|
| 书　　名 | C++面向对象程序设计基础 | |
| 编　　者 | 徐宏喆　李　文　董丽丽 | |
| 责任编辑 | 屈晓燕　陈　静 | |
| 出版发行 | 西安交通大学出版社 | |
| | (西安市兴庆南路 1 号　邮政编码 710048) | |
| 网　　址 | http://www.xjtupress.com | |
| 电　　话 | (029)82668357　82667874(发行中心) | |
| | (029)82668315(总编办) | |
| 传　　真 | (029)82668280 | |
| 印　　刷 | 西安日报社印务中心 | |
| 开　　本 | 787mm×1092mm　1/16　　印张　22　　字数　532 千字 | |
| 版次印次 | 2014 年 11 月第 1 版　　2020 年 12 月第 8 次印刷 | |
| 书　　号 | ISBN 978-7-5605-6449-4 | |
| 定　　价 | 40.00 元 | |

读者购书、书店添货、如发现印装质量问题,请与本社发行中心联系、调换。
订购热线:(029)82665248　(029)82665249
投稿热线:(029)82664954
读者信箱:jdlgy@yahoo.cn

# 前　　言

面向对象程序设计是不同于面向过程程序设计的一种新的程序设计范型,它对降低软件的复杂性,改善其通用性和维护性,提高软件的开发效率,有着十分重要的意义。

C++语言作为同时支持面向对象程序设计和面向过程程序设计的混合型语言,既保留了C语言灵活高效的特点,同时大量引入了面向对象的思想,增加了许多面向对象所独有的语法结构,如类、继承、多态等。C++语言中灵活的变量说明,新的输入/输出流,引用的使用,都大大方便了编程操作,即使在面向过程程序设计过程中,使用C++语言也会带来更高的效率和安全性。

本书共分为8章及4个附录。书中以准确的语言和丰富的示例程序,系统地介绍了C++语言的各种语法结构及特性。第1章总体介绍面向对象程序设计和C++语言;第2章介绍面向对象程序设计的概念和特性;第3章介绍C++语言的基础语法结构,包括数据类型、表达式、语句和函数,同时还介绍了几种C++语言中特有的语法结构,如引用等。第4章介绍面向对象程序设计最基础的概念——类和对象,是本书的核心和基础;第5章介绍静态成员与友元的概念;第6章介绍面向对象程序设计非常重要的概念——派生类与继承,也是本书的一个核心和难点;第7章介绍多态的编程思想及C++中提供的多态机制;第8章介绍C++语言全新的I/O流。附录1是VC++6.0开发环境的简介;附录2是Code::blocks开发环境的简介;附录3中列出了C++语言中运算符优先级关系;附录4是综合训练,旨在提高读者的实际程序设计能力。

本书各章都有综合训练、小结、练习题和提示。综合训练包含了本章的核心语法点,通过对实际题目的分析、编程,逐步向读者介绍使用C++语言编程的方法和经验,力求让读者能够掌握一些实际编程的方法和技巧;小结是对本章所有内容的回顾,可以帮助读者复习;练习题是章节内容的补充,读者可以通过完成练习题来巩固各章的内容;提示贯穿章节始终,介绍实际编程的一些技巧。

本书是编者集多年对普通高等院校本科生、研究生C++面向对象程序设计的教学经验,并参阅大量中外资料的基础上完成的。为了使读者能够更好地掌握面向对象程序设计的思想,编者根据多年在教学与科研工作中的心得体会,通过大量生动明晰的实例、丰富的图例、生动的语言,一步步揭示和阐述面向对象程序设计的概念与思想,并运用软件工程的方法、示例,力求使本书具有通俗性和实用性。

本书从初学者的视角入手,紧紧围绕着如何进行面向对象程序设计而展开,由浅入深地使读者掌握面向对象程序设计的思想与方法。大量生动、形象、丰富的实例与每章、每小节都会出现的建议、提示等内容都是本书的一大特色。

在本书的编写过程中,朱晓光、韩俊强、赵嘉麒、魏中强、吴夏、武晓周、姚智海、薛岁庆等人完成了大量校正、录入工作。在此对他们的工作表示感谢!

对于本书存在的疏漏和不足之处,希望广大读者批评指正。

编者

# 目　　录

# 第 1 章　绪　论

　　软件开发过程是一种高密集度的脑力劳动,开发方需要投入大量的人力、物力和财力。由于早期的面向过程软件开发模式及技术不能适应软件发展的需要,致使大量质量低劣的软件产品涌向市场,有的甚至在开发过程中就夭折了。国内外在开发一些大型软件系统时,遇到了许多困难,有的系统最终彻底失败了;有的系统则比原计划推迟了很多年,而且费用严重超过了预算;有的系统无法达到用户当初的期望;有的系统则无法进行修改维护,这些在软件开发过程中出现的情况都称之为"软件危机"。出现软件危机的原因是多方面的,如软件需求变化频繁、开发方法落后等。人们尝试从不同角度、不同层次来解决软件危机,如严格确定软件需求、采用新的开发模型、采用计算机辅助工具等。

　　面向对象程序设计就是在这样的环境中产生的。在面向对象程序设计语言(下文简称为面向对象语言)产生之后,面向对象程序设计逐步成为软件开发的主流,其中所蕴涵的面向对象的思想不断向开发过程的上游和下游发展,形成现在的面向对象分析、面向对象设计、面向对象测试等软件开发方法,并一起逐步发展为面向对象软件开发方法。本章包含的主要内容如图 1.1 所示。

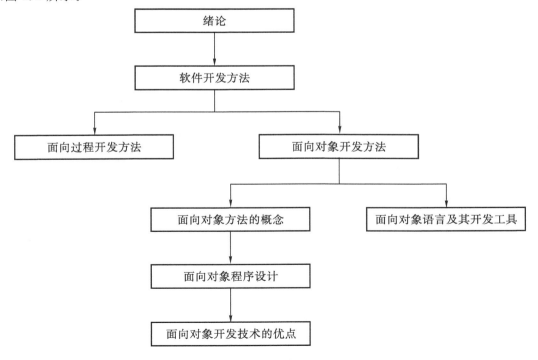

图 1.1　绪论的知识导图

# 1.1 软件开发方法

关于"软件危机"的一些具体案例。

案例 1：IBM 公司的 OS/360，共约 100 万条指令，花费了 5000 个人年；经费达数亿美元，结果却令人沮丧，错误达 2000 个以上，系统根本无法正常运行。OS/360 系统的负责人 Brooks 这样描述开发过程的困难和混乱："像巨兽在泥潭中作垂死挣扎，挣扎得越猛，泥浆就沾得越多，最后没有一个野兽能够逃脱淹没在泥潭中的命运。"

案例 2：1962 年 6 月，美国飞往金星的第一个空间探测器（水手 I 号），因计算机导航程序的一条语句出错，致使空间探测器偏离航线无法取得成功。

案例 3：阿波罗 8 号由于太空飞船的一个计算机软件错误，造成存储器的一部分信息丢失；阿波罗 14 号在飞行的 10 天中，出现了 18 个软件错误。

以上案例表明，在软件开发的过程中一定要像其他行业那样，需要一定的方法来指导开发过程，这就是软件开发方法。软件开发方法很多，一般归结为面向过程的开发方法和面向对象的开发方法。

## 1.1.1 面向过程的开发方法

面向过程的开发方法包含分析、设计、实现、确认（测试）、演化（维护）等活动。典型的面向过程的开发方法有：Jackson 方法、结构化开发方法等。其中结构化开发方法是现有的软件开发方法中最成熟、应用最广泛的方法。结构化开发方法是一种面向数据流的开发方法，其基本原则是功能的分解与抽象。结构化方法提出了一组提高软件结构合理性的准则，如分解和抽象、模块的独立性、信息隐蔽等。该方法的主要特点是快速、自然和方便。结构化方法总的指导思想是自顶向下、逐步求精。

结构化开发方法通常采用瀑布模型，其工作机制为：下一阶段工作开始的前提是前一阶段工作的结束。即前期阶段的工作是后期阶段的基础；而后期阶段的工作是前期工作的延续和深化。但从 20 世纪 80 年代开始，逐渐发现其不足。面向过程的方法与技术在构建一个系统时的流程是：从需求出发，制订计划，编写代码，测试代码，维护系统。从这一过程可以发现，在做需求分析、制订计划阶段都需要用户的参与，其十分强调前期工作的完美性，如在前期阶段有不周到的地方，将给后期的代码编写带来巨大麻烦，往往可能由于没有弄清用户的需求而使整个开发重来。但是需求和计划有时是连用户也难以在一个具体时间内说清楚的，用户的需求可能是在使用系统时逐步提出的，也可能是在分析阶段就与程序开发人员在理解上有分歧。这导致在软件开发过程中需要不断地改写代码，但这些代码是面向过程的具体细节的，修改起来十分困难，往往会使程序开发人员陷入代码的泥潭。从思维的方式来看，这是一种自顶向下的开发方法，但是由于不同的人对系统的理解角度不同而得到的顶层设计不同，对系统的细化程度不同而得到的底层实现不同，最终导致实现的巨大差异。

软件开发过程是个不断迭代的过程，由以上的分析可知：瀑布模型将软件开发分割为独立的几个阶段，不能从本质上反映软件开发过程本身的规律。此外，过分强调复审，并不能完全避免较为频繁的变动。尽管如此，瀑布模型仍然是开发软件产品的一个行之有效的工程模型。

### 1.1.2　面向对象的开发方法

面向对象方法的出现在一定程度上弥补了面向过程方法的不足。面向对象技术是一种设计和构造软件的技术,它使计算机解决问题的方式更符合人类的思维方式,并且能更直观地描述客观世界。面向对象方法通过增加代码的可重用性、可扩充性和程序自动生成功能来提高编程效率,很大程度上减少了软件维护的开销。20 世纪 80 年代末以来,随着面向对象技术成为研究的热点,出现了数十种支持软件开发的面向对象方法。

随着 Windows 操作系统和 Internet 的普及,面向对象程序设计技术得到越来越广泛的应用,面向对象方法和技术已成为计算机领域的主流技术。面向对象方法与技术起源于面向对象的编程语言(OOPL)。20 世纪 80 年代大批 OOPL 的出现和不断提高标志着 OO(面向对象)技术开始走向繁荣和实用。20 世纪 80 年代后期到 90 年代相继出现了一大批关于面向对象的分析与设计的论文和专著。进入 20 世纪 90 年代以来,在学术界面向对象的方法与技术已成为最受关注的研究热点,越来越多的学术会议和学术期刊把面向对象列为主要议题之一,并且每年都有许多关于面向对象的专著出版。在产业界,几乎所有新的软件开发,都全面地或部分地采用面向对象技术。

面向对象的方法与技术和面向过程的方法都在一定程度上缓解了“软件危机”现象,但是前者弥补了后者在软件开发中遇到的种种问题。将面向对象的方法与技术运用在需求分析阶段,开发人员可以从一个用户清楚的需求出发,构造实现这种需求的对象,规定其操作,由多个对象抽象为类,由类构造超类,由类派生出实例,一步步逐步构造系统。由于对象与其操作是封装的,所以在对某个对象修改时只涉及该对象、该类的细节,不影响整个系统。这是一种自底向上的开发方法,用户看到的是与系统更加贴近的内容。

提示:为了克服“软件危机”,提高软件的开发效率,人们不断地从实践经验和理论中探索软件工程的新途径。上面提到的面向过程和面向对象开发方法并不是相互排斥的,而是相互补充、相互促进的。在实际的软件开发过程中,要根据实际情况来选择适当的开发方法 ,这样才能确保开发出成功的软件。

## 1.2　面向对象的概念和面向对象程序设计

面向对象方法是一种运用对象、类、继承、封装、聚合、消息传送、多态等概念来构造系统的软件开发方法。其基本思想是从现实世界中客观存在的事物(即对象)出发来构造系统,并在系统构造中尽可能运用人类的自然思维方式。

### 1.2.1　面向对象方法的概念

在面向对象方法中有两个重要的和最为基础的概念——类与对象。在面向对象的程序设计中,“对象”是系统中的基本运行实体,是有特殊属性(数据)和行为方式(方法)的实体。即对象由两个部分构成:一组包含数据的属性和对属性中包含的数据进行操作的方法。也可以说,“对象”是将某些数据代码和对该数据的操作代码封装起来的模块,是有特殊属性(数据)和行为方式(方法)的逻辑实体。对象包含了数据和方法,每个对象就是一个微小的程序。

类是对具有公共方法和一般特殊性的一组基本相同对象的描述。一个类实质上定义的是一种对象类型,由数据和方法构成,其描述了属于该类型的所有对象的性质。对象是在执行过程中由其所属的类动态生成的,一个类可以生成不同的对象。在面向对象的程序设计中,对象是构成程序的基本单位,每个对象都应该属于某一类,对象也可称为类的一个实例。

### 1.2.2　面向对象的程序设计

面向对象的程序设计就是用一种面向对象的编程语言(如 C++)把软件系统书写出来。在面向对象编程中,程序被看作是相互协作的对象集合,对象间的通信是通过消息来实现的,每个对象都是某个类的实例,所有的类构成一个通过继承关系相联系的层次结构。面向对象的编程方法有以下 4 个基本特征。

(1)抽象。抽象就是忽略一个主题中与当前目标无关的那些方面,以便充分地注意与当前目标有关的方面。

(2)继承。继承是一种连接类的层次模型,并且允许和鼓励类的重用,其提供了一种明确表述共性的方法。这种特征体现了一般和特殊的关系。继承性很好地解决了软件的可重用性问题。

(3)封装。封装是对象和类的重要特性。封装把过程和数据封闭起来,只对外界提供访问开放数据的接口。封装保证了模块具有较好的独立性,使得程序维护修改较为容易。

(4)多态。多态是指允许不同类的对象对同一消息作出响应。多态性语言具有灵活、抽象、行为共享、代码共享的优势,解决了应用程序的函数同名问题。

### 1.2.3　面向对象开发技术的优点

面向对象开发技术的优点如下:

(1)与人类的思维习惯类似。面向对象技术对问题空间进行自然分割,以更接近人类思维的方式建立问题域模型,以便对客观实体进行结构模拟和行为模拟,从而使设计出的软件尽可能直接地描述现实世界。

(2)可重用性好。应用程序更易于维护、更新和升级。继承和封装使得应用程序的修改带来的影响更加局部化。

(3)具有良好的稳定性。运用面向对象技术,软件开发时间短,效率高,所开发的程序更稳定。由于面向对象编程的可重用性,可以在应用程序中大量采用成熟的类库,从而缩短开发时间。

面向对象技术有诸多的优点,但是如果没有很好的软件开发工具支持的话,则就会增加开发的难度。为此,本书采用当前比较流行的 C++开发工具——VC++和 Code::blocks(部分代码只能在 VC++6.0 下运行)作为本书所有例子的开发工具。

## 1.3　面向对象语言(C++)及开发工具

C++语言是从 C 语言中孕育出来的。C 语言是一种面向过程的语言,以其灵活和高效而著称。Bjarne Stroustrup 对 C 语言的内核进行了必要的修改,使其满足了面向对象模型的要求。于是一种新的语言——C++语言应运而生。

　　C++的一个设计目标就是通过支持面向对象来增强 C 语言的功能。C++只是在 C 语言的基础上添加了一些面向对象概念的新语法规则,并不影响原有 C 语言所有的语法规则,所以 C++是完全兼容 C 的,原来用 C 编程的程序可以不做修改或者做很少的修改就可以在 C++环境中正确地执行。因此,也可以把 C++认为是一个混合型的语言,它既支持结构化的编程(C++包含 C 的全部语法规则),同时也支持面向对象的编程(C++添加了适应面向对象的语法)。

　　VC++是目前较为流行的 C++集成开发环境(IDE),是由 Microsoft 公司开发的。该开发环境除了提供标准的 C++语言的库函数以外,还提供了 MFC(微软基础类库),方便用户创建一些高级特性的类,使开发人员在一定程度上避免了诸如写任何一个类都要从头开始写的繁琐过程。

　　Code::Blocks 是一个开源的 C/C++的集成开发环境。Code::Blocks 由纯粹的 C++语言开发完成,开发环境具有较快的响应速度并具有跨平台性,支持在不同的操作系统下运行。Code::Blocks 是目前进行 C/C++程序开发的主流开发环境之一。

　　本书内的所有源代码均可在 VC++6.0 和 Code::Blocks 下运行(但部分代码只能在 VC++6.0 下运行)。

　　在 VC++和 Code::blocks 里面创建一个类是很轻松的一件事情,因为指定了类名以后,就会自动生成一些代码。除了自动生成代码以外,开发环境还提供了一个良好的编译、连接、执行以及调试环境,在开发环境中书写完代码以后,可以马上点击工具栏中相应的按钮执行相应的功能。值得称道的是,VC++和 code::Blocks 为开发人员提供了基于图形界面的调试环境,开发人员通过设定相应的断点,并跟踪所有变量的变化,就可以为程序排错,为编写出优秀的代码提供了便利的条件。关于 VC++和 Code::Blocks 的使用方法参见附录 1 和附录 2。

# 思考与练习题

　　1.软件开发方法包括哪些?

　　2.面向过程的开发方法和面向对象的开发方法的优缺点有哪些?

　　3.试列出面向对象的编程方法的基本特征。

　　4.面向对象开发技术有哪些优点?

　　5.什么是 VC++?

# 第 2 章　面向对象的程序设计

面向对象程序设计方法(Objected Oriented Programming,OOP)的主要出发点是弥补面向过程程序设计方法中的一些缺点。OOP把数据看作程序开发中的基本元素,并且不允许其在系统中自由流动。它将数据和操作这些数据的函数紧密地连接在一起,并保护数据不会被外界的函数意外地改变。OOP将问题分解为一系列"实体"——这些"实体"被称为对象(object),围绕这些实体建立数据和函数。本章包含的主要内容如图 2.1 所示。

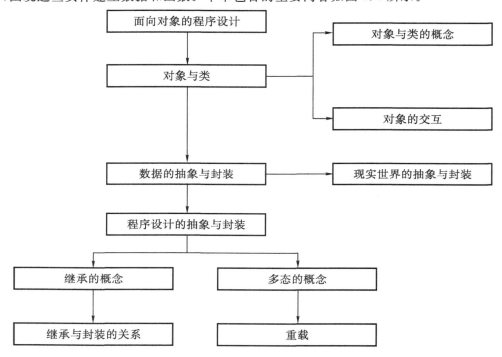

图 2.1　面向对象程序设计的知识导图

## 2.1　对象与类

### 2.1.1　对象与类的概念

面向对象不仅是一种编程的方法,同时也是一种看待世界和分析问题的思想,并且还是对实际问题建模的方法和工具。面向对象方法的思考方式与人的思维方式类似,即面向对象思想使用人类习惯的思维方式来描述需要解决的问题。人类在认识事物的时候最基本的单元——实体,对应面向对象方法中的对象,是面向对象方法中最基本的一个概念。

对象是客观世界中的一个实体。世界和宇宙就是由许多不同的对象构成的,一个人、一辆车都是一个对象。需要注意的是,对象是一个具体存在的实体,不是抽象的概念,例如一辆黄色的奔驰轿车是一个对象,但"车"这个抽象的概念并不是一个对象(其为一个类,这将在之后介绍类的概念时提到),只有具体化的真实存在的实体才可以被叫做对象。

对象包含以下几个内容。

(1)对象的名字。客观世界中没有两个实体是完全一样的,同样地,当用对象来表示这些实体的时候,也要用不同的对象名字加以区分。

(2)对象的属性。属性是对实体某一方面的描述,属性表示了对象包含的数据。实体之间的区别就在于属性的不同,这种不同表现为两种方式,一种是属性的种类不同,如学生具有学号这个属性,老师就没有;第二种不同是属性的内容不同,例如两个学生都有学号这个属性,但学号不同。

(3)对象的操作。对象的操作指的是对象能够进行的行为。例如"一辆黄色的奔驰轿车"这个对象就具有行驶操作。

从对象的内容可以看出,数据(属性)和操作被紧密地联系在一起,这就克服了结构化设计中数据和操作分离的弱点。同时这种方式也比较符合人的认知过程,人在看到小汽车的时候很自然地会联想到它的功能(如小汽车具有行驶功能)。客观实体的属性和操作在人脑中本来就是被放在一起处理的,使用符合对象认识问题过程的方法,有利于程序设计者描述复杂的现实问题。

下面是一个对象的例子。

对象名称:小明

对象属性:

　　　　学历:大学

　　　　年龄:21

　　　　专业:历史系

对象操作:

　　　　上课

　　　　吃饭

人在认识世界的各个对象时,并不是把每个对象都当做一个孤立的个体,如一只黄猫和一只白猫是两个不同的对象,人们在认识它们的时候会认为它们都是猫。也就是说,人在认识对象的时候往往能看到对象间的共性,通过这些共性人会对对象进行分类,这反映在面向对象方法中就是"类"的概念。

类可以说是对象的模型,用一个模型便能建立许多类似的对象。这种关系就类似于月饼和月饼模,一旦制好了月饼模,就可以成批地制作相同的月饼了。

下面是个类的例子。

类名称:学生

类属性:

　　　　学历

　　　　年龄

　　　　专业

对象操作：

　　　　上课

　　　　吃饭

对这个类的例子和前面对象的例子进行比较。

（1）名称并不指某个实体，例如上例中的类名称"学生"是指一个范围的人，而不是某一个人；而对象是具体的，对象的名称各不相同。

（2）属性表示一个范围，其值是不确定的，如上个例子中的属性年龄，只表示一个范围，一般取 1～120；而对象也有年龄属性，但对象的年龄属性是一个确定的值21。

（3）类和对象都有操作，且二者的操作是相同的。

从上面的比较可以看出，类与对象的关系就是抽象与具体的关系。类是一个框架，是对具有同类型属性和操作的对象组的抽象；对象则是类的实例化，给类这个框架中的属性填上一组确定的值就可以得到一个对象。

## 2.1.2　对象的交互

在面向对象设计中，所有解决问题的函数都被放进了一个个类（和对象）中。与结构化方法相比，面向对象方法同样将问题分解成多个子问题，只是和结构化的分解方法不同，面向对象是把功能函数按照其所属的对象分类。也就是说，哪个对象实现这个功能，这个功能的函数就分给哪个对象（在面向对象中函数被称为方法）。这样的分解使得功能函数不再按实现功能的结构来排列，完成一个功能可能要涉及多个对象中的方法，一个对象往往不能解决问题，需要几个对象协作来完成。

结构化编程中，主程序掌握着执行的顺序，因为所有的函数都是被主函数逐级调用返回的，函数是按照功能分模块排放的，解决一个问题所用的函数都放在一起，呈现分层的关系，控制流程简单。但面向对象中，方法是按照对象排放的，当一个方法想调用其他对象中的方法时，这两个对象就要发生交互，所以面向对象的控制流程相对复杂，这种复杂关系正是对客观世界中复杂的实体关系的真实反映。这就好比军队和企业，军队的管理制度像结构化设计方法，上下级明确，下级绝对服从上级，完成上级指派的任务，最上层的领导很容易控制全局；企业的管理制度则更像面向对象的设计方法，各个部门之间大多属于平行的关系，如果一个项目要跨几个部门，就需要几个部门进行交互，没有哪个部门有绝对的主导权，每个部门都只做好自己应做的部分，再把需要别的部门做的任务传递给相应的部门并等待回应。

对象之间的交互是通过消息传递机制进行的。传递只是抽象的叫法，并不是真的传递一个完整的消息，对别的对象中方法的调用也是消息传递。这里的消息发送并不强调传递形式，消息传递只是一种通知，告诉其他对象要使用其中的方法。这种程序执行控制的方法和现实中解决一个问题的方法类似。在生活中，当遇到不能做的事情的时候也会发消息给其他人来帮助解决。例如，去买火车票，只是给窗口工作人员发送了一个口头消息，消息包括了车票的信息，然后就等待工作人员来完成登记、打印车票等一系列任务。

面向对象的设计靠消息传递来推动程序的运行，这种方法间的耦合程度显然低于结构化设计中的函数调用。这样的执行控制形式是由对象的特性和封装性（下一节将提到）决定的。面向对象方法是使用信息发送的方式完成对象交互，将分散在各个对象中的方法联合起来解决问题。

## 2.2　数据的抽象与封装

### 2.2.1　现实世界中的抽象与封装

在现实世界中,抽象和封装是非常普遍的一种现象。从对象的观点来看,世界各种数据和操作都被对象分隔开来,封装是对象对其内部数据和操作的隐藏。例如,在购买火车票这个例子中,存在两个对象,购票者和工作人员。购买车票是通过这两个对象的交互来完成的。对于购票者来说,只需要对工作人员描述清楚他对车票的要求(两个对象之间的一次消息发送),工作人员就可以完成其他工作,返回给购票者一张正确的车票。在这个过程中,购票者对工作人员进行了什么样的操作并不了解,对工作人员如何进行操作也不了解,如工作人员是否进行了车票登记,怎么登记,这些购票者是看不到的。这些操作和数据只有工作人员才知道,也就是说工作人员把他能进行的操作和数据对外隐藏了起来,这就是对象的封装性。更重要的是,购票者在发送完车票信息后就在等待一张正确车票的返回,购票者对工作人员进行了怎样的操作来完成一张正确车票并不关心。即购票者关心工作人员"能做什么"(在本例中购票者关心工作人员具有输出一张车票的功能),而工作人员关心"怎么做",因为工作人员要完成许多操作来实现输出一张车票的功能。正因为两个对象对同一过程关心的方向不同,所以可以将操作和数据封装在关心"怎么做"的对象中,而对于关心"能做什么"的对象只要告诉它功能的一些信息就可以了。

在上例中,购票者通过发送消息来让工作人员为他服务,但消息中该包含什么样的内容呢,应该有个规范存在来指导购票者发送正确有用的信息给工作人员,使得工作人员可以为他正确服务。这个规范就是对工作人员功能的抽象。工作人员将自己的操作抽象成一个购票流程,来告诉购票者他能做什么,需要从购票者那里得到什么样的信息。抽象是对系统和功能的简要描述和规范说明,对象要进行抽象的目的是告诉其他对象它能做什么,以及为其他对象如何请求它的服务提供指导。例如电器的使用说明,给出使用者电器的功能和如何使用,而把电器内部的构造和运转流程隐藏起来。

总之,对象对外隐藏自己的数据和操作,同时将这些数据和操作实现的功能抽象出来,作为其他对象请求服务的接口,这就是抽象与封装。

### 2.2.2　程序设计中的抽象与封装

在程序设计中,对象可以看成一种把数据和操作紧密结合在一起的数据结构,对它进行封装是很方便的事情。类与对象都具有封装性,将"工作人员类"用下面的语言来描述。

工作人员类:

　　数据:

　　　　车票号码

　　　　车票价格

　　　　购票者姓名

　　操作:

　　　　登记车票

　　　　打印车票
　　　　客户信息录入

在这个类定义中可以看到封装的概念。在"工作人员类"中,具有 3 个数据和 3 个操作,大部分数据和操作是"工作人员类"解决"怎么做的"这个问题时候用到的,与其他类和对象无关,其他类和对象也没有权利看到这些操作和数据,甚至根本就不知道这些数据和操作的存在!但"客户信息录入"操作需要被其他类或对象看到,其他类或对象就是用这个操作和"工作人员类"传递消息和数据的,所以"客户信息录入"操作可以看成是"工作人员类"和外部对象或类的接口。

在封装特性下,一个对象或类就像一个具有接口的黑色盒子,外界只能看到接口,而看不到盒子内部的构造。如果没有抽象出来的接口,这个对象将失去所有和外界的联系,不能为其他对象服务,从而失去了作用;如果不封装,则暴露出所有的数据和操作,既不必要(其他类和对象不关心这些数据和操作),也不安全。封装和抽象使得对象具有良好的功能和适应性。

## 2.3　继承

继承是面向对象概念中最重要的一个特性。继承的引入改变了对象之间的关系,为对象建立了层次,大大简化了编程的代码量。

### 2.3.1　继承的概念

在现实中,会遇到许多对象具有一些相同的属性,但又具有一些本身独有的属性,继承就是对对象之间所具有关系的描述。例如,哺乳动物和猫是两个对象,都有恒温、胎生等特性,但猫除了这些特性之外还具有其他特性,如食肉。从面向对象的角度来看,猫这个对象继承了哺乳动物这个对象的所有属性,同时猫还具有其他特有的属性,这两个对象之间的关系如图 2.2 所示。

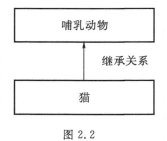

图 2.2

箭头由猫指向哺乳动物表示猫"继承"了哺乳动物的所有属性,这个关系不能颠倒过来。这里所说的继承是面向对象程序设计中的一个概念,和现实生活中继承的概念有一定的区别。面向对象中的继承要求具有继承关系的两个类(或对象)具有以下两个特征。

(1)继承类(如上例中的猫)必须包括被继承类(如上例中的哺乳动物)的所有属性。

(2)继承类要有自己独有的属性。

例如,当类 A 继承了类 B,那么类 A 一定具有类 B 所有的属性,同时类 A 还有自己独有的属性。其中类 A 叫做子类或派生类,类 B 叫做父类或基类。

继承可以形成层次结构,例如类 A 继承了类 B,而类 B 又继承了类 C,那么类 A、B、C 就形成了一个层次结构,类 A 间接继承了类 C 的所有属性,如图 2.3 所示。

图 2.3 中有 3 个类,分别是虎、猫科动物、哺乳动物。虎继承了猫科动物的属性,猫科动物又继承了哺乳动物的属性,所以虎也就间接继承了哺乳动物所有的属性。

继承按照继承源的不同,可以分成单继承和多继承。

单继承是指只具有一个基类的继承关系,如图 2.2 和图 2.3 中的继承都是单继承。

多继承是指具有多个基类的继承关系,这种继承关系在现实生活中比较常见。例如儿子在血型、长相等属性上同时继承了父亲和母亲的特性,如图 2.4 所示。

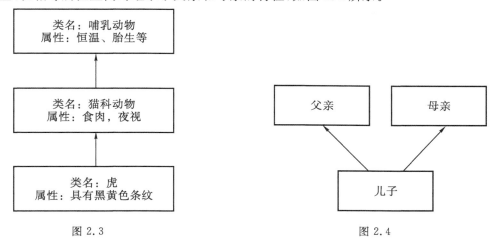

图 2.3　　　　　　　　　　　　　　　　　　　图 2.4

作为面向对象的 3 大特性之一,继承减少了公用代码的重复开发,提高了代码的重用性,从而很大程度上提高了软件开发的效率。如果没有继承,所有的开发都是"从头开始",可能每次开发很多类都是类似的,但程序员不得不每次都重新编写这些类相同部分的代码。有了继承,程序员就可以只编写每次开发中不同的内容,相同的内容使用继承就可以得到,这样程序员就可以把精力集中在问题的关键部分了。继承同时将程序中的类排列成一种层次关系,使程序不再是由一堆毫不相关的类构成,程序就可以具有良好的结构。

### 2.3.2　继承与封装的关系

封装要求类对外隐藏自己的数据和操作,而继承是一种在两个类之间共享代码的机制,实际上,这种代码共享是系统内部的静态共享,也就是说一个类虽然是派生类,但是在建立这个类的时候,系统会自动从它所继承的基类中把共享的代码复制到这个派生类中,然后这两个类就是两个封装好的类了,外部只能通过发送消息来和它们交互。即代码共享只是为了减少程序员编写代码的操作,在系统内部,具有继承关系的两个类被当做两个独立封装好的类来处理。所以继承和封装并不矛盾,在减少编程代码量这一点上是一致的。

## 2.4　多态性

多态是对各个操作的共性的提取,是以人的眼光来看待现实中具有共性的动作。多态的出现再一次简化了编程。

### 2.4.1　多态的概念

在生活中,有许多地方都在体现着多态。例如有一道考试题目要求学生计算几种图形的面积,学生在遇到三角形的时候会使用三角形计算公式,遇到圆形会使用圆形计算公式。同样的操作"计算图形的面积",当遇到不同的对象的时候,学生做了不同的行为,这就是多态的体现。

多态的出现源于对操作的抽象,例如上面"计算图形的面积"这个操作就很不具体,它是计算三角形的面积,计算圆形的面积,计算正方形的面积等等操作的抽象。当这个抽象了的操作与具体对象(三角形、圆形)相结合的时候,就会产生不同的行为,从而导致多态性。

无论是继承还是多态,面向对象的设计思路就是先把对象间的共性抽取出来,再和各个对象的特点结合来描述问题。这样做的目的主要是为了节省代码,提供重用,让有共性的地方只出现一次。这样当一个新的对象出现的时候,将注意力集中在它的特点上,特点加上共性就可以描述一个对象,从而为扩展和修改提供了方便。这正是结构化设计的弱点,也是面向对象的优势所在。

在程序设计中,多态是指同样的消息被不同类型的对象接收时导致完全不同的行为,是对类的特定成员函数的再抽象。C++支持的多态有多种类型,重载(包括函数重载和运算符重载)和虚函数是其中主要的方式。由于虚函数比较复杂,下面只简单介绍重载的概念。

### 2.4.2 重载

在编程的过程中经常遇到重载,例如一个打印函数,它有一个参数,但这个参数可以是 int 型的,也可以是 char 型的,但一个函数参数只能有一个类型。所以不得不用两个不同名称的函数来完成打印工作,在遇到不同的参数的时候要为不同类型的参数指定匹配的打印函数才能正常工作。更麻烦的是每次调用打印的时候都得针对不同的参数选择不同的打印函数,而不是简单给出打印指令就可以。

使用重载后,依然要写两个函数,但函数的名称是一样的,都是打印;更方便的是在调用的时候不再为参数的类型而选择函数了,只要给出打印这个指令,系统会针对不同的参数自动调用不同的函数。特别是参数类型很多的时候,可以大大提高代码的效率和易度性。

这种重载不光是体现在函数上,运算符也可以重载。例如,"+"可以用来进行两个整数的加法,也可以进行两个小数的加法,甚至可以在重载后进行两个对象之间的加法。

## 2.5 本章小结

本章介绍了面向对象的几个基本概念。

面向对象最基础的概念就是对象。对象是对客观世界中实体的认识,对象之间也是有联系的,具有相同类型属性和操作的对象可以被抽象为类,类是对象的模板。

面向对象有以下 3 个特性。

(1)封装性:对象中的属性和操作都被隐藏起来,只把接口暴露给外界。

(2)继承性:对象间的一种层次关系,某个对象继承了另一个对象就具有了那个对象所有的属性和方法。

(3)多态性:同一个操作作用在不同对象上的时候表现出的不同行为。

### 思考与练习题

1.什么是程序设计?什么是编程语言?二者是什么关系?

2.结构化程序设计的思路是什么?

3. 什么是面向对象程序设计？

4. 为什么说 C＋＋是一种混合型编程语言？

5. 请简述类与对象的概念。

6. 类和对象之间的关系是什么？

7. 面向对象中,对象的交互机制是什么？

8. 面向对象的 3 大特性是什么？

9. 请举例说明什么是对象中数据的抽象和封装。

10. 请举例说明现实生活中继承的概念。

11. 什么是多继承,请举例说明。

12. 继承会破坏数据的封装性吗？

13. 什么是多态？ 多态有几种实现方法,分别是什么？

# 第 3 章　C＋＋语言基础

本章包含的主要内容如图 3.1 所示。

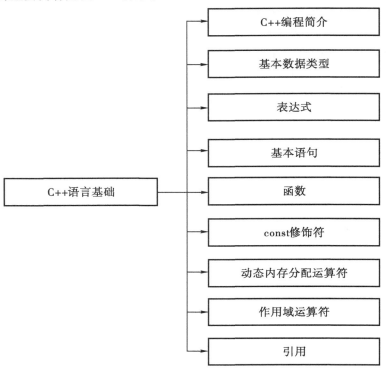

图 3.1　C＋＋语言基础的知识导图

## 3.1　C＋＋语言基础

### 3.1.1　C＋＋编程简介

保存 C＋＋源程序文件的扩展名是.cpp，在 Windows 系统中显示为图 3.2 所示的图标。

C＋＋源程序文件可以通过双击图 3.2 中图标的方式直接打开，打开后的界面如图 3.3 所示。

图 3.2　C＋＋源程序文件

图 3.3 所示的空白区域部分是代码书写区，整个程序的代码都将在这里完成书写。

**提示**：.cpp 文件也可以被一般的文档编辑器打开，例如用"记事本"打开.cpp 文件，在

VC++ 6.0的代码书写区中书写代码,将获得一些静态提示,如图 3.3 中代码书写区。例如 C++关键字用蓝色表示,注释用绿色表示等,这样将减少程序员的书写错误!

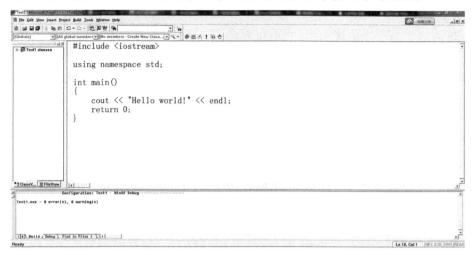

图 3.3　Microsoft Visual C++ 6.0 编程界面

下面的程序是一段 C++源程序,通过这段程序来介绍 C++源程序的组成结构。

```
1)      #include <iostream>          //定义头文件
2)      using namespace std;         //使用 std 命名空间
3)      int mul(int x, int y);       //mul 函数声明语句
4)      void main(){                 //主函数定义
5)          int a,b ;                //变量声明语句
6)          a=1;                     //赋值语句
7)          b=2;                     //赋值语句
8)          int number;              //变量声明语句
9)          number =mul(a,b);        //使用 mul 函数
10)         if(number! =0)           //条件控制语句
11)          cout<<nubmer<<endl;     //输出语句
12)     }
13)     int mul(int x,int y){
14)         return (x * y);
15)     }
```

**1. 头文件**

程序第 1 行是对本段程序使用的头文件的说明。#include 是预处理器指示符,作用是在源程序开始编译的时候读入头文件中的内容。#include 后用<>括起来的就是头文件的名称。引用不带.h 的 C++头文件时必须使用 std 命名空间,如第 2 行所示。C++的头文件内容包含很多源程序要使用的函数,在 C 语言的学习中就已经遇到过头文件的使用了。

提示：头文件名称也可以用双引号标示,如♯include "iostream"。iostream 是 C++中的标准输入输出流,类似 C 语言中的 stdio.h。一般需要执行输入和输出操作的源程序都会包含这个头文件。

include 后面""与<>的区别为："""中包含的头文件名,编译器在编译时会先到当前工程所在目录下去查找,如果不存在,则到系统提供的类库中去查找,仍不存在,则到系统的默认路径(环境变量的 path)下查找;而<>中所包含的头文件名,编译器在编译时会先到系统提供的类库中查找,再到当前工程所在目录下查找,最后是系统的默认路径。有关这一点的区别,在工程中存在用户定义的头文件与系统提供的头文件重名时相当重要,此时,若调用用户自定义的头文件,就必须采用"";若调用系统提供的头文件,就必须采用<>。

### 2. 主函数 main( )

主函数 main()是程序执行的起点,主函数 main()的范围从第 4 行一直到第 12 行,主函数的结构是 void main(){……},其中大括号内的就是主函数体。

主函数体由各种语句组合而成,C++中的语句由分号结尾,包括声明语句 3、5 和 8 行,赋值语句 6、7 和 9 行,条件控制语句 10 行,输出语句 11 行。这些语句的具体语法内容将在后面的章节中讲解。

语句由表达式组成,表达式由操作数和对操作数的操作构成。操作数通常是一些变量,在C++中变量的定义更加灵活。在 C 语言中,要求变量被统一定义在主函数的开始部分,例如5 行中的变量 a,b。但在 C++中变量可以在任何地方定义,只要变量的声明或定义出现在这个变量被使用之前,例如 8 行变量 number 的声明。

操作数还可以是函数的返回值。例如在 3 行程序声明了一个函数 mul()用来完成整数乘法,并在 9 行使用了这个函数,而这个函数的内容在主函数外定义(程序中 13~15 行)。主函数也是一个函数,可以说函数是 C++源程序的基本组成部分。

提示：函数的定义可以放在程序的前部,也可以放在程序的后部,但不论主函数放在哪里,总是第一个执行的!

### 3. 注释

上面的程序中几乎每行都有注释,在 C 语言中,注释通常使用/ * … * /符号,但在 C++中通常使用//作为注释符号。由于 C++对 C 语言是完全兼容的,/ * … * /在 C++中依然可以使用,只是没有//符号方便。

//符号的注释范围是从//开始到这一行结束(即从//符号到换行符号之间的范围)。使用//符号的时候,注释通常不超过一行。如果注释比较长中间需要换行,使用/ * … * /符号较好。如下例：

```
/ *    局部变量的定义
       变量 x 的定义    * /
int x =1;                    //定义一个变量 x
```

### 4. 新的输入输出语句

C++的输入输出方式相对 C 语言有了较大的变化。C 语言使用的输入输出函数声明在头文件 stdio.h 中;而 C++使用新的 I/O 流,声明它的头文件是 iostream。在 C 语言中,输入输出函数是 scanf()和 printf();C++使用 cin 和 cout 完成输入输出,cin 表示输入,cout 表示输出。

下面是两种输入输出的对比：

／＊Ｃ语言的输入输出＊／

int a ,b；

scanf("%d", &a )；　　　　　　//输入变量 a

printf("%d", b )；　　　　　　//输出变量 b

／＊Ｃ＋＋语言的输入输出＊／

int a ,b ；

cin＞＞a ；　　　　　　　　//输入变量 a

cout＜＜b ；　　　　　　　//输出变量 b

　　Ｃ语言对变量的输入输出格式有明确的要求,用户必须给出输入输出格式；而Ｃ＋＋的输入输出方式对格式没有要求,系统会自动根据变量定义的类型赋予它对应的格式,这样做更安全简便,不容易出现书写错误。

　　cin 为标准输入流,表示标准输入设备即键盘,＞＞符号表示将键盘上的数据放到＞＞符号后面的变量中,如 cin＞＞x 表示由键盘输入一个数据,并把数据放到变量 x 中去。

　　**提示**：当键盘输入的数据和 x 变量定义的数据类型不相符的时候,系统会对输入数据做数据类型转换。

　　cin 还可以完成将多个数据连续读入到多个变量中,这些变量用符号＞＞隔开,如 cin＞＞a＞＞b＞＞c＞＞d ；

　　**提示**：输入的数据用空格或回车符号分隔,如果没有分隔将造成数据的混乱,需要特别注意。

　　cout 为标准输出流,表示标准输出设备即显示器,＜＜符号表示将＜＜后变量的值输出到显示器上,如 cout＜＜x 表示在屏幕上显示变量 x 的值。

　　**提示**：cout 也可以控制输出格式,例如将同一个整数按照十进制、十六进制两种方式输出,但需要用到操纵符 dec,hex,这里不做详细讲解。

　　在了解了Ｃ＋＋源程序的基本结构后,下面几节将分别介绍组成Ｃ＋＋源程序的各种语法成分以及Ｃ＋＋语言中一些特有的语法结构。

### 3.1.2　基本数据类型

　　每一种语言都使用一些特定字符来构造代码,也就是只有这些字符是合法的。在Ｃ＋＋中使用以下的字符集合为合法的字符集。

小写字母：abcdefghijklmnopqrstuvwxyz

大写字母：ABCDEFGHIJKLMNOPQRSTUVWXYZ

数字：0123456789

其他符号：＋　－　＊　／　＝　：；"''{}［］()＜＞　,．?！#　%｜～&＾　空格

　　程序是操作和数据的集合,数据无论是以常量还是变量的形式出现,都需要数据类型。

　　作为强类型的语言,Ｃ＋＋要求任何数据在使用或存储之前都必须声明该数据的数据类型。因为数据在内存中要占用空间,空间的大小由数据类型指出。只有知道了一个数据的类型,才可以在内存中开辟相应的空间并对其进行管理。

例如,定义一个整数类型(int)的变量 sum,系统在内存中开辟一块 4 个字节的空间,用来存放这个变量。

**提示:**在不同的计算机上,同样的数据类型可能占用不同的空间,如整数类型在 16 位计算机中占 2 个字节,但在 32 位计算机中占 4 个字节。

无论数据类型占用多少空间,都由系统自动分配,具体的分配规则对程序员是隐藏的,程序员只需要定义数据的类型并对数据进行操作,而不必知道数据具体是如何分布在内存中的。

数据类型可以分为基本数据类型和用户定义数据类型。其中,基本数据类型是系统预先定义好的数据类型,关键字由系统确定,在编程中使用最广泛。它主要包括 6 种类型(括号中的是关键字):整数类型(int),字符类型(char),浮点类型(float),双精度类型(double),布尔类型(bool),空类型(void),如图 3.4 所示。

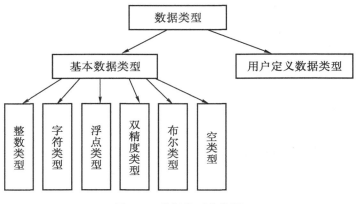

图 3.4　数据类型分类图

**1. 基本数据类型**

下面逐个介绍这些基本数据类型。

(1)整数类型。整数类型一般用来表示整数,关键字是 int,它是使用最广的基本数据类型。声明一个整数类型的格式如下:

int sum = 11;

在 32 位计算机中,整数类型分配 4 个字节的空间,可以表示的数的范围如下:

int 表数范围为 −2147483648～2147483647(在内存中占 4 个字节,32 位二进制)

在实际的应用中,对整数类型的使用往往有其他要求。当需要定义一个只能为正的整数类型变量时,整数类型负数部分的范围就没有用了。为了在使用的时候更加灵活,C++中定义了一些关键字来修饰整数类型,这些修饰字通常放在整数类型关键字的前面:

unsigned(无符号数)修饰 int 的时候表示,定义的整数只能为非负整数,所以表数范围也变成了 0～4294967296;与 unsigned 对应的是关键字 signed(有符号数),int 类型默认为有符号的。

关键字 long,short 从表数范围上扩展 int 类型。在 32 位计算机中,short int 依然占用 2 个字节,而 long int 占用 4 个字节,所以表数范围为 −2147483648～2147483647。

**提示:**unsigned 和 long short 可以连用,如:

unsigned long int 表示无符号的长整数类型,表数范围是 0～4294967295。

（2）字符类型。字符类型的变量用来保存一个字符集中的字符，声明的格式如下：

char new_ch = ´c´;

在 32 位计算机中，字符类型分配 1 个字节的空间，所以字符类型可以表示的数的范围如下：

char 表数范围为−128～127（1 个字节，8 位二进制）

从表数范围中可以看出，char 可以表示 256 个不同的数，每个数都可以根据一定的规则（如 ASCII 码）转换成一个字符，例如字符 a 对应的数字是 97，所以 char 类型可以表示 256 个字符。

char 类型也可以用 unsigned 来修饰，其表数范围会变成 0～255，但依然表示 256 个字符，具体每个字符对应哪个数字不同的规则有不同的做法。但常用的字符都对应在正数部分。

（3）浮点类型和双精度类型。表示小数或者精度更高的数时，需要定义浮点类型或双精度类型的数。浮点类型和双精度类型的声明格式如下：

float new_ft = 1.23;

double new_db = 3.1415926;

浮点类型和双精度类型配合 long 修饰字，极大地扩展了表数的范围。表 3.1 列出了它们的范围。

表 3.1　float,double,long double 类型的表数范围

| 类型 | 所占字节 | 表数范围 |
| --- | --- | --- |
| float | 4 | $-3.4×10^{38}$～$3.4×10^{38}$ |
| double | 8 | $-1.7×10^{308}$～$1.7×10^{308}$ |
| long double | 10 | $-3.4×10^{4932}$～$3.4×10^{4932}$ |

提示：float 类型和 double 类型不能用 unsigned 修饰，因为它们总是有符号的。

（4）布尔类型。编程中总是会遇到许多判断性的表达式，如 if 语句中的条件表达式，这种表达式的取值要么是真要么是假。布尔类型提供了专门判断真假的数据类型。布尔类型只有两个取值 true（真）和 false（假），它在内存中只占用一个字节。声明一个布尔变量的格式：

int a , b ;

bool bl = （a＞b）;　　　　//布尔变量声明

在这个声明中，如果 a 大于 b 成立，则布尔变量 bl 的值是 true；否则，bl 的值是 false。

上面介绍了 5 种基本的数据类型，它们在内存中占用不同的存储空间。图 3.5 描述了一台 32 位计算机上的这些数据类型所占用的位置，以便于大家记忆。

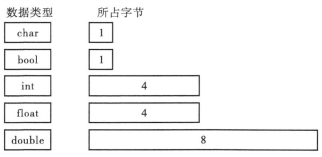

图 3.5　各种数据类型占用的空间

(5)空类型。空类型是一类语法类型,它与前面介绍的 5 种类型不同,没有空类型的对象或数据存在,也就是说空类型是不用作变量的类型。例如下面的声明就是错误的:

void a ;//错误,不能声明空类型的变量

空类型有两个作用,一是描述一个函数没有返回值,例如:

void f(int x);    //正确

另一个作用是描述一个指向不明类型对象的指针,例如:

void * p ;    //正确

在有了这些系统内部定义的数据类型后,用户可以根据具体程序的需要来制订适合实际情况的各种用户定义数据类型。用户定义数据类型主要包括图 3.6 中的几种。

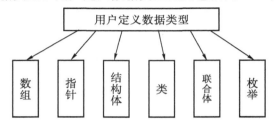

图 3.6    用户定义数据类型图

## 2. 用户定义数据类型

在 C 语言中,涉及到过数组和指针的用法,结构体和类将在第 4 章详细讲述,下面介绍联合体和枚举的概念。

(1)联合体。联合体与结构体类似,其将几个变量放在一起,组成一个数据结构,但这几个变量在内存中的起始地址相同,并且联合体的长度为这几个变量中长度最长的变量的长度。所以当向内存写一个变量的时候,原来变量的内容就被覆盖。使用联合体的优点是可以将同一个数据表示为多种结构,使数据更易于理解。联合体的格式如下:

```
union uno
{
        long int a;
        char b;
};
```

在上面的例子中,如果先给 a 赋值,再给 b 赋值,那么内存中保存的是 b 的值,并且该联合体所占空间长度与 long int 数据类型的空间长度相等。

(2)枚举。当定义一个变量时,可能会希望这个变量只有几种规定的取值。例如定义一个颜色变量,这个变量只能取红黄蓝 3 种颜色,这个时候就可以使用枚举。

enum color{red , yellow, blue};

**提示**:这样定义的 color 是一种枚举类型,不是变量!

在定义好枚举类型后,就可以用这个枚举类型来定义变量。例如:

color cl = red ;

在上面定义变量 cl 的时候赋了初值 red,事实上只能给它赋 red、yellow、blue 中的一个,赋别的值系统就会报错。

通常,red、yellow、blue 这些符号常量都是以整数的格式放在内存中的,如果不特别指明,它们就被赋上从 0 开始,依次加 1 的值,如:0、1、2;也可以在定义枚举类型的时候特别指示系统给这些符号常量赋其他整数值:

enum color{red＝100 , yellow＝200, blue＝300};

**提示**:在给枚举变量赋值的时候不能用符号常量对应的整数,例如下面的语句是错误的:

color cl ＝100 ;　　//错误,赋值只能用符号常量 red

### 3.1.3　表达式

在 Ｃ＋＋中,语句大多是由表达式构成的,表达式是组成 Ｃ＋＋语言的基本单位。在本节中将详细讲解各种表达式的构成和作用。

表达式由运算符和操作数构成。运算符是 Ｃ＋＋ 中定义的一组有特定意义的符号,是表达式的主体,它决定表达式中对操作数进行的操作,通常表达式也按照运算符来分类。操作数可以是任何具有类型的值,例如数字、变量、函数返回值、表达式等等。一个表达式就是将运算符所代表的操作作用在操作数上,并得到一个具有类型的值,所以表达式是可以嵌套的。看下面的例子:

a＋b;　　　　　　　//表达式,a、b 两个变量是操作数,＋是运算符

c＝a＋b;　　　　　　//表达式,在这个表达式中嵌套了 a＋b 这个表达式,也就是说 a＋b 表

　　　　　　　　　　//达式是一个操作数,另一个操作数是 c,而运算符是＝

下面根据运算符的功能来介绍各类表达式。

**1. 算术表达式**

算术表达式中的运算符称为算术运算符。算术运算符分为 5 种,分别是 ＋ , － , ＊ , ／ ,％。算术运算符均需要两个操作数。

其中,＋ 表示加法,－表示减法,＊ 表示乘法,这 3 种运算符很容易理解。剩下两种符号比较复杂。

当操作数都是整数类型的时候,／ 表示整数除法操作,即操作结果为两个整数除法的商,例如 9/4 的结果是 2,因为 9 除以 4,商是 2,余数是 1;当操作数是浮点类型的时候,／ 就表示除法,例如 9.0/4.0 的结果就是 2.25。

**提示**:9/4 和 9/4.0 的结果是不同的,只要操作数中有一个是浮点数,就按照浮点数除法来计算。

％运算符是取余数操作,其两个操作数必须都是整数类型的。取余运算结果为两个操作数进行除法后的余数,例如 9％4 的结果是 1,因为 9 除以 4,商是 2,余数是 1。

**2. 赋值表达式**

赋值表达式中的运算符叫赋值号(＝),这个符号和数学中的等号很像,但“＝”在这里并不是表示相等关系,而是把“＝”右边操作数的值放入左边操作数的内存地址。例如:

x ＝ a＋3;　　　　　　　//右边的操作数是个表达式

y ＝ good();　　　　　　//右边的操作数是个函数

是不是所有的操作数都可以放在赋值号的左边和右边呢? 可以由赋值号引出两个概念——左值和右值来描述这个问题。

左值是能出现在赋值号左边的表达式,它必须具有内存中一个用户可修改的地址,如一个变量。例如常量,虽然它具有一个内存地址但不能被修改,所以常量不能作为左值;算术表达式 a+b 的值是可以随 a、b 的改变而改变的,但这个表达式在内存中没有对应的地址存在,所以也不能作为左值。由此可知,一个表达式可以成为左值必须满足以下要求:具有内存中一个存放数据的地址以及这个地址中的内容可以被改动。

**提示:**左值是可以出现在赋值号左边的表达式,并不是只能出现在左边的表达式,左值是可以出现在赋值号右边的。

右值是只能出现在赋值号右边的表达式,例如上面提到的常量、算数表达式等。

### 3. 增量表达式

增量表达式的运算符有两个:++和--。

这两个运算符的操作数都是一个,有以下 4 种表现形式:

  x++      ++x

  y--      --y

++的作用是操作数自增 1,--的作用是操作数自减 1,但它们都既可以放在操作数前面,也可以放在操作数后面。这两种情况对操作数来说没有区别,都是加 1 或减 1,但对表达式的值有不同的影响。下面以++为例说明。

++x 表示先把 x 增加 1,然后把增加后的 x 值作为表达式的值,如原来 x 的值是 3,那么++x 后,x 的值变成 4,同时表达式的值也变成 4。也就是说,如果把表达式用来赋值,如 z=++x,相当于 x=x+1,z=x,z 的值为 4。

**提示:**++x 的值和变化后的 x 一样,所以++x 这个表达式可以作为左值。

x++表示把变化前的 x 的值作为表达式的值,再把 x 自增 1,例如原来 x 的值是 3,那么 x++后,x 的值变成 4,但表达式的值变成 3。也就是说,如果把表达式用来赋值,如 z=x++,相当于 z=x,x=x+1,z 的值为 3。

**提示:**x++的值和变化后的 x 不同,在内存中找不到存放这个数据的地址,所以 x++不可作为左值。

### 4. 关系表达式

关系表达式的运算符是关系运算符,需要两个操作数,用于比较两个操作数之间的关系。关系表达式的值只有两种,即 1 或 0,用来表示这两个操作数是否具有运算符所表示的关系,例如:

a>b  这是一个关系表达式,如果 a 比 b 大,那么表达式的值为 1,否则为 0

关系表达式具有 5 种运算符,分别是:

== :相等比较

**提示:**==与数学上的等于意思是相同的,不要和 C++中的赋值号=混淆。

> :大于

< :小于

>= :不小于(大于等于)

<= :不大于(小于等于)

!= :不等于

**5. 逻辑表达式**

逻辑表达式的运算符是逻辑运算符,需要一个或两个操作数。逻辑表达式的主要功能是对两个操作数的真值进行逻辑计算,例如:

a＞b ＆＆ a＜c　　这个逻辑表达式的两个操作数分别是两个关系表达式 a＞b 和 a＜c,＆＆ 代表对这两个操作数的真值进行逻辑"与"操作。

**提示**:真值是用来表示真假的值,1 表示真,0 表示假。在 C++ 中,任何非零的表达式都是真的,只有值等于 0 的表达式才是假的。例如,表达式 x++当 x 等于 3 的时候表达式的值为 3,所以表达式 x++为真。

逻辑运算符有 3 种:

(1)！:逻辑非,需要一个操作数。逻辑非的作用是改变操作数的真值,即如果操作数的真值是 1,经过这个操作后就变为 0,反之亦然。

(2)＆＆ :逻辑与,需要两个操作数,只要其中一个操作数真值为 0,表达式的真值就为 0。也就是说,只有两个操作数的真值都为 1。表达式的真值才为 1。

(3)|| :逻辑或,需要两个操作数,只要其中一个操作数真值为 1 ,表达式的真值就为 1。也就是说,只有两个操作数的真值都为 0,表达式的真值才为 0。

**6. 条件表达式**

条件表达式的运算符需要 3 个操作数,运算符由？和:两个部分构成,使用的格式如下:

操作数 1？操作数 2 :操作数 3

如果操作数 1 的真值为 1(非 0),那么表达式的值为操作数 2 的值,反之表达式的值是操作数 3 的值。例如:

a ＝＝ b？3 :5　　这个条件表达式的意思是,如果 a 和 b 相等,则表达式 a ＝ ＝ b 为真,表达式的值是？后第一个操作数的值,即表达式的值为 3;反之 a 和 b 不相等,则表达式的值为 5。

**提示**:条件表达式可以看成条件语句的缩写,如上面例子中的条件表达式可以转换成下面的语句:

```
if (a ＝ ＝ b)
    x＝3;
    else　x＝5;　　 // x 是表达式的值
```

**7. 逗号表达式**

逗号表达式是 C++中比较特殊的一个表达式,它的运算符就是逗号,它需要两个以上的操作数,使用的格式如下:

操作 1,操作数 2,…,操作数 n

表达式的值就是最右边的操作数 n 的值。例如:

i++ , j—— , a+b　　这个表达式的值就是最右表达式的值,也就是 a+b 的值。

**提示**:逗号表达式经常用在条件循环语句的条件部分,例如:

```
if (a＞b, c ＝ ＝ d)
    x ＝ 4;
while(i++ , j——)
```

　　　y++;

　　上面介绍了 C++中的各种表达式,表达式是可以嵌套的,因为表达式中的操作数本身就可以是表达式,例如:

　　　y = (a>b&&c! =8) * (a%b)

　　为了求表达式的值,必须弄清楚各种运算符的优先级和结合性。优先级高的运算符会先执行,结合性表示同一优先级的运算符是从左到右还是从右到左求值。表 3.2 列出了一些常用的运算符的优先级(从上到下优先级逐渐降低)和结合性。

**表 3.2　运算符的优先级和结合性**

| 运算符 | 结合性 |
| --- | --- |
| ()　[] | 从左向右 |
| ++　――　! | 从右向左 |
| *　/　% | 从左向右 |
| +　- | 从左向右 |
| <　<=　>　>= | 从左向右 |
| ==　!= | 从左向右 |
| && | 从左向右 |
| \|\| | 从左向右 |
| = | 从右向左 |
| 条件运算符 | 从右向左 |
| 逗号运算符 | 从左向右 |

### 3.1.4　基本语句

　　C++中的语句和 C 语言中的语句一样,非常灵活,在一个表达式或函数后加一个“;”就可以构成一个语句。

　　例如:

```
a=b+c          //是一个赋值表达式
a=b+c ;        //加了分号就成了一个独立的语句
getchar()      //一个函数,可以用作赋值表达式的右值
getchar() ;    //加了分号就成了一个独立的语句
```

　　在 C++中,一个简单语句就是一个独立的功能块,完成一定的功能,是一个不可分割的整体,“;”是语句结束的标志。

　　在程序的执行过程中,是按照语句书写的顺序逐个执行所有的语句,但有的时候要执行一个语句序列,这时候就要把几条语句放在一起执行。用{}将几条简单语句放在一起,就构成了复合语句。一个复合语句和一个简单语句一样,也是一个独立的单位,简单语句可以出现的地方,复合语句都可以出现。

　　C++中的基本语句包含以下几种。

**1. 空语句**

在 C++中,";"是所有语句结束的标志,而一个单独的";"也是一个语句,叫做空语句。空语句是 C++中最简单的语句,它本身并不完成什么功能,它存在的主要作用是为了语法上的完整,用于语法上要求有一条语句但实际没有任何操作的场合,例如:

```
for(i=1;i<10;i++);    //占位作用,使程序的语法完整
```

在上面的例子中,由于在语法上要求 for 循环后必须跟一个语句,但这个例子中只是循环 10 次来增加变量 i 的值,循环体不用存在任何操作。所以这里使用空语句来占位,从而保证了语法上的完整。

空语句也可以用复合语句的方式表示:{},例如:

```
if (a>0)
  {}
```

**2. 表达式语句**

在 C++中,给表达式加一个";"就构成了一个表达式语句。

例如,5+6 是一个表达式,而 5+6；就是一个表达式语句,尽管这个语句没有什么作用。

在表达式语句中,比较有用的语句是赋值语句,由赋值表达式和";"构成,例如,number = 13 是赋值表达式,number = 13；是赋值语句。

增量语句也是比较常用的,如 "x++；"。

**3. 声明语句**

对变量和常量的声明在 C++中非常重要,一个变量或常量只有在声明后才可以使用。同时, C++的声明方式也非常灵活(相对 C 来说),在 C++中声明语句可以出现在任何语句可以出现的地方,唯一的条件是声明要出现在变量或常量第一次使用之前。

例如对变量的声明,声明语句由变量的类型和变量名加一个";"构成。例如:

```
int number；
char CH；
```

**提示**:一个声明语句可以声明几个变量,例如:

```
int number1 , number2 , number3；
```

**4. 条件(if)语句**

如果只有上面的语句,程序的执行顺序将一直是按照语句的顺序逐个执行。但在实际编程中需要改变语句的执行顺序,也就是说我们希望语句的执行顺序可以被控制,从条件语句开始,后面的几种语句在功能上都是控制程序的执行顺序的。

条件语句的关键字是 if 和 else,最简单的条件语句如下:

```
if(条件表达式)
    执行语句；        //单条执行语句
if(条件表达式)
{
    执行语句 1；
    执行语句 2；        //复合语句
}
```

条件语句所控制的逻辑顺序如图 3.7 所示。

从图 3.7 可以看出,条件语句的作用就是利用条件表达式的真假来控制执行语句的执行与否,当条件成立的时候,执行语句被执行,当条件不成立的时候,执行语句被跳过。条件语句只能控制其所属的执行语句(可以是简单语句,也可以是复合语句)的执行与否,对后续程序没有影响。下面举个例子:

```
if(a>b)              //a>b 是条件表达式
    a = 25 ;         //执行语句
```

条件语句还有一个很重要的形式就是 if…else…,用来表示"不是…就是…"的意思。具体语法结构如下:

```
if(条件表达式)
        执行语句 1;
else
        执行语句 2;
```

**提示:**此处执行语句 1 和执行语句 2 都可以被以{ }包括起来的语句段所代替。此处需特别注意,如只是单条语句,一定要有";"。

这种结构的流程图如图 3.8 所示。

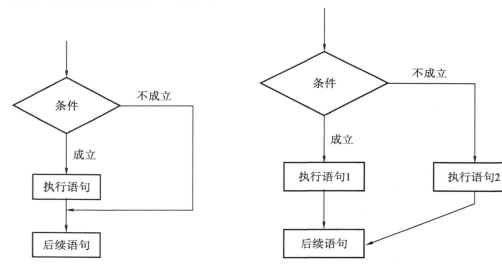

　　图 3.7　条件语句的执行流程 1　　　　　　图 3.8　条件语句的执行流程 2

这种结构用来表示条件成立的时候执行语句 1,不成立的时候执行语句 2,无论执行哪个语句,最终的结果都不影响后续语句的执行。下面也给出一个例子:

```
if (a>b)         //a>b 条件表达式
    a = 25;      //条件成功执行的语句 1
else             //条件失败
    a = 50;      //执行语句 2
```

**5. switch 语句**

与 if 语句一样,switch 语句也是用来提供分支路线选择的,只是 switch 语句更适用于分支数超过两个的情况。

提示：在多分支的情况下如果使用嵌套的 if 语句也可以表达多个分支，但代码书写相当麻烦。

switch 语句的一般形式为：

```
switch(表达式)
{
    case   常量表达式 1:语句组 1
    case   常量表达式 2:语句组 2
    case   常量表达式 3:语句组 3
    …
    case   常量表达式 k:语句组 k
    default ：  语句组 k+1
}
```

下面给出一个 switch 语句的例子：

```
int mark;
…
switch(mark)                          //mark 表示分数等级
{
    case 1 ：cout<<"good"<<endl;      //等级 1 输出"good"
    case 2 ：cout<<"middle"<<endl;    //等级 2 输出"middle"
    case 3 ：cout<<"bad"<<endl;       //等级 3 输出"bad"
    default ：cout<<"error!";         //缺省即没有等级，输出报错！
}
```

switch 语句的执行过程是这样的，检查 switch 表达式的值，如上例中的 mark，看表达式的值和 case 后的常量表达式中哪一个匹配，就从哪个常量表达式后的语句组开始执行一直到 switch 结束。如果匹配不成功，就从 default 后的语句开始执行。

在使用 switch 语句的时候要注意以下几点。

(1)switch 括号中的表达式的类型一定要和 case 后的常量表达式一致，且只能是整型，字符型或枚举型的。例如上个例子中的 mark 是整型的，case 后的 1、2、3 都是整型的常量。

(2)switch 表达式的值一旦和某个常量表达式匹配成功，就要从这个语句开始执行其后所有的语句，而不是仅仅执行匹配成功的常量表达式后的语句！例如如果上例中 mark=2，那么将执行 3 个语句，分别是：

```
cout<<"middle"<<endl;
cout<<"bad"<<endl;
cout<<"error! ";
```

如果希望执行完 case 2 后的语句后跳出 switch 语句，应该在 case 2 后的语句最后增加语句 break；例如："case 2 ：cout<<"middle"<<endl；break；"。

(3)default 语句是可有可无的，当没有 default 语句，但又找不到匹配对象的时候，将跳过

switch 语句继续执行其后的语句。

**6. 循环语句**

循环语句是另一种控制程序执行顺序的语句。循环语句的主要功能是使一些语句能够反复执行。一个循环语句通常由两个部分构成：循环条件测试语句和循环体。其中，循环条件测试语句在不断地判断程序是否还满足循环的条件，以便确定退出循环的条件。循环测试条件每通过一次，就执行一次循环体。

循环在 C++中有 3 种语句结构，分别是 for 循环、while 循环、do－while 循环，下面分别来介绍这 3 种语句。

(1)for 循环。for 循环是一种先对循环条件进行测试的循环方法，它的格式如下：
for(表达式 1；表达式 2；表达式 3)
　　　循环体；

for 括号中有 3 个表达式，但只有表达式 2 是测试循环条件的，表达式 1 是用来初始化的，表达式 3 跟在循环体后执行的，所以表达式 1、表达式 3 均可省略。循环的执行流程如图 3.9 所示。

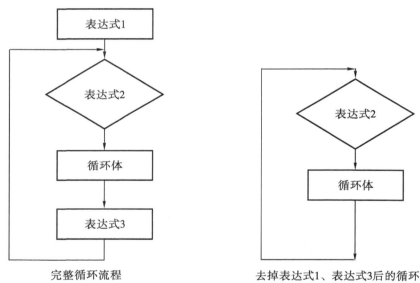

完整循环流程　　　　　　　　去掉表达式1、表达式3后的循环

图 3.9　循环语句执行流程

下面给出一个例子，求 2 的 5 次方：
int i；
int sum ＝ 1；
for(i＝0；i<5；i++)
　　sum ＝ sum ＊ 2；

在使用 for 循环的时候要注意以下几点问题。

①表达式 2 也是可以省略的，3 个表达式甚至可以一起省略，但这样循环就成了没有终止条件的死循环。为了不产生死循环，在循环体内就要添加控制循环退出的条件。

②表达式 1、表达式 2、表达式 3 可以是任何表达式，只是这里通常放的表达式都是和循环

控制变量有关。循环控制变量是为了控制循环次数而设置的变量,例如上例中的变量 i。

③循环体如果包括不止一个语句,那么要用大括号{}将这些语句扩起来。

(2)循环的第二种语句是 while 循环语句,它的格式如下:

while(循环条件表达式)

　　　　循环体;

while 语句的形式比较简单,执行结构也易于理解,简单来讲就是只要判断条件表达式为真(或非 0),就执行循环体,直到条件表达式为假(或 0)。

以下面的程序为例:

```
int i = 0;
int sum=1;
while(i<5)
{
    sum = sum * 2;
    i++;
}
```

在这个例子中,随着 i 的自增,当 i 等于 5 的时候,循环结束,其中循环体共被执行了 5 次,这和前面使用 for 循环的例子的结果是一样的。

(3)do—while 循环语句。这种语句和 while 语句很类似,只是把循环条件放在了循环体的后面,它的结构如下:

```
do
    循环体
while(循环条件表达式)
```

程序从执行循环体开始,每执行一次循环体后都会判断循环条件表达式是否为真(或非 0),为真则继续执行循环体,否则就退出循环语句。

例如:

```
int i = 0;
int sum=1;
do{
    sum = sum * 2;
    i++;
} while(i<5)
```

本例的结果和前面两个例子的结果是相同的,sum 都是 32。while 语句和 do—while 语句很相似,不同的是,while 语句可能一次都不执行循环体,而 do—while 语句至少执行一次循环体。

(4)break 语句。break 语句通常出现在循环和 switch 语句中,在介绍 switch 语句的时候我们已经看到了 break 语句的用法。在循环中,一旦出现 break 语句,程序就会跳出这个循环语句,开始执行后面的语句。以下面的程序为例:

```
int i = 0;
int sum=1;
```

```
while(i<5)
{
    if(i==2)
        break;    //i 等于 2 的时候就结束循环
    sum = sum * 2;
    i++;
}
```

在本例,当 i=2 的时候,程序执行 break 跳出 while 循环语句,并执行后面的语句。

(5)continue 语句。continue 语句和 break 语句都在循环中使用,不同的是 break 语句终止了整个循环,而 continue 语句只是终止本次循环体剩余部分的执行,并跳转到循环终止条件测试部分。下例是将上例中的 break 语句替换成 continue 语句后得到的程序:

```
int i = 0;
int sum=1;
while(i<5)
{
    if(i==2)
        continue ;    //i 等于 2 的时候就结束循环
    sum = sum * 2;
    i++;
}
```

当 i 等于 2 的时候,程序跳过后面的两条语句 sum = sum * 2; i++;直接回到 while 条件判断的地方,循环语句仍在执行,并没有像使用 break 语句那样结束,只是本次循环结束而已。

### 3.1.5 函数

在 C++语言中,将一组语句组成一个可被调用的过程,完成某个特定的功能,这样的过程称为函数。如果要完成某个工作,就调用相应的函数。函数只有在被调用的时候才开始执行函数内部的语句,并通过返回值将结果返回给调用它的程序。所以整个程序就是由一个个函数构成。一个函数可以调用其他函数从而形成层次关系,如图 3.10 所示。

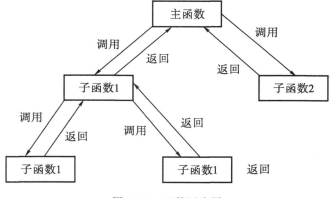

图 3.10　函数层次图

在 C++语言中，一个函数在使用之前一定要声明。函数声明的目的是告知系统这个函数的存在，只有声明后的函数才可以被调用。声明函数的格式如下：

返回值类型　函数名称（函数的参数定义）；

参数是函数体中的语句要用到的数据，由调用该函数的程序给出具体参数。在函数声明中，需要定义函数需要的参数及其类型。

**提示**：不要忘记函数声明是一个语句，要以分号结尾。

下面给出一个函数声明的例子：

int stream();　　//int 是函数返回值类型，stream 是函数的名称，这个函数没有参数

void print(int number);　　/＊函数返回值类型是 void（空类型），表示这个函数不会返回任何值，函数名称是 print，这个函数需要一个 int 类型的参数，参数名称为 number ＊/

**提示**：函数名称要尽量反映函数的功能，例如 void print（int number）这个函数的名称 print 代表这个函数的功能是打印。

函数声明中的参数叫形式参数（简称形参），它的作用就是声明函数调用时需要传递的参数的形式，在实际调用这个函数的时候，由实际参数（简称实参）取代形式参数的位置。

函数的声明只是通知系统该函数的存在，函数定义才真正用语句实现了函数的功能。函数定义的格式和函数声明很像，不同的是它给出了函数体的语句，并将函数的实现部分用{}包含。例如 print 函数的声明和定义如下所示：

void print(int number);　　　　// 　print 函数的声明

void print(int number)　　　　　// 　print 函数的定义

{

cout ＜＜ number ＜＜ endl ;　　//完成打印功能的语句

}

**提示**：函数的定义不是语句，结尾处没有分号。

函数定义和函数声明在返回值、函数名、参数及参数的类型 3 个方面都要保持一致。例如不能把函数声明为 int 返回类型，而把函数定义成 void 返回类型。

函数体内部只是实现了一个功能，例如上面例子中的 print 函数实现了打印的功能，但具体打印什么内容在函数中并没有给出，而是通过参数的形式，由调用它的程序给出要打印的内容。函数的使用是通过对函数的调用并传递的实际参数决定的。下面的例子对 print 函数进行调用：

int student;

student ＝ 50;

print(student);　//对 print 函数进行调用

程序执行的结果是打印了变量的内容"50"。从上面的例子中可以看出，函数调用的格式如下：

函数名（实际参数）；

**提示**：函数的调用也是语句，要以分号结尾。

实际参数必须和函数声明和定义中的形式参数的类型及个数相匹配，例如在调用 print 函数的时候，实际参数是整型变量 student，形式参数是整型变量 number。

并不是每个函数都像上面 print 函数那样在函数体内部语句执行完的时候就完成了它的

使命,大部分的函数需要给调用它的程序返回一个结果,这个结果就是函数的返回值。例如:

```
int add(int a , int b)
{
    int c ;
    c= a + b ;
    return c ;
}               //定义 add 函数,实现两个整数相加的功能,返回相加的结果
```

**提示:**return 语句返回的数值的类型必须是函数定义的返回类型,如上例中的 c 就是 int 类型。

在函数体内使用 return 语句返回结果,一个函数只能有一个返回值,如果要返回多个返回值,需要使用指针。

### 3.1.6 const 修饰符

在编程的过程中,总有一些不希望被改变的值,例如在编写计算圆面积的函数中圆周率参数就不能改变。在实际编程中通过定义常量来防止这些值被改动。在 C 语言中使用 ♯ define 来定义常量,但这种方法不安全,有时候会出现一些意想不到的错误,所以在 C++中采用了 const 修饰符来代替 ♯ define 定义常量。

const 修饰符可以定义常量,也可以定义常指针,现从定义一般常量开始介绍 const 修饰符的用法。一般常量的定义格式如下:

const 数据类型 一般常量名称 = 初值;

例如:

const  int  max = 12 ;//定义常量 max,其初值为 12

常量的定义一定要赋初值,且初值一旦确定就不可以再改变,例如下面的赋值语句是错误的:

max = 19; // max 是常量,值只能是 12,不能被改变!

**提示:**修饰符 const 可以放在数据类型的左边,也可以放在数据类型的右边,意义是完全相同的,如上面的例子也可以写作 int  const max = 12;

当常量定义中的数据类型为 int 的时候,数据类型可以省略,如上面的例子也可以写作:const max = 12;

const 修饰符也可以用来定义一个常量数组,例如:

const  int  max[3] ={0,4,8} ;    //定义常量数组 max,有 3 个元素

**提示:**常量数组也要赋初值,且初值不可改变!

一般常量的定义比较简单,但 const 修饰符和指针结合后情况就比较复杂,分以下 3 种情况来介绍。

#### 1. 指向常量的指针

当 const 修饰符出现在指针符号的左边的时候,表示指针是一个变量,但它所指向的是一个常量,例如:

const  char  ★ pstr = "string1"  ;    //定义指向常量的指针

上面的例子定义的指针 pstr 是可以改变的,但 pstr 所指的内容是不能更改的! 例如:

pstr ="string2"; /* 正确,指针 pstr 是变量,可以被改变,pstr 不再指向字符串"
string1",而是指向字符串"string2",但字符串"string1"的内容并没有改变 */

pstr[2] ='y';　　　　　　　//错误,不能改变字符串"string1"的内容,字符串
　　　　　　　　　　　　　//"string1"是常量

**2. 常指针**

当 const 修饰符出现在指针符号的右边的时候,表示指针是一个常量,但它所指向的是一个变量,例如:

char　* const　pstr ="string1"　;　　　　　//定义常指针

上面的例子定义的指针 pstr 是不可以改变的,但 pstr 所指的内容是能够更改的! 例如:

pstr ="string2";　　　　//错误,指针是常量,不能被更改,就是说 pstr
　　　　　　　　　　　//只能指向字符串"string1"

pstr[2] ='y';　　　　　//正确,指针所指的字符串"string1"是变量,可以被修改

**3. 指向常量的常指针**

指针和所指的都是常量,也就是说指针和所指的常量都不能更改,例如:

const　char　* const pstr ="string1"　;　　　　//定义指向常量的常指针

如果进行如下任何操作,系统都会报错:

pstr ="string2";　　　　//错误,指针是常量,不能被更改,就是说 pstr
　　　　　　　　　　　//只能指向字符串"string1"

pstr[2] ='y';　　　　　//错误,不能改变字符串"string1"的内容,字符
　　　　　　　　　　　//串"string1"是常量

### 3.1.7　动态内存分配运算符 new 和 delete

内存分配管理的任务一般由系统自动完成,例如全局变量和静态变量在程序运行前就完成了它的内存分配,函数调用也会自动进行内存堆栈的分配,这些任务都由系统自行解决。但在 C++中,通过使用运算符 new 可以申请任意大小的内存,通过运算符 delete 释放曾经申请的内存空间,这种内存分配方式叫做动态内存分配。动态分配内存空间的生存期完全由程序员自己决定,使用起来非常灵活,但也容易出问题。

C 语言也有动态内存分配函数,C 语言使用 malloc()来申请内存空间,用 free()来释放内存空间。由于 C++完全兼容 C 语言,所以 malloc()和 free()在 C++中依然可以使用。但是在分配内存的时候,推荐使用 C++新增加的运算符 new 和 delete,因为使用 new 和 delete更简单,并符合 C++的编程规范。

(1)运算符 new 用来申请内存空间,语法格式如下:

指针变量 = new 数据类型;

例如:　　int *p;　　　　　　　　//定义一个整数类型的指针

　　　　　p = new int;　　　　　//使用 new 为一个整数类型的变量申请一片内存

new 运算符将进行以下操作:

●主动计算指定数据类型需要的内存空间大小;

●返回正确的指针类型;

●将按照语法规则,初始化所分配的内存。

当使用 new 运算符在内存开辟了一片空间后,这片空间的大小是根据 new 后的数据类型来决定的。如上例中的数据类型是 int,系统会给程序分配一片整数类型大小的空间,然后把指针 p 指向新开辟的空间的首地址。

**提示:**新开辟的空间不是一个变量,没有变量名,只能通过这个指针 p 来使用它。例如要给这个整数类型空间赋值,可以用这样的语句:"＊p = 50;",这样这个新开辟的空间中就存放 50 这个整数。

在申请空间的同时,也可以给这片内存空间赋初值,即在开辟空间的同时,向其中填入一个数据,其语法格式如下:

指针变量 = new 数据类型(初值);

```
例如:      int * p ;              //定义一个整数类型的指针
           p = new int(4);        //申请空间的同时将空间的内容赋成整数 4
```

new 不仅可以分配一个数据类型的空间,而且可以分配连续的多个内存空间,其语法格式如下:

指针变量 = new 数据类型[元素个数];

```
例如:int * p ;                    //定义一个整数类型的指针
     p = new int[4] ;             //申请一片能容纳 4 个元素的整数类型的连续地
                                  //址,首地址赋给 p
```

**提示:**注意给申请的空间赋初值和申请连续空间格式很相似,赋初值使用(),而申请连续空间使用[],不要混淆。

(2)运算符 delete 用来释放内存空间,其语法格式如下:

delete 指针变量;

```
例如:      int * p ;
           p = new int;           // 申请好了一片内存空间
           delete p ;             // 释放由 p 指向的空间
```

同样地,运算符 delete 也可以释放申请的一片连续的空间,语法格式如下:

delete [] 指针变量;

```
例如:int * p ;
     p = new int[4];             //申请一片能容纳 4 个元素的整数类型的连续地
                                 //址,首地址赋给 p

     delete [] p ;
```

下面通过一个例子来说明动态分配内存中要注意的几个问题。

```
1)    #include<iostream>
2)    using namespace std;
3)    int main(){
4)      int *p ;
5)      p = new int(6);          //使用 new 来分配空间并赋初值为 6
6)      if(! p)
7)      {//判断分配空间是否成功
```

```
8)          cout<<"Error!"<<endl;//分配不成功,输出"error!"
9)          return;
10)       }
11)      cout<< * p<<endl;        //输出当前分配内存中的数据
12)      * p = 13;               //给内存块重新赋值 13
13)      cout<< * p<<endl;       //输出内存块新值
14)      delete p;               //释放内存块空间
15)      return 0;
16)    };
```

在本例,当使用 new 分配了一片内存空间后,立刻使用一个条件语句来判断指针 p 是否为空,这是一个好习惯,因为系统很可能没有成功分配 new 语句所要求的空间(例如内存不够分配了),不检查将导致运行时候的错误,这种错误不容易被检查出来!

**提示**:当使用 delete p 后,内存对应的空间已经释放,但指针 p 还存在,p 将成为一个指向毫无意义的指针,也叫做"野指针"。野指针会给使用带来很多麻烦,所以当 p 所指空间被释放后,最好将 p 置为空(NULL)。

### 3.1.8　作用域运算符::

在编程过程中,经常出现变量同名的问题,如下面的程序:

```
1)    #include <iostream>
2)    using namespace std;
3)    int number=1;          //主函数外部定义的变量,整数类型,名称叫 number
4)    int main(){
5)        int number=2;      //主函数内部定义的变量,也是整数类型,名称也叫 number
6)        cout<<number<<endl;            //输出变量 number 的值
7)        return 0;
8)    };
```

程序在第 3 行和第 5 行分别定义了两个类型和名称都相同的变量 number,且分别赋值 1 和 2。当执行第 6 行的输出操作的时候,会输出哪一个变量 number 的值呢?

程序执行后实际输出的结果是 2,也就是说输出操作使用的变量 number 是 main()中定义的变量 number。对于任何一个变量,都有作用域(即变量起作用的空间),只有在变量的作用域内才可以使用这个变量。

如上面程序中第 5 行定义的变量 number 是一个局部变量,局部变量是在函数体内部定义的变量,它的作用域就是整个函数,即程序的第 5 行和第 6 行,所以函数体内的第 6 行的输出操作才可以使用这个变量。

第 3 行定义的变量 number 是一个全局变量,全局变量是在函数体外部定义的变量,也叫做外部变量,它的作用域是从定义的位置到整个程序文件结束,即从第 3 行到第 7 行。

从上面的分析可以看出,两个变量 number 的作用域都包含了第 6 行的输出操作,但实际上,第 6 行的输出操作使用了局部变量 number。这是因为,在 C++中,当变量同名时,函数中的操作总是使用函数中的局部变量。那么,如果希望输出全局变量,就需要使用作用域运算符"::"号。

作用域运算符::的语法格式就是把::加到变量名称之前,以表明这个变量是全局变量,例如:

　　::number　//一个全局变量

**提示:** 作用域运算符::的作用除了可以在局部变量作用域内使用全局变量外,还有一个作用是使用类的静态成员,这个内容将在第5章详细解释。

关于作用域运算符::的使用见下例:

```
1)    #include <iostream>
2)    using namespace std;
3)    int number =1;              //定义全局变量 number
4)    int main(){
5)      int number = 2;          //定义局部变量 number
6)      cout<<number<<endl;      //输出局部变量 number
7)      cout<<::number<<endl;    //输出全局变量 number
8)      return 0;
9)    };
```

程序的执行结果:

2

1

### 3.1.9　引用

在 C++中,为了简化复杂的指针操作,引入了引用机制。

建立目标变量的引用的语法格式如下:

数据类型 & 引用名 ＝　目标变量名称;

例如:int number =2 ;　　　　　　//定义目标变量 number

　　　int 　&test 　＝　 number ;　//定义目标变量 number 的引用,引用

　　　　　　　　　　　　　　　　//名叫 test

**提示:** 符号 & 在这里并不是取地址的意思,仅仅作为一个定义引用的符号。

目标变量的引用就是该变量的一个别名,二者具有相同的内存地址,对引用的操作与对目标变量直接操作完全一样。如下例:

```
1)    #include <iostream>
2)    using namespace std;
3)    int main(){
4)      int number;              //定义目标变量 number
5)      int &test = number ;     //定义引用 test
6)      number = 1 ;            //给目标变量 number 赋值
7)      cout<<"number = "<<number<<endl;//输出 number
8)      cout<<"test = "<<test<<endl;    //输出 test
9)      test = 2 ;              //给引用 test 赋值
```

```
10)        cout<<"number = "<<number<<endl;//输出 number
11)        cout<<"test = "<<test<<endl;               //输出 test
12)        return 0；
13)     }；
```

上面程序的执行结果：

number = 1

test = 1

number = 2

test = 2

从上面的程序可以看出，当目标变量 number 赋值为 1 的时候，引用 test 也变成了 1，当引用 test 赋值为 2 的时候，目标变量 number 也变成了 2。无论改变目标变量还是引用的值，目标变量和引用的值都保持一致。

**提示：**引用和目标变量在内存中占用同一个单元，所以 number 和 test 的结果是完全一样的。

在使用引用的时候要注意以下几点。

首先，引用定义的时候必须初始化，初始化后就不能再被赋值，也就是说引用是"终身制"的。如下面的定义是不合语法的：

int number = 1；

int &test ；                   //非法，引用必须初始化

test = number ；              //引用不能再被赋值

其次，引用不可以建立数组。下面的定义也是非法的：

int a[10]；

int &b[10] = a[10]；        //非法，不能给数组定义引用

在实际的编程中，引用主要用在函数参数的传递和返回值上。

首先介绍引用在函数参数传递中的使用。

在设计一个函数实现两个整数变量 a、b 交换的功能的时候，如果使用整数类型作为参数传递，如将函数声明为"void exchange(int s , int t)；"，由于传递的只是数值，实际交换的是函数内部的两个变量 s、t，而需要交换的两个整数变量在函数作用过后没有任何改变。所以要传递的应该不是这两个变量的值而是这两个变量的地址。所以可以将函数声明成"void exchange(int * s , int * t)；"，利用指针完成交换任务。但指针操作相对麻烦，且容易出错。使用引用就可以像指针一样完成交换任务，同时简单安全，不易出错。

例如下面的程序是用引用完成交换两个整数变量的功能。

```
1)    #include <iostream>
2)    using namespace std；
3)    void exchange(int &s,int &t)                //定义交换函数
4)    {
5)        int temp ；
6)        temp=s；
7)        s=t；
```

```
8)        t=temp;
9)     }
10)    int main(){
11)      int a=3;
12)      int b=4;
13)      cout<<"交换之前:"<<endl<<"a="<<a<<endl<<"b="<<b<<endl;
14)      exchange(a,b);                    //使用交换函数
15)      cout<<"交换之后:"<<endl<<"a="<<a<<endl<<"b="<<b<<endl;
16)      return 0;
17)    }
```

程序的输出结果:

交换之前:

a=3

b=4

交换之后:

a=4

b=3

程序完成了交换的任务,在程序 14 行使用交换函数,其参数传递就像传递数值一样,没有有关地址的符号出现,但函数操作却是针对变量地址的操作。从这里可以看出,引用的使用,实现了需要指针进行的地址操作,但形式上却保留了对数值操作的简单明了。所以在 C++中提倡使用引用来代替指针。

引用不仅可以用在函数参数传递上,也可以作为一个函数的返回值。

函数的返回值是一个数值,在内存中并没有保留它的变量地址,所以通常函数的返回值是右值,只能出现在赋值号的右边。但如果把函数的返回值定义成一个引用,就可以将它用作左值了。

例如下面的例子:

```
1)     #include <iostream>
2)     using namespace std;
3)     int x;                          //定义全局变量 x
4)     int &show(){                    //定义函数返回值引用
5)        return x;
6)     }
7)     int main(){
8)       x=100;                        //对全局变量 x 赋值
9)       cout<<"x="<<x<<endl;
10)      show()=200;                    //对引用赋值
11)      cout<<"使用函数返回值引用后:"<<endl;
12)      cout<<"x="<<x<<endl;
13)      cout<<"函数返回值"<<show()<<endl;
```

14)　　　return 0；

15)　　}

程序的运行结果：

x＝100

使用函数返回值引用后：

x＝200

函数返回值为 200。

在上面的程序中，第 8 行给全局变量 x 赋值 100，在第 10 行的时候对函数返回值引用 200，从程序的执行结果可以看出全局变量 x 也变成了 200，这是因为函数的返回值被定义成了全局变量 x 的引用，对引用的修改就是对被引用变量的修改。

## 3.2　综合训练

**训练 1**

编写 C++风格的程序，实现求 m、n 两个正整数的最大公约数和最小公倍数。

(1)分析。

最小公倍数＝m×n/最大公约数，所以实际上只要求出最大公约数就可以了。

最大公约数就是能同时整除 m 和 n 的最大正整数，可用欧几里德算法(也称辗转相除法)求解。用欧几里德算法计算两个数的最大公约数的方法是：

求两个数(m、n)相除的余数 r(r＝m％n，当 m＞n)，当余数不为零时，m 取 n 的值，n 取 r 的值，再求两个数相除的余数，反复进行直到余数为零，除数 n 是最大公约数。

(2)一个完整的参考程序。

```
1)    #include <iostream>           //头文件,包含C++特有输入输出流
2)    using namespace std;
3)    int fun(int c,int d);          //函数fun的声明,这个函数用来求最大公约数
4)    void main()                    //主函数
5)    {
6)        int m,n,e,d;               //定义用到的一些变量
7)        cout<<"m= ";               //输入提示语
8)        cin>>m;                    //输入m
9)        cout<<endl;                //输出换行
10)       cout<<"n= ";               //输入提示语
11)       cin>>n;                    //输入n
12)       cout<<endl;                //输出换行
13)       e=fun(m,n);                //调用函数fun求最大公约数
14)       d=m*n/e;                   //利用最大公约数求最小公倍数
15)       cout<<" 最大公约数为:"<<e<<endl;//输出最大公约数
16)       cout<<" 最小公倍数为:"<<d<<endl;//输出最小公倍数
17)   }
```

```
18)    int fun(int c,int d)                    //函数 fun 的定义
19)    {
20)        int r;
21)        r=c%d;                               //以下几行都是辗转相除法的步骤
22)        while(r! =0){
23)            c=d;
24)            d=r;
25)            r=c%d;
26)        }
27)        return d;
28)    }
```

当输入为 24、36 的时候,输出为:

最大公约数为:12

最小公倍数为:72

**提示**:C++的输入输出符号 cin 和 cout 非常方便,应该学会使用,注意要加头文件 iostream。

函数如果在定义前就使用的话,一定要声明。在 C++中经常先声明所有要用到的函数,在主函数后逐个定义这些函数,这样做可以让程序容易被理解。

当函数较多的时候,函数名一定要反映函数的功能,在本例中由于只有一个函数 fun,所以对名字没什么要求。

在 C++程序中,往往将各种功能封装到函数中。在本例中,就将最关键的求最大公约数的功能封装在函数 fun 中,在主函数中只出现对函数 fun 的调用代码显得干净利落。

在输入一个数前加一句提示语句,例如"下面请输入一个数"等等,方便用户使用。

**训练 2**

用函数返回值引用对一个整数类型数组(数组元素不定)实现如下操作:扫描数组所有的元素,如果该元素是奇数,则把这个元素置为 1;如果该元素是偶数,则把该元素置为 0。

(1)分析。

数组元素不定,所以在定义数组的时候数组元素个数不能用整数,而要用常量,方便之后的修改。题目要求扫描数组所有元素,显然是用循环来实现。

题目要求用 1、0 替换奇数或偶数元素,所以写一个函数来实现该功能。函数的返回值是对当前扫描元素的引用,这样在循环中判断元素的奇偶性,对引用赋值就起到了对元素赋值的效果。

(2)一个完整的参考程序。

```
1)    #include <iostream>
2)    using namaspace std;
3)    const int number =5 ;          //定义常量,表示数组元素个数,本例中为 5
4)    int a[number];                  //定义整型数组
5)    int &fun(int index);            //声明变换函数
6)    int main(){                     //主函数开始
```

```
7)        for(int i=0;i<number;i++)      //第一个循环用来输入数组元素
8)        {
9)          cout<<"请输入 a["<<i<<"] :"<<endl;
10)          cin>>a[i];
11)        }
12)        for(int j=0;j<number;j++)      //第二个循环用来对数组进行改造
13)        {
14)          if(a[j]%2==0)
15)              fun(j)=0;
16)          else fun(j)=1;
17)        }
18)        cout<<"改变后的数组为:"<<end;     //第三个循环用来输出数组
19)        for(int k=0;k<number;k++)
20)        {
21)            cout<<"a["<<k<<"] :"<<a[k]<<endl;
22)        }
23)        return 0;
24)    }                                  //主函数结束
25)    int &fun(int index){               //变换函数的定义
26)        return a[index];
27)    }
```

程序运行结果:

请输入 a[0]：1(回车)

请输入 a[1]：2(回车)

请输入 a[2]：3(回车)

请输入 a[3]：4(回车)

请输入 a[4]：5(回车)

改变后的数组为：

a[0]：1

a[1]：0

a[2]：1

a[3]：0

a[4]：1

**提示**：由于数组的元素个数并不确定,所以应该使用常量进行定义,而不是直接使用一个整数,这样方便修改。例如本例中元素个数为 5,当希望元素个数变成 10 个的时候,只要改变常量 number 的数值,程序其他地方都不用做修改。

定义常量的时候,为了减少错误的发生,最好使用 C++的 const 修饰符,而不要使用 ♯define符号。

函数 fun 的参数是使用引用来传递的,引用是 C++区别于 C 语言的一种方式,引用比指针使用形式更简单。所以 C++提倡使用引用。

　　函数 fun 通过把返回值定义为引用,将函数(函数 fun)和函数中 return 语句返回的变量(如本例中的 a[index]变量)联系在一起,从而做到对函数的赋值,就是对这个变量的赋值。

## 3.3　本章小结

　　本章首先介绍了 C++程序的结构,C++程序由头文件、主函数、函数变量的定义,以及注释组成。在注释方面,C++增加了"//"符号的注释方法,使用很方便;同时 C++增加了新的输入输出符号 cout 和 cin,需要在头文件中添加<iostream>。

　　任何语言都有属于自己的数据类型。在 C++中,数据类型分为基本数据类型和用户定义数据类型。基本数据类型有 6 种,前 5 种在内存中占一定的空间,而空类型仅仅作为一个语法类型存在。用户定义数据类型着重介绍了联合和枚举两种类型。

　　表达式由各种数据和操作符构成,表达式的分类是按照操作符的类型分类的,有以下几种:算术表达式、赋值表达式、增量表达式、关系表达式、逻辑表达式、条件表达式、逗号表达式。它们之间具有一定的优先级。

　　表达式或函数加上分号,就可以构成一个语句,语句是组成 C++的程序的基本单元。语句中的赋值语句和控制语句(条件、分支、循环)的用处最广。函数是程序的功能模块,一个函数完成一定的功能,函数在使用前必须声明或定义。

　　const 是常量修饰符,用 const 修饰的是常量,其值不可以被更改。const 和指针搭配使用分 3 种情况:指向常量的指针、常指针和指向常量的常指针。

　　内存分配管理的任务一般由系统自动完成,但在 C++中,程序员可以通过运算符 new 申请任意大小的内存,通过运算符 delete 来释放曾经申请的内存空间,这种内存分配方式叫做动态内存分配。

　　在编程过程中,经常出现变量同名的问题。在 C++中,当变量同名时,函数中的操作总是使用函数中的局部变量。如果希望输出全局变量,就需要使用作用域运算符"::"。

　　引用是给一个变量起的别名,对引用的操作就是对变量的操作,反之也一样。引用使用简单,同时具有指针的功能,C++中提倡使用引用。

## 思考与练习题

　　1.C++源程序文件的扩展名是什么? C++源程序由哪些部分组成?

　　2.使用/*…*/和//符号,为下面的程序加上注释(在你认为需要注释的地方加)。

```
1)    #include <iostream>
2)    using namespace std;
3)    void main(){
4)        int a,b,c;
5)        int max;
6)        cout<<"输入 3 个数字"<<endl;
7)        cin>>a>>b>>c;
```

8)　　　　　if(a>b)
9)　　　　　　max = a;
10)　　　　　else max = b;
11)　　　　　　　if(max<c)
12)　　　　　　max = c;
13)　　　　　　cout<<"最大的数是 :"<<max<<endl;
14)　　　}

3. C++中提供的新的 I/O 流所需要的头文件是什么？补充完整下面程序的运行结果。

1)　　♯include <iostream>
2)　　using namespace std；
3)　　void main(){
4)　　　　int temp；
5)　　　　cout<<"请输入一个数:"<<endl；
6)　　　　cin>>temp；
7)　　　　cout<<"输入的数是:"<<endl；
8)　　　　cout<<temp<<endl；
9)　　}

运行结果：

请输入一个数：

3.1415926

输入的数是：

————————

4. C++中提供多少种基础数据类型，分别是什么？在一台 16 位的计算机中这些数据类型分别占多少内存空间？

5. 下面的一段关于枚举的程序无法通过编译，哪里出错了？

1)　　♯include <iostream>
2)　　using namespace std；
3)　　void main()
4)　　{
5)　　　　enum color{red,green,yellow}；
6)　　　　color = green ；
7)　　　　cout<<cl；
8)　　}

6. C++中有哪些表达式？这些表达式对应的运算符的优先级是什么？

7. 下面表达式的值是多少？

　　int a = 3 ；
　　int b = 5 ；
　　int i = 0 ；

(1)表达式 a>b ? b++ : ++

（2）表达式 i++ ，++i ， i

8.下面程序的运行结果是什么？

```
1)    # include <iostream>
2)    using namespace std;
3)    void main(){
4)        int mark；
5)        int out；
6)        cout<<"输入 mark："<<endl；
7)        cin>>mark；
8)        switch(mark)
9)        {
10)           case 1 ： out ＝1；
11)           case 2 ： out ＝2；
12)           case 3 ： out ＝3；break；
13)           case 4 ： out ＝4；
14)        }
15)        cout<<out<<endl；
16)    }
```

运行结果：

输入 mark：

2（回车）

9. 找出下面循环语句中的循环测试条件和循环体,并回答循环体共被执行了多少次？最终程序的运行结果是什么？

```
1)    # include <iostream>
2)    using namespace std;
3)    void main(){
4)        int i ＝0；
5)        int a ＝0；
6)        do{
7)            if(i%2==0)
8)                a++；
9)            i++；
10)       }
11)    while(i<10)；
12)        cout<<"a = "<<a<<endl；
13)    }
```

10. 找出下面关于函数声明和定义的程序中的错误。

```
1)    # include <iostream>
```

```
2)    using namespace std;
3)    int add(int x,int y)
4)    void main()
5)    {
6)        int a,b;
7)        float c;
8)        = 1;
9)        b = 2;
10)        c = add(a,b);
11)       cout<<c<<endl;
12)    }
13)    int add(int s , int y)
14)    {
15)        return s+y;
16)    };
```

11. 下面 4 个语句都是关于 int 类型的常量的定义,错误的是_____。

A. const int a =1 ;

B. const a = 1;

C. const int a ;

D. int const a =1 ;

12. 指针和修饰符 const 搭配有 3 种情况,分别举例说明在这 3 种情况下,哪些量是常量? 哪些是变量?

13. 什么叫动态内存分配? C++是如何进行动态内存分配的?

14. 域运算符::有两种基本作用,是什么?

15. 写出下面程序的运行结果。

```
1)    #include <iostream>
2)    using namespace std;
3)    int x;
4)    void main()
5)    {
6)        int x =100;
7)        ::x = 200;
8)        cout<<"x="<<::x<<endl;
9)    }
```

16. 下面关于引用的说法错误的是_____。

1)引用是被引用对象的别名

2)对引用的修改就是对被引用对象的修改,反之亦然

3)引用不一定立即初始化

4)引用不能建立数组

17.简述函数使用引用传递参数的好处。

18.下面程序的运行结果是什么?

```
1)    #include <iostream>
2)    using namespace std;
3)    int a[]={1,2,3};
4)    int &index(int);
5)    void main()
6)    {
7)        index(2)=10;
8)        cout<<a[2]<<endl;
9)    }
10)   int &index(int i)
11)   {
12)       return a[i];
13)   }
```

19.编写 C++风格的程序,输出 100 以内的所有素数。

20.编写 C++风格的程序,实现 100 个整型数的冒泡排序。

# 第4章 类和对象

用计算机解决实际问题时,问题可以看作是由一些相互联系的事物组成。把这些事物称作对象,每个具体的对象都可以用下述两个特征来表示:描述事物状态属性所需要数据、对这些数据进行的有限操作(表示事物的动态行为)。把数据和对数据的操作放在一起构成一个整体,才能完整地反映实际问题。

面向对象的程序设计方法提出了一种新的数据类型——类(class),它是对同一类型对象的抽象,是定义对象的模板。在类中包含了数据和对数据操作的定义,并进行封装使数据类型本身能够控制外界对其成员的访问。本章包含的主要内容如图4.1所示。

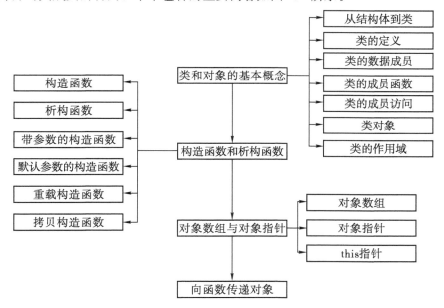

图 4.1 类和对象的知识导图

## 4.1 类和对象的基本概念

本小节主要介绍类与对象的基本概念以及如何定义类,如何使用类的对象,如何定义类的数据成员和成员函数等内容,详细阐述了类与对象之间的关系及其在面向对象程序设计中的地位。

### 4.1.1 从结构体到类

面向过程的程序设计方法采用函数来描述对数据的操作,但是没有将函数与其所操作的数据结合起来。而作为对现实世界的抽象,函数和所操作的数据是密切相关、相互依赖的:特定的函数往往是操作特定的数据;若数据发生了改变,那么相应对该数据操作的函数也要随之改变,这种实质上的依赖与形式上的分离使得编写出来的程序非常难于控制,如例 4.1。

**【例 4.1】**

```
1)    struct accounts                //结构体 accounts
2)    {
3)        unsigned Account_Number;    //用户账号
4)        float money                 //用户余额
5)    };                              //此处需注意不要忘记";"号
6)    .
7)    .                               //若干行代码
8)    .
9)    void show(accounts a)
10)   {
11)       cout<<"the account number is:"<<a. Account_Number<<endl;
12)       cout<<"the rest money are:"<<a. money<<endl;
13)   }
```

**提示:**在 C 语言中,声明结构体对象的方法为:struct accounts a;;而在 C++中,声明方法为:accounts a;;关键字 struct 不必要。

如例 4.1 所示:程序中定义了一个 accounts 结构体,包含两个数据元素 Account_Number 和 money,用来表示一个用户的账号和目前的存款余额,然后定义了一个 show 函数,用来显示用户的账号和存款余额。如果将结构体名 accounts 改为 saves,show 函数的参数也要随之而改变。假如结构体 accounts 和对它进行操作的函数 show 之间存在着大量的代码,尤其是当程序中存在着大量与结构体 accounts 相关的函数或操作的时候,修改起来将变得十分麻烦,甚至有时候会出现意想不到的问题。

面向对象程序设计方法中的"类"体现了面向对象技术所要求的抽象和封装的机制,它将待处理的数据与对其进行操作的函数封装成一个整体。采用面向对象方法,既可以把自然界中的实体抽象成计算机中的具有自主行为能力的数据类型,同时又可以把它们的属性(数据)隐藏起来以防止外界的干扰。

下面来看一个例子。

**【例 4.2】**

```
1)    class Accounts                  //关键字 class 表示类,Accounts 表示类名
2)    {
3)        private:                     //声明以下为私有成员,外部不能访问
4)            unsigned Account_Number; //用户账号
5)            float money;             //用户余额
6)        show()
7)        {
8)            cout<<"the account number is:"<<this→Account_Number<<endl;
```

9)　　　　　　　cout<<"the rest money are："<<this→money<<endl；
10)　　　　　}
11) }；　　　　　　　　　　　　　　　//注意,类的定义结束处也要有";"号

**提示**:类名首字母一般用大写字母表示,以便与对象名相区别。

在例 4.2 中:定义了一个类 Accounts,含有两个属性(数据成员)Account_Number 和 money,并且在类中封装了一个方法(函数)show,用来显示用户账号和存款余额。即便是将类名改为了 Saves,也不会影响 show 方法的实现,而当改变类中的数据成员时,这种将数据与对数据的操作封装起来的技术对于代码的维护也十分方便。

**提示**:数据隐藏可以避免许多维护性问题,如果一个类的数据结构被修改了,除类中操作该数据结构的方法(函数)外,程序的其他部分基本上不受影响。这是因为类中的数据成员通常对外是不可见的,外部只能通过公有的接口与它们发生联系。

面向对象的程序设计方法可以提高程序的可靠性和易读性。同时,面向对象程序设计方法所特有的抽象、封装、继承和多态更是强有力地支持了复杂大型系统的分析与设计,弥补了传统的面向过程程序设计方法的不足。

## 4.1.2　类的定义

首先直观地来看什么是类和对象,"世界是由什么组成的?"这个问题如果让不同的人来回答会得到不同的答案。如果是化学家,他也许会告诉你"世界是由分子、原子、离子等等的化学物质组成的"。如果是画家,他也许会告诉你,"世界是由不同的颜色组成的"。但如果让分类学家来考虑问题,就有趣得多了,他会告诉你"世界是由不同类型的物与事所构成的"。作为面向对象的学习者,要站在分类学家的角度去考虑问题! 可以认为世界是由动物、植物等组成的。动物又分为单细胞动物、多细胞动物、哺乳动物等等,哺乳动物又分为人、大象、老虎……从抽象的角度分析类。又例如"什么是人类?",人类所具有的一些特征,包括属性(一些参数,数值)以及方法(一些行为,能干什么)。每个人都有身高、体重、年龄、血型等等一些属性,人会劳动,人都会直立行走,人都会用自己的头脑去创造工具等等这些方法。人之所以能区别于其他类型的动物,是因为每个人都具有人这个群体的属性与方法。"人类"只是一个抽象的概念,它仅仅是一个概念,它是不存在的实体,但是所有具备"人类"这个群体的属性与方法的对象都叫人。这个对象"人"是实际存在的实体。每个人都是人这个群体的一个对象。老虎为什么不是人? 因为它不具备人这个群体的属性与方法,如老虎不会直立行走,不会使用工具等等,所以说老虎不是人。

类描述了一组有相同特性(属性)和相同行为(方法)的对象。在程序中,类实际是一种自定义的数据类型。面向过程语言与面向对象语言区别在于,面向过程语言不允许程序员自己定义数据类型,只能使用程序中内置的数据类型。为了更好地解决问题,往往需要创建必需的数据类型,面向对象编程提供了解决方案。

类定义的一般形式如下:
```
class Name
{
    //定义类的成员。
};
```

类的定义由类头和类体两个部分组成。

类头由关键字 class 开头,后面紧接着是类名,其命名规则与一般标识符的命名规则一致,有时可能有附加的命名规则,例如 MFC 类库中的所有类均是以大写字母 C 开头的。类体包括所有的细节,并放在一对花括号中。类的定义是一个语句,所以要有分号结尾,否则,会产生难以理解的编译错误。

类体定义类的成员,它支持以下两种类型的成员。

(1)数据成员,指定了该类对象的内部表示(通常也称作属性)。

(2)成员函数,指定该类的操作(通常也称作方法)。

下面给出一个日期类定义的例子。

【例 4.3】

```
1)    class Date
2)    {
3)        void SetDate(int y, int m, int d);
4)        int IsLeapYear();
5)        void Print();
6)        int year, month, day;
7)    };
```

在例 4.3 中定义了一个日期类,类中包括 3 个成员函数(方法)SetDate、IsLeapYear、和 Print,同时也包括 3 个数据成员(属性)year、month、day。

注意,声明和定义的区别:定义了一个类,则该类的所有成员就都是已知的,类的大小也是已知的。但是,也可以声明一个类但不定义它,例如:

class Date;          //Date 类的声明

这个声明向程序引入了一个名字 Date,指出 Date 为一个类类型。这种已经被声明但是还没有定义的类类型只能以有限的方式使用。如果没有定义类,那么就不能定义该类类型的对象,因为类类型的大小未知,编译器不知道为这种类类型的对象应该预留多少存储空间。但是,声明指向该类类型的指针或引用是允许的。允许声明指针和引用是因为它们都有固定的大小,这与它们指向的对象的大小无关。然而该类的大小和类成员都是未知的,所以要等到完全定义了该类,才能将解引用操作符( * )应用在指针上,使用指针或引用来指向某一个类成员。例如下面是类 Day 的定义,它有一个指向 Date 类的指针,Date 类只有声明而没有定义:

class Date;          //Date 类声明

calss Day{

  Date * m_date;     //指向一个 Date 对象

};

只有当一个类的类体已经完整时,它才被视为已经被定义,所以类不能有自身类型的数据成员。但是,当一个类的类头出现时,它就已经被声明了,所以类可以用指向自身类型的指针或引用作为数据成员。例如:

class Day{

```
    Day  * next；        //指向自身类型的指针
}
```

### 4.1.3　类中的数据成员

类的数据成员的声明方式和一般变量的声明方式相同。例如，Date 类可以有下列数据成员。

【例 4.4】

```
1)    class Date{
2)        int year；
3)        int month；
4)        int day；
5)        string today；
6)    }；
```

如例 4.4 所示，类 Date 中有 4 个数据成员：year、month、day 和 today。数据成员可以是任意类型，int、float、char 等类型的数据都可以作为数据成员。本小节中数据成员都是非静态的(nonstatic)的数据成员，类中也可以有静态(static)的数据成员。静态数据成员有着特殊的属性，这将在以后的小节中详细介绍。

**提示：** 定义类时应注意：在类体中不允许对定义的数据成员进行初始化。

类中的数据成员的类型可以是任意的，包含整型、浮点型、字符型、数组、指针和引用等，也可以是对象。另一个类的对象，可以作该类的成员，但是自身类的对象是不可以的，而自身类的指针或引用是可以的。当某个类 A 的对象作为类 B 的成员时，如果类 A 定义在类 B 之后，需要提前声明类 A。

### 4.1.4　类中的成员函数

类的成员函数又称作类的方法，成员函数的定义通常采用以下两种方式。

(1)一种方式是在类中仅列出成员函数的原型(即做函数的声明)，而成员函数体在类的外部定义。这种成员函数定义的一般形式如下：

返回类型　类名::函数名(参数表){

　　细节 //函数体

}

举个例子来说，一个表示日期的类如下。

【例 4.5】

```
1)    class Date{
2)    private：
3)        int year；
4)        int month；
5)        int day；
6)    public：
7)        void showdate()；//显示当前日期的成员函数 showdate()的函数原型
```

8)　　　　void setdate(int,int,int)；//设置当前日期的成员函数 setdate()的

9)　　}；//函数原型

10)　　void Date∷showdate()//定义成员函数 showdate()

11)　　{

12)　　　　　cout<<"Today is"<<year<<"−"<<month<<"−"<<day<<endl；

13)　　}

14)　　void Date∷setdate(int i,int j,int k)//定义成员函数 setdate()

15)　　{

16)　　　　year = i；

17)　　　　month = j；

18)　　　　day = k；

19)　　}

例 4.5 中的类声明了两个成员函数 showdate()和 setdate()，并在类体之外对这两个函数进行定义。虽然函数 showdate()和 setdate()在类外部定义，但是它们是类 Date 的成员函数，可以直接使用类 Date 中的数据成员 year、month、day。

**提示：**在所定义的成员函数名之前应该缀上类名，在类名和函数之间应该加上作用域运算符"∷"，例如上例中的"Date∷"。

在定义成员函数时，对函数所带的参数，不但要说明它的类型，还要指出其参数名，而在类中的函数声明中，只说明类型即可。

在定义成员函数时，其返回类型要与函数原型中的返回类型匹配。

成员函数被声明在它的类中，这意味着该成员函数名在类的作用域（有关类的作用域的内容在 4.1.7 小节介绍）之外是不可见的。

成员函数拥有访问该类的所有成员的特权，而一般来说，普通函数只能访问类的公有成员。当然，一个类的成员函数对另一个类的成员没有访问特权。

(2)第二种方式是将成员函数直接定义在类的内部。这种成员函数的定义形式一般如下：

类名{

类中其他成员

返回类型　成员函数名(参数表){

　　　细节　//函数体

　　}

}；

仍以 Date 类为例。

**【例 4.6】**

1)　　class Date{

2)　　private：

3)　　　　int year；

4)　　　　int month；

5)　　　　int day；

6)　　public：

```
7)      void Date::showdate()                //定义成员函数 showdate
8)      {
9)          cout<<"Today is"<<year<<"-"<<month<<"-"<<day<<endl;
10)     }
11)     void Date::setdate(int i,int j,int k) //定义成员函数 setdate
12)     {
13)         year = i;
14)         month = j;
15)         day = k;
16)     }
17)   };
```

例 4.6 中类 Date 的成员函数 showdate()和 setdate()均是在类体内部完成的。

以上两种类的成员函数的定义方法均是可行的。

### 4.1.5　类中的成员访问

类中的数据成员和成员函数有 3 种不同的访问权限:公有(public)成员、私有(private)成员和保护(protected)成员。

(1)公有成员:既可以被类内的其他成员访问,也能被类以外的内容(例如函数等)访问。

(2)私有成员:只能被类内的其他成员访问,而不能被其他内容访问。

(3)保护成员:可以由本类的成员访问,也可以由本类的派生类(有关派生类的内容在第 6 章介绍)的成员函数访问。

通常,数据成员是私有的,成员函数通常有一部分是公有的,一部分是私有的。公有的成员函数和数据成员可以在类外被访问,也称之为类的接口。类中各个数据成员和成员函数通常被指定合适的访问权限。类定义常有下面的形式:

```
class Name
{
public：     //公有部分说明
    ...     //类的公有接口(成员函数和数据成员的定义)
private：    //私有部分说明
    ...     //私有的成员函数
    ...     //私有的数据成员定义
protected： //保护部分说明
    ...     //受保护的成员函数
    ...     //受保护的数据成员定义
};
```

**提示**:类声明中的 private 和 public 以及 protected 关键字可以按任意顺序出现任意次。通常,在类体内先声明公有成员,它们是用户所关心的,后说明私有成员,它们是用户不感兴趣的。并且,如果把所有的私有成员和公有成员以及保护成员归类分别放在一起,那么程序将更加清晰。最后,在声明数据成员时,一般按数据成员的类型大小,由小至大声明,这样可提高时空利用率。

　　对一个具体的类来讲,类声明格式中的 3 种并非一定要全有,但至少要有其中的一种。一般情况下,类的数据成员应该声明为私有成员,成员函数声明为公有成员。这样做的好处是,类内部的数据结构整个隐蔽在类中,在其外部根本无法看到,使数据得到有效的保护,同时亦不会对该类以外的内容带来影响,程序模块之间的相互作用(耦合性)被降到最小。

　　在类中,如果对访问权限不做说明,默认成员是私有的,而在与类较为类似的结构体中,成员的默认访问权限是公有的,这是类与结构体的一个明显的区别。

## 4.1.6　类对象

　　"类"是一个抽象的概念,而不是"实体"。在程序中也是如此,定义了一个类,但是编译时操作系统并不会为这个类分配存储空间,只有为该类生成一个对象,运行时操作系统才会为其分配相应的存储空间。在 C++中,对象是类的实际变量,类与对象的关系,可以用桃子和水果之间的关系来类比。类和水果均是代表一般的概念,而对象和桃子却是代表具体的东西。通常,对象也称为类的实例。

　　对象的定义也有两种方式,一是在定义类的同时,直接定义对象,具体方式如下。

　　【例 4.7】

```
1)    class Date
2)    {
3)    private:
4)        int year;
5)        int month;
6)        int day;
7)    public:
8)        void showdate();
9)        void setdate(int,int,int);
10)    }data1,data2;
```

　　上例中,在定义类 Date 类的同时,直接定义了对象 date1 和 date2。另一种方法是在定义了类之后,在具体使用的时候再定义对象,定义的格式如例 4.8 所示。

　　【例 4.8】

```
1)    class Date
2)    {
3)    private:
4)        int year;
5)        int month;
6)        int day;
7)    public:
8)        void showdate();
9)        void setdate(int,int,int);
10)    };
```

11)　　Date date1,date2;

这种方法与一般的变量定义以及结构体对象定义十分相似。

**提示**：定义了一个类就是定义了一种类型，它本身并不接收和存储具体的值，只是作为生成具体对象的一个"模板"，只有定义了对象之后，系统才为对象并且只为对象分配存储空间。

使用第一种方式定义的对象是一种全局对象，在它的生存期内任何函数和内容都可以使用它。但是有时使用它的函数只是在极短的时间内对它进行操作，而它在程序运行结束之前总是存在，这样会带来不必要的系统开销。此时，采用第二种方式定义对象可以消除这样的问题。

系统为同一类的不同对象分配各自的存储空间，同类的不同对象中的成员占用不同的存储空间。

对象是一个类的实例，一个对象就是一个具有某种类类型的变量，那么，由类类型所包含的数据成员及成员函数（公有），当然也可以被这个类的对象包含和使用。对象的使用方式和结构体类似，通过使用成员选择运算符"."就可以访问类的成员。一般格式如下：

对象名.数据成员名 //访问数据成员

对象名.成员函数名(实参表) //访问成员函数

**提示**：在类的外部，只有公有数据成员和公有成员函数才可以通过类的对象进行访问，而私有成员函数和数据成员只能在类的内部被访问。例如：

1)　　class Date{
2)　　private:
3)　　　　int year;
4)　　　　int month;
5)　　　　int day;
6)　　public:
7)　　　　int i;
8)　　　　void showdate();
9)　　　　void setdate(int x,int y,int z)
10)　　　　{
11)　　　　　　year = x;
12)　　　　　　month = y;
13)　　　　　　day = z;
14)　　　　}
15)　　};
16)　　Date date1,date2;
17)　　date1.year = 2006; //错误,私有成员不能直接在类外访问
18)　　date1.month = 7;　//错误,私有成员不能直接在类外访问
19)　　date1.day = 25;　　//错误,私有成员不能直接在类外访问

上例程序中最后 3 条语句是非法的，因为 year、month、day 是对象 date1 中的私有数据成员，在类外不能直接访问。

举例来说明。

【例 4.9】

```
1)    class Date{
2)    private：
3)        int year；
4)        int month；
5)        int day；
6)    public：
7)        int i；
8)        void showdate()；
9)        void setdate(int x,int y,int z) //类的成员函数可以访问类的私有成员
10)        {
11)            year ＝ x；
12)            month ＝ y；
13)            day ＝ z；
14)        }
15)    };
16)    Date date1,date2；
17)    date1.i ＝ 100；//由于 i 是公有数据成员,所以可以在类外访问,此语句意思是
                      //将类 Date 的对象 date1 中的数据成员 i 赋值为 100
18)    date1.setdate(2006,7,25)； //调用了对象 date1 的方法 setdate
```

观察例 4.9 可知,通过调用对象 date1 的方法 setdate,对象 date1 的 3 个私有成员 year、month、day 赋值为 2006、7、25。由此说明,类可以通过其公有的成员函数向外部提供访问其对象中私有成员的数据接口,而这些成员函数往往是经过精心设计和严格调试的,因此可以在保证私有成员安全性的基础上同时保证类的开放性。

提示：类的成员对类对象的可见性和对类的成员函数的可见性是不同的,类的成员函数可以访问类中的所有成员,没有任何限制,而类的对象对类成员的使用受到类成员的访问属性的制约。

一般来说,公有成员是类的对外接口,而私有成员是类的内部数据和内部实现,不希望外界访问。将类的成员划分为不同的访问级别有两个好处：一是信息隐蔽,即实现封装,将类的内部数据与内部实现细节和外部接口分开,这样使该类的外部程序不需要了解类的详细实现；二是数据保护,即将类的重要信息保护起来,以免被其他程序不恰当地修改。

同一类的不同对象之间可以整体相互赋值,如同两个整型变量相互赋值一样。如两个整型变量 a 和 b,使用语句"a＝b；",就可以把 b 的值赋给 a。同理,同类型的对象之间也可以进行赋值,当一个对象给另一个对象赋值时,其所有的数据成员都会逐一进行复制。例如,如果 date1 和 date2 是同一类型的两个不同对象,使用语句"date1＝date2；"将 date2 中数据成员的值相对应地赋值给 date1。下面是一个具体的例子。

【例 4.10】

```
1)    class Date{
```

```
2)    private：
3)        int year；
4)        int month；
5)        int day；
6)    public：
7)        void showdate()                              //定义成员函数 showdate()
8)        {
9)            printf("Today is %d  %d  %d\n",year,month,day);
10)       }
11)       void setdate(int i,int j,int k) //定义成员函数 setdate()
12)       {
13)           year = i;
14)           month = j;
15)           day = k;
16)       }
17)   };
18)   int main()
19)   {
20)       Date date1,date2；
21)       date1. setdate(2006,7,25)；
22)       date2 = date1；  //利用 date1 为 date2 赋值
23)       date1. showdate()；
24)       date2. showdate()；
25)       return 0；
26)   }
```

该程序的输出结果应为：

Today is 2006 7 25

Today is 2006 7 25

注意：

在该程序中,语句 date2 = date1 等价于：

date2. year = date1. year；

date2. month = date1. month；

date2. day = date1. day；

(这只是用于解释的伪代码,实际情况是不能出现的,因为 year、month、day 是私有成员。)

**提示**：在使用对象赋值语句进行对象赋值时,两个对象的类型必须相同,即同一类的对象之间才可以相互赋值,如果不是同类型的对象,在编译时会出错。

两个对象间的赋值,仅仅是使这些对象中的数据相同,而两个对象仍是分离的,仍然占据不同的存储空间。

将一个对象的值赋给另一个对象时,多数情况下都是成功的。但当类中有指针时,可能会产生错误,这个问题将在以后的章节中分析。

利用初始化列表对对象中的公有数据成员进行初始化是允许的,初始化列表中数据按照成员变量定义的顺序对成员变量进行赋值,如初始化列表中数据个数少于成员变量的数量,则后面的成员数据被赋为默认值。应当说明的是:由于对象中的私有成员在类外是不可见的,所以利用初始化列表对对象中私有成员进行初始化则属于非法操作,且类中只要有私有变量,就不能用这种方法初始化。例如:

```
class Example1{
public:
    int x;
    int y;
};
class Example2{
public:
    int x;
private:
    int y;
};
Example1 test1 ={5,6}; //正确,初始化对象 test1 中的公有成员 x,y
Example1 test2 ={5};    //正确,缺省初始化对象 test1 中的公有成员 x ,y 默认
                        //为零
Example2 test3 ={5,6}; //错误,欲初始化对象 test2 中的私有成员 y
Example2 test4 ={5};    //错误,类中出现私有成员,不可以用这种方法
```

### 4.1.7  类的作用域

类说明和结构定义中一对花括号之间的区域叫做类作用域。一个类的所有成员都应该在类的作用域内。一个类的任何成员都可以访问该类的其他成员。正如前面所讲的,在一个类的作用域之内,所有的数据都是可见可操作的,而在类的作用域之外,类成员的可见性和可操作性受到其访问属性的限制,这充分体现了类的封装性。

这里给出一个完整的程序段,来了解本小节所讲述的内容。

【例 4.11】

```
1)    #include <iostream>
2)    using namespace std;
3)    class Cars{
4)    private:
5)        float price;
6)        double car_code;
7)    public:
8)        int wheels;
9)        int weight;
```

```
10)          int doors;
11)          void setcar(float p,double c)
12)          {
13)              price = p;
14)              car_code = c;
15)          }
16)          void showcar()
17)          {
18)              cout<<"car code is   "<<car_code<<endl;
19)              cout<<"this car has"<<wheels<<" wheels";
20)              cout<<"   and   "<<doors<<"doors"<<endl;
21)              cout<<"it's weight is   "<<weight<<endl;
22)              cout<<"the car cost   "<<price<<endl;
23)          }
24)  };
25)  int main()
26)  {
27)      Cars truck;
28)      truck.wheels = 6;//正确,访问公有成员
29)      truck.weight = 10;
30)      truck.doors = 4;
31)      truck.setcar(200000.0,1270302);//调用对象方法(成员函数)
32)      truck.showcar();
33)      cout<<endl;
34)      Cars car1,car2;
35)      car1.price = 300000.0;//错误,试图访问私有成员
36)      car1.wheels = 4;
37)      car1.weight = 4;
38)      car1.doors = 4;
39)      car1.setcar(300000.0,1270305);
40)      car1.showcar();
41)      cout<<endl;
42)      car2 = car1;//对象间赋值
43)      car2.showcar();
44)      return 0;
45)  }
```

程序输出为：

car code is 1270302

this car has 6 wheels and 4 doors

it's weight is 10;

the car cost 200000. 0

car code is 1270305

this car has 4 wheels and 4 doors

it's weight is 4

the car cost 300000. 0

car code is 1270305

this car has 4 wheel and 4 doors

it's weight is 4

the car cost 300000. 0

### 4.1.8　小结与建议

本小节阐述的有关类和对象的基本概念是理解本章内容的基础,建议通过大量的基础性练习来加深理解和认识。类和对象是面向对象程序设计的灵魂。有关类成员的访问权限、类与对象之间的关系等方面的内容,要着重理解和掌握。

## 4.2　构造函数与析构函数

构造函数与析构函数,使类对象能够轻松地被创建和撤销。构造函数创建类对象,初始化其成员,析构函数撤销类对象。构造函数和析构函数是类的特殊成员函数,它们的设计与应用,直接影响编译程序处理对象的方式。本小节将详细介绍构造函数与析构函数的概念及其应用方法。

### 4.2.1　构造函数的必要性

一般变量声明后可直接初始化,例如:

int x ＝ 10;

int y ＝ 5;

int ＊ p ＝ ＆y;

int z[] ＝{1,2,3,4,5};

结构体可采用下面的方式进行初始化:

struct Date

{

　　　int year;

　　　int month;

　　　int day;

};

Date date1 ＝{2005,7,25};

　　但是,类的对象不能使用类似的初始化方法,正如前文所述在类定义的时候不能对类的成员变量进行初始化,而且,受到成员变量访问属性的限制,不能采用类似对结构体变量赋值的方法对类的对象进行初始化。到目前为止,只能通过类的成员函数来为类对象中的变量成员进行初始化(即类对象的初始化)。例如:

【例 4.12】

```
1)    class Student
2)    {
3)    private：
4)        char * name;
5)        int age;
6)    public：
7)        setstudent(char * p,int i)
8)        {
9)            name = p;
10)           age = i;
11)       }
12)    };
13)    Student lucy;
14)    lucy. setstudent("lucy",20)；//通过调用类方法来为对象中成员变
                                  //量进行初始化
```

　　利用这种方法可以对类的对象赋初值,但是,系统多了一道处理初始化的解释与执行的过程,而且,每当建立一个新的对象时,都要对其进行初始化,带来了大量重复的操作。

　　在建立对象的同时,希望对象能够自动地进行初始化。即类对象的声明即表达了为对象分配空间和初始化的意向。为了使这些工作能够自动完成,引入了构造函数的概念。

### 4.2.2　构造函数

　　构造函数的主要作用是为对象分配空间、对对象进行初始化。可以把构造函数理解为成员函数的一种,它相较于一般的成员函数有诸多不同。例如:

【例 4.13】

```
1)    # include <iostream>
2)    using namespace std;
3)    class Cars{
4)    public：
5)        Cars();                //构造函数的声明
6)        void show();
7)    private：
8)        int wheels;
9)        int doors;
10)       int speed;
```

```
11)    };
12)    Cars::Cars()              //构造函数的定义
13)    {
14)        wheels = 4;
15)        doors = 4;
16)        speed = 60;
17)    }
18)    void Cars::show()
19)    {
20)        cout<<"wheels:"<<wheels<<endl;
21)        cout<<"doors:"<<doors<<endl;
22)        cout<<"speed:"<<speed<<endl;
23)    }
24)    int main()
25)    {
26)        Cars car;
27)        car.show();
28)        return 0;
29)    }
```

程序输出结果为：

wheels:4

doors:4

speed:60

例 4.13 中，构造函数的名称和类名称一模一样，同时没有返回类型，而且程序中并没有主动地调用构造函数，可对象中的数据成员却被赋值了。构造函数具有以下一些特点：

(1)构造函数的名称必须与类名相同；

(2)构造函数可以有任意类型的参数，但是它不能具有返回类型，甚至 void 也不行；

(3)构造函数被声明为公有函数，不能像其他成员函数那样被显式地调用，是在声明类的对象的同时被系统自动调用的。

**提示**：C++规定，每个类必须有构造函数，没有构造函数就不能创建对象。

若没有提供任何构造函数，那么 C++自动提供一个默认的构造函数，该默认构造函数是一个没有参数的构造函数，它仅仅负责创建对象而不做任何赋值操作。

只要类中提供了任意一个构造函数，那么 C++就不再自动提供默认构造函数。

类对象的定义和变量的定义类似，使用默认构造函数创建对象的时候，如果创建的是静态或者是全局对象，则对象的位模式全部为 0，否则将会是随机的。

了解了构造函数，与之相对地，我们引入析构函数的概念。

### 4.2.3　析构函数

构造函数的主要作用是为对象分配空间，对对象进行初始化。那么，由构造函数所分配的系统资源如何释放呢？程序运行的过程中申请了系统资源而不在适当的时候进行释放的可能会导致意想不到的错误，为了避免这种情况发生，就需要使用析构函数。

析构函数同构造函数一般，也是特殊的类成员函数，它的主要作用是在类对象生命期结束时，清理和释放类对象所占用的系统资源。

**【例 4.14】**

```
1)    #include <iostream>
2)    using namespace std;
3)    class Cars{
4)    public：
5)        Cars();     //构造函数的声明
6)        void show();
7)        ～Cars();   //析构函数的声明
8)    private：
9)        int wheels;
10)       int doors;
11)       int speed;
12)       char * car_name;
13)    };
14)    Cars::Cars()   //构造函数的定义
15)    {
16)        wheels = 4;
17)        doors = 4;
18)        speed = 60;
19)        car_name = new char[10]; //分配堆空间
20)    }
21)    Cars::～Cars()//析构函数的定义
22)    {
23)        delete[] car_name;    //释放堆空间
24)        cout<<"destructed"<<endl;
25)    }
26)    void Cars::show()
27)    {
28)        cout<<"wheels:"<<wheels<<endl;
29)        cout<<"doors:"<<doors<<endl;
30)        cout<<"speed:"<<speed<<endl;
31)    }
32)    int main()
33)    {
34)        {
```

```
35)            Cars car;
36)            car.show();
37)        }
38)        Cars truck;
39)        truck.show();
40)
41)        return 0;
42)    }
```

程序输出结果为：

wheels:4

doors:4

speed:60

destructed //类作用域结束时自动调用析构函数

wheels:4

doors:4

speed:60

destructed //类作用域结束时自动调用析构函数

例 4.14 中，析构函数没有返回类型，没有参数，没有显示调用，并且它的函数名是在构造函数名前加了一个"～"。析构函数的特点如下：

(1)析构函数与构造函数名字相同，前面加一个"～"。

(2)析构函数不具有返回类型，同时不能有参数，也不能重载，一个类只能拥有一个析构函数（这与构造函数不同，在以后的章节会介绍）。

(3)析构函数不能显示调用，它在类的生命期结束时会被系统自动调用。

**提示**：C++规定，每个类必须有析构函数。

若没有提供任何析构函数，那么 C++自动提供一个默认的析构函数，该默认的析构函数是一个没有具体操作的函数，对于大多数类而言可以满足要求，因为如果类中不具有动态分配空间的成员变量的话，系统会在其对象的生命期结束时自动地撤销为其分配的空间，不需要在析构函数中显式地使用什么操作。例如，编译系统为例 4.13 中的 Cars 类提供的默认析构函数为：Cars::～Cars(){}。

只要类中提供了一个显式的析构函数，那么 C++就不再提供默认的析构函数。

对于类中动态生成的数据成员，在析构函数中必须显示地加以释放，否则容易造成内存泄露等严重的错误。例子中的数据成员 car_name，由于使用 new 方法动态申请的堆空间，在析构函数中必须对其进行释放，即使用 delete 方法对已经申请的空间进行释放。

对于类的动态成员，一般情况下在其构造函数中运用 new 运算符为其分配存储空间，而在析构函数中使用 delete 运算符来释放已分配的存储空间。

通常，在显示撤销对象时系统会自动调用析构函数。除此之外，如果一个对象被定义在一个函数体内，则当这个函数结束时，该对象的析构函数被自动调用。如果一个对象是使用 new 运算符动态生成的，那么在使用 delete 运算符释放它时，会自动调用其析构函数。

### 4.2.4 带参数的构造函数

前文所述的构造函数似乎并不能完全满足对象的初始化要求,在 4.2.2 小节中,构造函数只是千篇一律地为对象中的数据成员初始化同样的值,这对于类对象的多样化来说是十分不利的,如例 4.14 所示。

例 4.14 中对于 Cars 的两个不同的对象 car 和 truck,数据成员都被初始化了相同的值,但是,对于 car 和 truck 来说,wheels、doors、speed 可能是不同的(有的 truck 的 doors=2,wheels=6 等等),为了使构造函数能根据不同的对象为其数据成员赋不同的初值,面向对象语言中引入了带参数的构造函数的概念。

正如在构造函数的特点中提到,构造函数可以具有任意类型的参数,利用带参数的构造函数来根据不同的需求为对象赋初值是允许的,例如:

【例 4.15】

```
1)      #include<iostream>
2)      using namespace std;
3)      class student
4)      {
5)      private:
6)        char * name;
7)        int age;
8)        int grade;
9)      public:
10)       student(char * x, int y, int z) //带有参数的构造函数,其目的是
                                          //使用参数的值对对象中的成员变量赋初值
11)       {
12)         name = x;
13)         age = y;
14)         grade = z;
15)       }
16)       void show()
17)       {
18)         cout<<"name:"<<name<<endl;
19)         cout<<"age:"<<age<<endl;
20)         cout<<"grade:"<<endl;
21)       }
22)     };
23)     int main()
24)     {
25)       student zhang("xiao zhang",20,2);   //具有带参数构造函数
                                              //的类对象的声明方法
```

```
26)        student ming("xiao ming",19,1);
27)        student li("xiao li",21,3);
28)        zhang. show();
29)        cout<<endl;
30)        ming. show();
31)        cout<<endl;
32)        li. show();
33)        cout<<endl;
34)        return 0;
35)    }
```

程序输出结果为：

name:xiao zhang

age:20

grade:2


name:xiao ming

age:19

grade:1


name:xiao li

age:21

grade:3

在例 4.15 中定义了一个类 student,同时,为该类提供了一个带有 3 个参数的构造函数。在声明该类的不同对象时采用形如:类名 对象名(参数表)的形式,告知编译器要使用参数表中的参数来对该对象进行初始化(相当于编译器自动调用类中的构造函数,并为其传递对象声明时括号内参数表中给出的参数)。

**提示:** 对于带参数的构造函数,如果不是默认参数(这在下一小节将具体说明)的话,在类对象声明时一定要给出与类构造函数参数表中类型和个数相同的参数(即类对象声明时的参数表(实参)与构造函数的参数表(形参)中的参数的类型,参数个数要一致)。例如,对于例 4.15 的类 student,如果采用下述方法声明其对象,是不正确的:

student wu("xiao wu");　　//缺少参数

student zhou(21,2);　　　　//缺少参数

其次,关于类的构造函数的使用,还需要注意:形如上例中

student zhang("xiao zhang",20,2);

这样的方法是使用构造函数的唯一正确方法,而如下的使用方法则是错误的:

student zhang;

zhang("xiao zhang",20,2);

这样的话,系统会因为函数调用的问题而报错,因为编译器会认为用户是在调用一个zhang(参数表)函数,而该函数没有定义。

由此,利用带参数的构造函数,可以保证类对象的多样性,根据不同的对象及其参数表,可以实现为其数据成员进行不同的初始化。

### 4.2.5　默认参数的构造函数

对于有参数的构造函数,在定义对象时必须给构造函数传递参数。实际情况中,虽然有些构造函数有参数,但其参数有默认值,这就是默认参数的构造函数。构造函数中的参数与普通函数的参数是一样的,默认参数即为该参数设置一个默认的取值。可以为全部或部分参数设置默认值。

【例 4.16】
```
1)     #include<iostream>
2)     using namespace std;
3)     class Date
4)     {
5)     private:
6)         int year;
7)         int month;
8)         int day;
9)     public:
10)        Date(int x = 2006, int y = 1, int z = 1)    //带有默认参数(即
                                                       //参数具有缺省值)的构造函数
11)        {
12)            year = x;
13)            month = y;
14)            day = z;
15)        }
16)        void show()
17)        {
18)            cout<<"the date is:"<<year<<"."<<month<<"."<<day<<endl;
19)        }
20)    };
21)    int main()
22)    {
23)        Date date1;              //不传递参数,全部使用默认值
24)        date1.show();
25)        Date date2(2005);        //传递一个参数
26)        date2.show();
27)        Date date3(2005,2);      //传递两个参数
28)        date3.show();
29)        Date date4(2005,9,26);   //传递所有参数
30)        date4.show();
```

31)　　　　return 0；

32)　　}

程序输出结果为：

the date is：2006.1.1

the date is：2005.1.1

the date is：2005.2.1

the date is：2005.9.26

在例 4.16 中定义了一个类 Date，为其定义的构造函数含有 3 个参数，并且都具有默认值。在定义该类的对象时，其构造函数的 3 个参数可以指定，或者只指定一部分。但是，如果想通过如下方法来为对象赋初值，是错误的：

Date date5(6,15)；

希望通过这种方式为对象的成员变量赋值为 year＝2006，month＝6，day＝15 是错误的，这样的结果是 year＝6，month＝15，day＝1。带有默认参数的构造函数其形参与实参是左对齐的（这是由有带有默认参数的函数的性质决定的）

利用带参数的构造函数，可以很好地解决本小节开头所提出的问题。对于对象初始化时不经常变化但又偶尔会发生改变的数据成员，通常在构造函数的参数表中将其设定为缺省值。注意：在使用缺省参数时要遵循带有默认参数的函数的性质（形参与实参的对齐原则）。

### 4.2.6　重载构造函数

构造函数与一般的类成员函数一样均可被重载，构造函数通过参数的类型与个数的不同进行重载，那些重载的构造函数之间以它们所带参数的个数或类型的不同而区分。在为拥有多个重载构造函数的类创建对象时，可以根据提供的不同参数及参数类型，调用不同的构造函数来为对象进行初始化。

【例 4.17】

```
1)    #include<iostream>
2)    using namespace std;
3)    class Date{
4)    private：
5)        int year；
6)        int month；
7)        int day；
8)    public：
9)        Date()   //无参数的构造函数
10)        {
11)            year = 2005；
12)            month = 1；
13)            day = 1；
14)        }
15)        Date(int i)   //重载构造函数1,1 个参数
```

```
16)        {
17)            year = i;
18)            month = 1;
19)            day = 1;
20)        }
21)        Date(int i, int j)    //重载构造函数 2,2 个参数
22)        {
23)            year = i;
24)            month = j;
25)            day = 1;
26)        }
27)        Date(int i, int j, int k)    //重载构造函数 3,3 个参数
28)        {
29)            year = i;
30)            month = j;
31)            day = k;
32)        }
33)        void show()
34)        {
35)            cout<<"The date is:"<<year<<". "<<month<<". "<<day<<endl;
36)        }
37)    };
38)    int main()
39)    {
40)        Date date1;    //使用无参数的构造函数
41)        date1.show();
42)        Date date2(2006);//使用带有 1 个参数的构造函数
43)        date2.show();
44)        Date date3(2006,9);//使用带有 2 个参数的构造函数
45)        date3.show();
46)        Date date4(2006,9,26)//使用带有 3 个参数的构造函数
47)        date4.show();
48)     return 0;
49)    }
```

程序的输出结果为：

The date is：2005.1.1

The date is：2006.1.1

The date is：2006.9.1

The date is：2006.9.26

在例 4.17 中分别定义了类 Date 的 4 个对象，date1、date2、date3、date4，声明这些对象时分别使用了不同的重载构造函数（根据参数的不同）来对这 4 个对象进行初始化。

提示：当重载构造函数中含有带默认参数的构造函数时，要注意函数调用的"二义性"问题。例如：

```
class example{
private：
    int x;
    int y;
public：
    example(int m)    //构造函数 1
    {
        x = m;
        y = m;
    }
    example(int m = 10, int n = 20)    //构造函数 2
    {
        x = m;
        y = n;
    }
};
int main()
{
    example example1(1,2);    //正确，调用带有两个参数的构造函数 2
    example example2(100);    /* 错误，编译器不知道是调用构造函数 1 还是调用构
                                造函数 2（使用缺省参数）* /
    return 0;
}
```

当使用重载构造函数时，一定要注意"二义性"问题。

## 4.2.7　拷贝构造函数

一般变量之间的复制很简单，例如：

int a = 10;

int b = a;

用户定义的类的对象，也可使用赋值的方式进行复制。例如：

【例 4.18】

```
1)    #include<iostream>
2)    using namespace std;
3)    class Test
4)    {
```

```
5)    public:
6)        Test(int temp)
7)        {
8)            p1 = temp;
9)        }
10)   protected:
11)       int p1;
12)   };
13)   int main()
14)   {
15)       Test a(99);
16)       Test b = a;
17)       return 0;
18)   }
```

此时 b 中的 p1 和 a 中的 p1 一样,都为 99,这样看来,同类型的对象之间是可以相互复制的,用户可以使用已存在的对象来为一个新对象进行初始化。那么,系统是如何得知用户希望将 a 中成员变量的值复制给 b 中的成员变量呢? 答案是:对象间的相互复制是通过拷贝构造函数来完成的。可是,在上面的程序中,并没有拷贝构造函数,但是却完成了同类型对象的复制工作,这是因为拷贝构造函数和构造函数一样,当没有显示地给出时,系统会自动提供一个默认的拷贝构造函数来完成同类型对象间的复制工作。例如:

【例 4.19】

```
1)    #include<iostream>
2)    using namespace std;
3)    class point
4)    {
5)    private:
6)        int x;
7)        int y;
8)    public:
9)        point(int i, int j)    //构造函数
10)       {
11)           x = i;
12)           y = j;
13)           cout<<"construction"<<endl;
14)       }
15)       point(const point &p)    //拷贝构造函数
16)       {
17)           x = p.x + 10;
18)           y = p.y + 10;
```

```
19)            cout<<"copy construction"<<endl;
20)        }
21)        void show()
22)        {
23)            cout<<"The point is:"<<"("<<x<<","<<y<<")"<<endl;
24)        }
25)    };
26)    int main()
27)    {
28)        point a(10,20);
29)        a. show();
30)        point b(a);    //使用"代入"法调用拷贝构造函数
31)        b. show();
32)        point c = b;    //使用"赋值"法调用拷贝构造函数
33)        c. show();
34)        return 0;
35)    }
```

程序运行结果为：

construction

The point is：（10,20）

copy construction

The point is：（20,30）

copy construction

The point is：（30,40）

从例4.18可以总结出有关拷贝构造函数的一些特点：

（1）拷贝构造函数属于构造函数的一种，函数名必须与类名相同，并且没有返回类型；

（2）拷贝构造函数有且只有一个参数，并且是同类型对象的一个引用；

（3）每个类都应该具有一个拷贝构造函数，可以根据具体的需要自行定义拷贝构造函数，如果没有显式地定义拷贝构造函数，系统会自动生成一个默认的拷贝构造函数。

在程序中，用一个对象初始化另一个对象，或者说，用一个对象去复制另一个对象，可以有选择、有变化地进行复制。上例中就是将参数对象的值加上10以后，复制给目标对象。

**提示**：与一般构造函数一样，拷贝构造函数没有返回值。

**注意**，拷贝构造函数的参数一定是同类型对象的引用。

拷贝构造函数在以下几种情况下会被调用：

（1）当类的一个对象去初始化该类的另一个对象时；

（2）如果函数的形参是类的对象，调用函数进行形参和实参结合时；

（3）如果函数的返回值是类对象，函数调用完成返回时。

系统默认的拷贝构造函数只进行最简单的按位拷贝成员变量内容的操作，通常默认的拷贝构造函数是能够胜任工作的，即将源对象中的值逐个复制给目标对象。但是若类中有指针类型时,使用默认的拷贝构造函数可能会造成内存共享及指针悬挂问题,如例 4.20 所示。

【例 4.20】

```
1)      # include <iostream>
2)      # include <string. h>
3)      using namespace std;
4)      class String
5)      {
6)      public：
7)          String(const char * s)
8)          {
9)              ptr = new char[strlen(s)+1];
10)             strcpy(ptr,s);
11)             len=strlen(s);
12)         }
13)         ~String()
14)         {
15)             delete []ptr;
16)         }
17)         void show()
18)         {    cout<<ptr<<endl;}
19)     private：
20)         char * ptr;
21)         int len;
22)     };
23)     int main()
24)     {
25)         String s1("test1");
26)         {
27)             String s2(s1);
28)             s2.show();
29)         }
30)         s1.show();
31)         return 0;
32)     }
```

上述程序虽然能够正确编译,但是该程序运行时会发生内存错误。因为没有为 String 类定义拷贝构造函数,当程序执行到语句 String s2(s1)时,调用默认的拷贝构造函数,将对象 s1 的数据成员逐个拷贝到对象 s2 中。此时 s2 和 s1 中的指针成员 ptr 指向同一块内存空间,如图 4.2 所示。此时若 s1 将 ptr 指向的内容改变,那么 s2 中 ptr 指向的内容也会被改变,这就是内存共享。显然,这不是程序的意图,两个对象应该拥有各自独立的内存空间,拷贝构造时应该让新对象内存中的内容与原对象相同,而不是指向的相同地址。程序继续运行,当 s2 的生存期(main()函数内层的一对花括号间)结束时,编译器调用析构函数将这一内存空间回收。此时,尽管对象 s1 的成员 ptr 存在,但其指向的空间却由于已经被释放而无法访问了,因此程序出错,这就是指针悬挂问题。

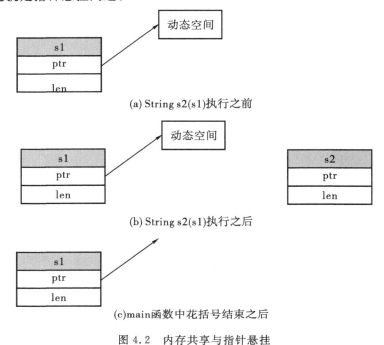

图 4.2   内存共享与指针悬挂

为了解决内存共享与指针悬挂问题,必须为类定义拷贝构造函数,完成新的动态空间的分配,并进行指针内容的拷贝。

【例 4.21】

```
1)      # include <iostream>
2)      # include <string. h>
3)      using namespace std;
4)      class String
5)      {
6)      public:
7)          String(const char *  s)
8)          {
9)              ptr = new char[strlen(s)+1];
10)             strcpy(ptr,s);
11)             len=strlen(s);
12)         }
13)         String(const String & S)
14)         {
```

```
15)            ptr = new char[strlen(S. ptr)+1];
16)            strcpy(ptr,S. ptr);
17)            len=S. len;
18)        }
19)        ~String()
20)        {
21)            delete []ptr;
22)        }
23)        void show()
24)        {   cout<<ptr<<endl;}
25)    private:
26)        char * ptr;
27)        int len;
28)    };
29)    int main()
30)    {
31)        String s1("test1");
32)        {
33)            String s2(s1);
34)            s2. show();
35)        }
36)        s1. show();
37)        return 0;
38)    }
```

程序运行结果：

test1

test1

例 4.21 为 String 类定义了拷贝构造函数,函数除了为普通成员变量 len 赋值外,还为指针 ptr 分配了新的动态空间,并把参数 S 的成员 ptr 所指向内存中的内容拷贝到新的动态空间中。自定义的拷贝构造函数执行后效果如图 4.3 所示。

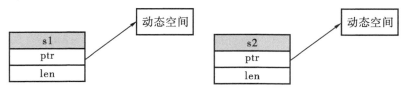

图 4.3　定义的拷贝构造函数执行效果

## 4.2.8　构造函数与析构函数调用的顺序

通常,当一个类对象被创建时,系统会首先调用其构造函数;而当对象的生命周期结束的时候,系统会调用其析构函数。

(1)一般情况下,析构函数的调用顺序与构造函数相反。

(2)全局范围中定义的对象的构造函数在文件中的任何其他函数(包括 main 函数)执行之前调用(但不同文件之间全局对象构造函数的执行顺序是不确定的)。当 main 函数终止或者调用 exit 函数时调用相应的析构函数。

(3)当程序执行到对象定义时,调用局部对象的构造函数。该对象的析构函数在对象离开范围时调用(即离开定义对象的块时)。局部对象的构造函数和析构函数在每次对象进入和离开范围时调用。

(4)static 局部对象(第 5 章讲解)的构造函数只在程序首次到达对象定义时调用一次,对应的析构函数在 main 函数终止或调用 exit 函数时调用。

(5)可见构造函数调用顺序:全局对象→局部自动(或静态)对象(按执行顺序)。

(6)析构函数调用顺序:局部自动对象→main()执行结束后,静态对象(局部或全局)→全局对象。

### 4.2.9　小结与建议

本小节主要介绍了类的构造函数与析构函数。在面向对象程序设计中,合理使用构造函数和析构函数是十分重要的。要熟练掌握类的构造函数与析构函数的运用及其各项特点,尤其要对构造函数的重载、拷贝构造函数以及析构函数的作用等内容有明确的认识。

## 4.3　对象数组与对象指针

### 4.3.1　对象数组

对象数组就是指每一个数组元素都是对象的数组,如果用户为一个类定义了多个对象,可以把这些对象通过一个数组来存放,这个数组就称之为对象数组。对象数组的元素是对象,拥有其各自的成员变量和成员函数。

结合一个具体的例子来看看对象数组的用法。

【例 4.22】

```
1)      #include<iostream>
2)      using namespace std;
3)      class test
4)      {
5)      private:
6)          int x;
7)      public:
8)          void set(int m)
9)          {
10)             x = m;
11)         }
```

```
12)        int get()
13)        {
14)            return x;
15)        }
16)    };
17)    int main()
18)    {
19)        test obj[3]；   //对象数组的定义
20)        int n；
21)        for(n = 0;n<3;n++)
22)            obj[n].set(n)；//对象数组元素(一个对象)的使用
23)        for(n = 0;n<3;n++)
24)            cout<<obj[n].get()<<endl；
25)            return 0；
26)    }
```

程序输出结果为：

0

1

2

通过例 4.22 得知,对象数组定义的一般格式如下：

　　　类名　　对象数组名[下标表达式]；

每一个对象数组的元素实际上是一个对象,通过该对象,可以访问到它的公有成员和成员函数,形式如下(与一般的对象使用方法类似)：

　　　对象数组名[下标].成员名；

如果在建立某个类的对象数组时,考虑到对象初始化的需要,应该通过定义合理的构造函数来实现。当对象数组中各个元素的初始值要求为相同的值时,应该在类中定义不带参数的构造函数或者带有默认参数的构造函数；当各元素对象的初值要求为不同的值时,需要定义带参数的构造函数。另外,定义对象数组时,还可以通过初始化列表进行初始化,如例 4.23。

【例 4.23】

```
1)    #include<iostream>
2)    using namespace std；
3)    class example
4)    {
5)    private：
6)        int x；
7)        int y；
8)    public：
9)        example()
10)       {
```

```cpp
11)             x = 10;
12)             y = 20;
13)        }
14)        example(int m, int n)
15)        {
16)             x = m;
17)             y = n;
18)        }
19)        void show()
20)        {
21)             cout<<x<<" "<<y<<endl;
22)        }
23)   };
24)   int main()
25)   {
26)        example obj[5] = {example(1,2), example(3,4)};   //通过初始化
                                                        //列表进行初始化
27)        obj[3] = example(5,6);
28)        obj[4] = example(7,8); //调用带参数的构造函数生成一个临时变量,然
29)                              //后调用赋值运算符对 obj[4]赋值
30)                              //(第 7 章讲解,和拷贝构造函数相似)
31)        for(int i = 0; i<5; i++ )
32)             obj[i].show();
33)             return 0;
34)   }
```

程序输出结果为:

1　2
3　4
10　20
5　6
7　8

例 4.23 定义了类 example 的一个含有 5 个元素的对象数组 obj。首先,使用初始化列表调用带参数的构造函数来为 obj 中前两个元素赋初值,程序初始化列表中只显式调用了前两个元素的带参数的构造函数,其余的三个元素则是系统自动调用了不带参数的构造函数来进行初始化;其次使用了形如 obj[4] = example(7,8);的语句调用带参数的构造函数生成两个临时变量来改变数组中后两个元素的值,而数组中第三个元素则没有改变,依然是不带参数构造函数所赋予的初始值。从运行结果可以看出,对象数组中下标为 0、1、3、4 的元素分别是使用带参数的构造函数初始化,而下标为 2 的元素则是采用不带参数的构造函数初始化。

对于多维数组来说,其初始化的方式大致相同,如例 4.24。

【例 4.24】

```
1)    #include<iostream>
2)    using namespace std;
3)    class example
4)    {
5)    private:
6)        int x;
7)        int y;
8)    public:
9)        example()
10)        {
11)            x = 10;
12)            y = 20;
13)        }
14)        example(int m, int n)
15)        {
16)            x = m;
17)            y = n;
18)        }
19)        void show()
20)        {
21)            cout<<x<<" "<<y<<endl;
22)        }
23)    };
24)    int main()
25)    {
26)        example obj[2][2] = {example(1,2), example(3,4), example(5,6)};
27)        for(int i = 0;i<2;i++ )
28)        {
29)            obj[i][0].show();
30)            obj[i][1].show();
31)        }
32)        return 0;
33)    }
```

程序输出结果为：

```
1    2
3    4
5    6
10   20
```

**提示:**对于构造函数只带有一个参数的类来说,初始化其对象数组还有下面一种简化的方法。

```cpp
#include<iostream.h>
class example
{
private:
    int x;
public:
    example()
    {
        x = 10;
    }
    example(int m)
    {
        x = m;
    }
    void show()
    {
        cout<<x<<endl;
    }
};
int main()
{
    example obj[5] = {1,2,3,4,5};   //对于构造函数只有一个参数的情况
                                    //可以采用这种简洁的方式来初始化
    for(int n = 0;n<5;n++)
        obj[n].show();
        return 0;
}
```

程序输出结果为:

1

2

3

4

5

但是,当构造函数有不止一个参数,对象数组不止一维时,一定要注意其初始化列表的表示方法。

### 4.3.2　对象指针

每一个对象在初始化之后都会在内存中有一定的空间,此时既可以通过对象名来访问某

一个对象,也可以通过对象地址来访问一个对象。对象指针就是用于存放对象地址的变量。
对象指针的声明方式如下:

　　类名　∗对象指针名;

　　下面,结合具体例子来看对象指针的使用。

【例 4.25】

```
1)    #include<iostream>
2)    using namespace std;
3)    class point
4)    {
5)    private:
6)        int x;
7)        int y;
8)    public:
9)        void setpoint(int m, int n)
10)       {
11)           x = m;
12)           y = n;
13)       }
14)       void show()
15)       {
16)           cout<<"The point is:"<<"("<<x<<","<<y<<")"<<endl;
17)       }
18)   };
19)   int main()
20)   {
21)       point obj, ∗p;
22)       obj.setpoint(10,20);
23)       obj.show();
24)       p = &obj;   //将对象指针指向一个已创建的对象;
25)       p->show(); //使用"->"操作符来引用对象指针指向的对象成员
26)       return 0;
27)   }
```

程序输出结果为:

(10,20)

(10,20)

对象指针的特点:

(1)使用对象指针时,首先初始化为一个已创建的对象。

(2)用成员选择运算符"."来引用对象成员,当用指向对象的指针来引用对象成员时,用
"->"操作符。

对象指针不仅仅能引用单个对象,也能引用对象数组,如例:

【例 4.26】

```
1)    #include<iostream>
2)    using namespace std;
3)    class point
4)    {
5)    private：
6)        int x;
7)        int y;
8)    public：
9)        void setpoint(int m, int n)
10)       {
11)           x = m;
12)           y = n;
13)       }
14)       void show()
15)       {
16)           cout<<"The point is:"<<"("<<x<<","<<y<<")"<<endl;
17)       }
18)   };
19)   int main()
20)   {
21)       point obj[2], * p;
22)       obj[0].setpoint(10,20);
23)       obj[1].setpoint(30,40);
24)       obj[0].show();
25)       obj[1].show();
26)       p = obj;   //将对象指针指向一个对象数组
27)       p->show();//使用"->"操作符来引用对象指针指向的对象成员
28)       p++;
29)       p->show();
30)       return 0;
31)   }
```

程序输出结果为:

(10,20)

(30,40)

(10,20)

(30,40)

指针加 1 或减 1 时,总是指向其基本类型中相邻的元素。对象指针也是如此,在例 4.26

中对象指针 p 加 1 时,就是指向后一个数组元素。

### 4.3.3　this 指针

【例 4.27】

```
1)      #include<iostream>
2)      using namespace std;
3)      class point
4)      {
5)      private:
6)          int x;
7)          int y;
8)      public:
9)          void point(int m, int n)
10)         {
11)             x = m;
12)             y = n;
13)         }
14)         void show()
15)         {
16)             cout<<"The point is:"<<"("<<x<<","<<y<<")"<<endl;
17)         }
18)     };
19)     int main()
20)     {
21)         point obj1(1,2);
22)         point obj2(3,4);
23)         obj1.show();
24)         obj2.show();
25)         return 0;
26)     }
```

程序输出结果为:

(1,2)

(3,4)

例 4.27 中执行 obj1.show()时,成员函数 show()是如何知道现在是对象 obj1 在调用自己,从而输出该对象的 x、y 值呢?类似地,在执行 obj2.show()时,成员函数 show()又是如何知道对象 obj2 在调用自己,从而应该输出对象 obj2 的 x、y 呢?当定义了类的多个对象时,每个对象都有属于自己的成员数据,可是所有对象的成员函数的代码相同,即对于上例来说,不论对象 obj1 还是对象 obj2 调用 show()时都执行同一条语句"cout<<"The point is:"<<"("<<x<<","<<y<<")"<<endl;"。那么类的成员函数是如何辨别出当前调用自己的

是哪个对象,从而对该对象的数据成员而不是对其他对象的数据成员进行处理呢? C++为成员函数提供了一个名为 this 的指针,该指针称为自引用指针,每当创建一个对象时,系统就自动把 this 指针初始化为指向该对象,每当调用一个成员函数时,系统就自动把 this 指针作为一个隐含的参数传给该函数。不同的对象调用同一个成员函数时,C++编译器将根据 this 指针所指向的对象来确定应该引用哪个对象的数据成员(即 this 指针总是指向当前对象的)。

通常,this 指针在系统中是隐式存在的,也可以将其显式地表示出来。例如上例中成员函数 show()的函数体实际上等价于下面的语句:

cout<<"The point is: "<<"("<<this->x<<","<<this->y<<")"<<endl;

当执行 obj1. show()时,系统传给成员函数 show()的 this 指针指向对象 obj1,因此输出 obj1 的 x、y 的值,而当执行 obj2. show()时,系统传给成员函数 show()的 this 指针指向对象 obj2,因此成员函数 show()输出 obj2 的 x、y 值。

通过例 4.28 中显式使用 this 指针,说明其功能和原理。

【例 4.28】

```
1)      #include<iostream>
2)      using namespace std;
3)      class point
4)      {
5)      private:
6)          int x;
7)          int y;
8)      public:
9)          point(int m, int n)
10)         {
11)             x = m;
12)             y = n;
13)         }
14)         void show()
15)         {
16)             cout<<"The point is: "<<"("<<this->x<<","<<( * this). y<<")"<<endl;
17)         }
18)     };
19)     int main()
20)     {
21)         point obj1(1,2);
22)         point obj2(3,4);
23)         obj1. show();
24)         obj2. show();
25)         return 0;
26)     }
```

程序的输出结果为：

(1,2)

(3,4)

在成员函数 show() 内，出现了两次 this 指针。其中，this 是操作该成员函数的对象的地址，*this 是操作该成员函数的对象。

### 4.3.4　小结与建议

本小节主要介绍了对象数组及对象指针的相关概念和特点，对于本小节的内容，要求尽量地了解和掌握，尤其是有关 this 指针的内容需要熟练掌握，灵活地运用 this 指针可以有效地提高程序设计水平。

## 4.4　向函数传递对象

对象是一种数据类型，就像 int、float 一样，也可以作为参数传递给函数，其方法与传递其他类型的数据相同。

【例 4.29】

```
1)     #include<iostream>
2)     using namespace std;
3)     class point
4)     {
5)     public：
6)         int x;
7)         int y;
8)         point(int m, int n)
9)         {
10)            x = m;
11)            y = n;
12)        }
13)        void show()
14)        {
15)            cout<<"The point is："<<"("<<x<<","<<y<<")"<<endl;
16)        }
17)    };
18)    void exchange(point obj)//将对象作为函数参数
19)    {
20)        int p;
21)        p = obj.x;
22)        obj.x = obj.y;
23)        obj.y = p;
```

```
24)        obj. show();
25)    }
26)    int main()
27)    {
28)        point obj1(1,2);
29)        point obj2(3,4);
30)        exchange(obj1);
31)        exchange(obj2);
32)        obj1. show();
33)        obj2. show();
34)        return 0;
35)    }
```

程序输出结果为：

(2,1)

(4,3)

(1,2)

(3,4)

例 4.29 中，使用对象作为参数传递给函数，其形式与使用一般类型的参数基本类似。在向函数传递对象时，是通过传值方式传递给函数的，把对象的拷贝而不是对象本身传递给函数，因此函数中对对象的任何修改均不影响对象本身，即函数中对对象的改动仅在其函数体内有作用。如例 4.29 中，在函数体 exchange 内对对象 obj1、obj2 的修改并没有影响其本身。

使用对象指针或者对象引用作为参数传递给函数，可以实现传址调用，即在函数中对对象的修改也修改了对象本身，同时使用对象指针或引用的实参仅仅是将对象的地址传递给形参，而不是进行对象的拷贝，这样可以提高运行效率，减少时空开销如例 4.30。

【例 4.30】

```
1)    #include<iostream>
2)    using namespace std;
3)    class point
4)    {
5)    public：
6)        int x;
7)        int y;
8)        point(int m, int n)
9)        {
10)           x = m;
11)           y = n;
12)       }
13)       void show()
14)       {
```

```
15)            cout<<"The point is:"<<"("<<x<<","<<y<<")"<<endl;
16)        }
17)} ;
18)    void exchange1(point  * obj)//将对象指针作为函数参数
19)    {
20)        int p;
21)        p = obj->x;
22)        obj->x = obj->y;
23)        obj->y = p;
24)        obj->show();
25)    }
26)    void exchange2(point &obj) //将对象引用作为函数参数
27)    {
28)        int p;
29)        p = obj.x;
30)        obj.x = obj.y;
31)        obj.y = p;
32)        obj.show();
33)    }
34)    int main()
35)    {
36)        point obj1(1,2);
37)        point obj2(3,4);
38)        exchange1(&obj1);
39)        exchange2(obj2);
40)        obj1.show();
41)        obj2.show();
42)        return
43)    }
```

程序输出结果为:

(2,1)

(4,3)

(2,1)

(4,3)

exchange1 和 exchange2 函数对对象 obj1 和 obj2 的修改是对对象本身的操作。

## 4.5　综合训练

### 训练 1

定义一个描述学生通讯录的类,数据成员包括:姓名、学校、电话号码和邮编;成员函数包括：输出各个数据成员的值，分别设置和获取各个数据成员的值。

（1）分析。

由于姓名、学校和电话号码的数据长度是可变的，可使用动态的数据结构。邮编的长度是固定的，可定义一个字符数组来存放邮编。将数据成员均定义为私有的。用一个成员函数输出所有的成员数据，用 4 个成员函数分别设置姓名、学校、电话号码和邮编，再用 4 个成员函数分别获取姓名、学校、电话号码和邮编。主函数完成简单的测试工作。

（2）一个完整的参考程序。

```
1)    #include <iostream>
2)    #include <string.h>
3)    using namespace std;
4)    class   COMMU{
5)        char   * pName;                      //姓名,数据成员为私有的
6)        char   * pSchool;                    //学校
7)        char   * pNum;                       //电话号码
8)        char   Box[10];                      //邮编
9)    public：
10)        void   Print(void)                   //输出数据成员
11)        {
12)            cout<<"姓名:"<<pName<<'\t';
13)            cout<<"单位:"<<pSchool<<'\t';
14)            cout<<"电话号码:"<<pNum<<'\t';
15)            cout<<"邮编:"<<Box<<'\n';
16)        }
17)        void   Init(char * ,char * ,char * ,char * );
18)        void   FreeSpace(void);              //释放数据成员占用的空间
19)        void   SetName(char * name)
20)        {
21)            if(pName) delete [] pName;       //释放存储空间
22)            pName = new char[strlen(name)+1]; //申请存储空间
23)            strcpy(pName,name);
24)        }
25)        void SetScool(char * unit)           //设置学校名称
26)        {
27)            if(pSchool) delete [] pSchool;
28)            pSchool = new char[strlen(unit)+1];
29)            strcpy(pSchool,unit);
30)        }
31)        void SetNum(char * num)              //设置电话号码
32)        {
```

```
33)            if(pNum) delete [] pNum;
34)            pNum = new char[strlen(num)+1];
35)            strcpy(pNum,num);
36)        }
37)        void SetBox(char * mailnum)              //设置邮编
38)        {
39)            strcpy(Box,mailnum);
40)        }
41)        char * GetName(void)                     //获取姓名
42)        { return pName;   }
43)        char * GetScool(void )                   //获取学校
44)        {   return  pSchool；}
45)        char * GetNum(void)                      //获取电话号码
46)        { return pNum；  }
47)        char * GetBox(void)                      //获取邮编
48)        { return Box；  }
49)  };
50)  void   COMMU::Init(char * name,char * unit,char * num,char * b)
51)  {                                             //完成初始化
52)      pName = new   char [strlen(name)+1];
53)      strcpy(pName,name);
54)      pSchool = new   char [strlen(unit)+1];
55)      strcpy(pSchool,unit);
56)      pNum = new   char [strlen(num)+1];
57)      strcpy(pNum,num);
58)      strcpy(Box,b);
59)  }
60)  void   COMMU::FreeSpace(void)
61)  {
62)      if(pName) delete [] pName;
63)      if(pSchool) delete [] pSchool;
64)      if(pNum)   delete [] pNum;
65)  }
66)  int main
67)      {
68)      COMMU   c1,c2;
69)      c1.Init("张建国","西安交通大学","029-82670162","210024");
70)      c2.Init("李国强","西安理工大学","029-852670164","210015");
71)      c1.Print();
```

```
72)        c2. Print();
73)        c1. SetName("王国安");
74)        cout<<c1. GetName()<<'\n';
75)        c1. SetScool("南京理工大学");
76)        cout<<c1. GetScool()<<'\n';
77)        c1. SetNum("025－88755635");
78)        cout<<c1. GetNum()<<"\n";
79)        c1. SetBox("210090");
80)        cout<<c1. GetBox()<<"\n";
81)        c1. Print();
82)        c1. FreeSpace();
83)        c2. FreeSpace();
84)        return 0;
85)    }
```

**训练 2**

实现简化的栈表管理,能动态地产生栈表,并输出栈表中的数据。为简化栈表的处理,假定栈表中的数据均为实数。要求实现二个栈表对象之间的拷贝。

(1)分析。

当把一个实数压入栈表时,要把该实数放在栈表的顶部(最上面)。当从栈表中取一个实数时,总是取出栈表最上面(顶部)的数据。图 4.4 给出了栈表的结构。

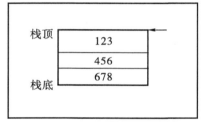

图 4.4　栈表结构

要用 3 个数据成员来描述栈表:指向栈表的指针、栈的大小和栈顶指针,即其类定义为:

```
class   STACK{
        float   * pStack;    //指向栈表的指针
        int     nMax;        //栈表的最大长度
        int     Point;       //指向栈顶的指针
        …
};
```

//在初始化时,设缺省的栈表大小为 100。实现栈表初始化的成员函数可以是:

```
void   Init(int   n＝100)
{
   pStack ＝ new float [n];
   nMax ＝ n;
   Point ＝0;
}
```

把一个实数加入栈表时,要考虑两种情况:首先是栈表不满,可直接将数据加入到栈顶;其次是栈表已满,这时先要重新申请一个空的栈表(设比原栈表大 10 个元素),将原栈表中的所有数据拷贝到新栈表中,释放原栈表的存储空间,然后将数据加入到新栈表的栈顶。该成员函数可以是:

```
float    STACK::AddStack(float   x )
{
    if(Point < nMax )                          //栈不满
        pStack[Point++] = x;
    else
    {                                          //栈满
        float *temp ;
        temp = new float [nMax+10];
        for( int i=0; i<Point ; i++)
            temp[i] = pStack[i];               //完成栈中数据拷贝
        delete  [] pStack;                     //释放原栈占用的空间
        pStack = temp;
        nMax += 10;
        pStack[Point++] = x;
    }

    return x;
}
```

从栈中取出一个数据时,也有栈不空与栈空两种情况:栈不空时直接取出栈顶数据,并返回该数据;栈为空时,栈中没有数据可取,返回-1,指明出错(假定加入栈中的数据均不为-1)。该成员函数可以是:

```
float    STACK::featch(void)
{
    if(Point > 0 ) return   pStack[--Point];    //X
    else   return   -1;
}
```

取栈顶数据时要完成两个操作,先使 Point 指向栈顶数据,然后取出栈顶数据,即 Point = Point -1;取出 pStack[Point],X 行实现了这两个操作。

实现栈表拷贝时,要区分是同一栈表的拷贝还是不同栈表之间的拷贝。若是同一对象的栈表的拷贝,这种拷贝是无法实现的,即不能做任何拷贝。实现不同对象之间的栈表拷贝(设将 A 栈表拷贝到 B 栈表)时,首先要释放 B 栈表占用的存储空间,再根据 A 栈表的大小为 B 栈表申请栈表空间,最后将 A 栈表中的数据依次拷贝到 B 栈表中。该成员函数可以是:

```
void    STACK::CopyStack(STACK &a)
{
    if( &a ! = this )                           //Y
    {
        if(nMax) delete [] pStack;              //删除当前的栈表空间
```

```
            pStack = new float [a.nMax];        //分配一个新的栈表空间
            nMax = a.nMax;
            Point = a.Point;
            for( int i = 0; i< a.Point; i++)
            pStack[i] = a.pStack[i];            //实现栈表的拷贝
        }
    }
```

Y 行中判断是否为同一个栈表间的拷贝,若参数 a 的指针与 this 的值相同时,则为同一栈表间的拷贝;否则为不同栈表间的拷贝。增加输出栈表和释放栈表的成员函数后,可实现一个简单的栈表处理程序。

(2)供参考的完整程序。

```
1)    #include <iostream>
2)    using namespace std;
3)    class   STACK{
4)        float    * pStack;              //指向栈表
5)        int      nMax;                  //栈表的最大长度
6)        int      Point;                 //指向栈顶的指针
7)    public:
8)    void   Init(int   n=100)
9)    {
10)        pStack = new float [n];
11)        nMax = n; Point =0;
12)    }
13)    float   AddStack(float);
14)    float   Featch(void);
15)    void   CopyStack(STACK &);
16)    void   Print(void)
17)    {
18)        cout<<"栈中的数据个数为:"<<Point<<'\n';
19)        cout<<"当前栈表中的数据为(自栈顶向栈底的方向):\n";
20)        for(int i = Point -1 ; i >=0; i--)
21)            cout<<pStack[i]<<'\t';
22)        cout<<'\n';
23)    }
24)    void   FreeSpace(void)
25)    {
26)        if(nMax) delete [] pStack;
27)    }
28)    };
```

```
29)    float    STACK::AddStack(float   x)
30)    {
31)        if(Point < nMax )              //栈不满
32)            pStack[Point++] = x;
33)        else
34)        {                              //栈满
35)            float * temp ;
36)            temp = new float [nMax+10];
37)            for( int i=0; i<Point ; i++)
38)                temp[i] = pStack[i];    //完成栈中数据拷贝
39)            delete  [] pStack;          //释放原栈占用的空间
40)            pStack = temp;
41)            nMax += 10;
42)            pStack[Point++] = x;
43)        }
44)        return x;
45)    }
46)    float    STACK::Featch(void)
47)    {
48)        if(Point > 0) return  pStack[--Point];
49)        else    return   -1;
50)    }
51)    void    STACK::CopyStack(STACK &a)
52)    {
53)        if(&a ! = this)
54)        {
55)            if( nMax ) delete [] pStack;
56)            pStack = new float [ a.nMax ];
57)            nMax = a.nMax;Point = a.Point;
58)            for( int i = 0; i< a.Point; i++)
59)                pStack[i] = a.pStack[i];
60)        }
61)    }
62)    int main(void)
63)    {
64)        STACK   s1,s2;
65)        s1.Init(); s2.Init(25);
66)        for(int i = 100;i<= 105; i++) s1.AddStack(i * 25.5);
67)        for(int i = 200;i<= 205; i++) s2.AddStack(i+50.5);
```

```
68)        s1. Print(); s2. Print();
69)        s2. AddStack(560.5);
70)        s2. Print();
71)        s1. CopyStack(s2);
72)        s1. Print(); s2. Print();
73)        s1. FreeSpace(); s2. FreeSpace();
74)        return 0;
75)    }
```

**训练 3**

将训练 1 中的成员函数 Init 改为构造函数,将成员函数 FreeSpace 改为析构函数。增加一个缺省的构造函数,使指针 pName、pSchool 和 pNum 的初值为 0,使 Box 包含空字符。

(1)分析。

缺省的构造函数完成数据成员的初始化,该缺省的构造函数可以是:

```
COMMU(){                          //缺省的构造函数
    pName = pSchool = pNum = 0;
    Box[0] = 0;
}
```

用构造函数 COMMU 代替成员函数 Init 的功能,只要将函数名 Init 改为 COMMU,即:

```
COMMU(char * name, char * unit, char * num, char * b)
{                                 //重载构造函数
    pName = new   char [strlen(name)+1];
    strcpy(pName, name);
    pSchool = new   char [strlen(unit)+1];
    strcpy(pSchool, unit);
    pNum = new   char [strlen(num)+1];
    strcpy(pNum, num); strcpy(Box, b);
}
```

用析构函数 ~COMMU 代替成员函数 FreeSpace,该析构函数为:

```
~COMMU()                          //析构函数
{
        if(pName) delete [] pName;
        if(pSchool) delete [] pSchool;
        if(pNum)   delete [] pNum;
}
```

(2)供参考的完整参考程序。

```
1)    #include <iostream>
2)    #include <string. h>
3)    using namespace std;
4)    class   COMMU{
```

```
5)        char   * pName;                    //姓名,数据成员为私有的
6)        char   * pSchool;                   //单位
7)        char   * pNum;                      //电话号码
8)        char   Box[10];                     //邮编
9)    public：
10)       void   Print(void)                  //输出数据成员
11)       {
12)           cout<<"姓名:"<<pName<<'\t';
13)           cout<<"单位:"<<pSchool<<'\t';
14)           cout<<"电话号码:"<<pNum<<'\t';
15)           cout<<"邮编:"<<Box<<'\n';
16)       }
17)       COMMU(char * ,char * ,char * ,char * );
18)       COMMU();
19)       ~COMMU();
20)       void   SetName(char * name)
21)       {
22)           if(pName) delete [] pName;       //释放存储空间
23)           pName = new char[strlen(name)+1]; //申请存储空间
24)           strcpy(pName,name);
25)       }
26)       void SetScool(char * unit)           //设置学校名称
27)       {
28)       if(pSchool) delete [] pSchool;
29)       pSchool = new char[strlen(unit)+1];
30)       strcpy(pSchool,unit);
31)       }
32)       void SetNum(char * num)              //设置电话号码
33)       {
34)           if(pNum) delete [] pNum;
35)           pNum = new char[strlen(num)+1];
36)           strcpy(pNum,num);
37)       }
38)       void SetBox(char * mailnum)          //设置邮编
39)       {
40)           strcpy(Box,mailnum);
41)       }
42)       char * GetName(void)                 //取姓名
43)       {
```

```
44)             return pName;
45)         }
46)         char * GetScool(void )                    //取学校
47)         {
48)             return  pSchool;
49)         }
50)         char * GetNum(void)                       //取电话号码
51)         {
52)             return pNum;
53)         }
54)         char * GetBox(void)                       //取邮编
55)         {
56)             return Box;
57)         }
58)     };
59)     COMMU :: COMMU()                              //缺省的构造函数
60)     {
61)         pName = pSchool = pNum =0;
62)         Box[0] = 0;
63)     }
64)     COMMU::COMMU(char * name,char * unit,char * num,char * b)
65)     {                                             //重载构造函数
66)         pName = new   char [strlen(name)+1];
67)         strcpy(pName,name);
68)         pSchool = new   char [strlen(unit)+1];
69)         strcpy(pSchool,unit);
70)         pNum = new   char [strlen(num)+1];
71)         strcpy(pNum,num);
72)         strcpy(Box,b);
73)     }
74)     COMMU::~COMMU()                               //析构函数
75)     {
76)         if(pName) delete [] pName;
77)         if(pSchool) delete [] pSchool;
78)         if(pNum)   delete [] pNum;
79)     }
80)     int main(void)
81)     {
82)         COMMU   c1("张建国","南京大学","025-85595638","210024");
```

```
83)        COMMU   c2("李国强","南京工业大学","025－85432455","210015");
84)        c1. Print();c2. Print();
85)        c1. SetName("王国安");
86)        cout<<c1. GetName()<<'\n';
87)        c1. SetScool("南京理工大学");
88)        cout<<c1. GetScool()<<'\n';
89)        c1. SetNum("025－88755635");
90)        cout<<c1. GetNum()<<"\n";
91)        c1. SetBox("210090");
92)        cout<<c1. GetBox()<<"\n";
93)        c1. Print();
94)        return 0;
95)    }
```

**训练 4**

①设计一个矩阵类 Matrix( 矩阵由二维数组实现 )，有分配空间和对矩阵赋值的功能。

②将这个矩阵类的对象作为参数传送到函数 Mul()，用普通、指针和引用 3 种方法实现，并要注意这 3 种方式的区别。

直接传送：Mul(Matrix a , Matrix b)。实际上只是传送值,在函数中针对对象的任何修改均不影响该对象本身。

指针传送：Mul(Matrix ＊pa , Matrix ＊pb)。要注意指针的级数。

引用传送：Mul(Matrix ＆ a , Matrix ＆ b)。这种调用将影响参数的实际值。

③将 Mul() 函数实现：完成对传送的两个 Matrix 对象的相乘运算。矩阵相乘的算法：

■矩阵 a[i][j] 与矩阵 b[x][y] 相乘,条件是 j＝＝x。

■乘积是一个新的矩阵 c[i][y]，其中 c[i][y] 的值是 $\sum$ (a[i][k] ＊ b[k][y]),其中 K ＝ 0,1,…,j 。

(1)分析。

①建立一个工程。在工程中定义一个 Matrix 类,在构造函数中根据参数创建数据成员：一个二维数组。提示:用构造函数记录二维数组的大小（unsigned int x , unsigned int y）。类中实际定义的二维数组的数据成员是一个指针（ 二级指针 ）,int ＊ ＊ pMatrix。在构造函数中根据传送的参数为这个二维数组分配空间：pMatrix ＝ new int[x][y]。

②设计成员函数,完成对数组赋值的功能。本例中定义的成员函数为 SetValue(unsigned int x , unsigned int y , int value)。

③参考以上的说明,以常用 3 种方式实现向 Mul() 函数传送参数,并返回矩阵相乘的结果。

(2)完整的参考程序。

```
1)    # include <iostream>
2)    # include <string. h>
3)    using namespace std;
4)    class   Matrix
```

```
5)    {
6)    private :
7)        int   rows,columns;
8)    public :
9)        int   * * pMatrix;
10)       Matrix(int  rows, int  columns);
11)       Matrix(Matrix &);
12)       ~ Matrix();
13)       int  GetRows();
14)       int  GetColumns();
15)       void  SetValue();
16)       void  Mul(Matrix  &a,Matrix   &b);
17)   } ;
18)   int   Matrix::GetRows()
19)   { return  rows;}
20)   int   Matrix::GetColumns(){ return   columns;}
21)   Matrix::Matrix(int  x, int   y) // 构造函数
22)   {
23)       rows = x;
24)       columns = y;
25)       pMatrix = new   int * [x];
26)       for (int   i = 0 ; i < x; i ++)
27)           pMatrix[i] = new    int[y];
28)   }
29)   Matrix:: ~ Matrix()// 析构函数
30)   {
31)       for (int   i = 0;i < columns;i ++)
32)           delete []pMatrix[i];
33)       delete[] pMatrix;
34)   }
35)   void   Matrix::SetValue()// 赋值函数
36)   {    int  i,j,value;
37)       for (i = 0 ; i < rows; i ++)
38)       {
39)           for (j = 0 ; j < columns; j ++)
40)           {
41)             cout << " 第 " << i << " 行 ";
42)             cout << " 第 " << j << " 列: ";
43)             cin >> value;
```

```
44)            cout << endl;
45)            pMatrix[i][j] = value;
46)          }
47)        }
48)  }
49)  void  Matrix::Mul(Matrix  &a, Matrix  &b)
50)  {
51)      int  temp = 0 ;
52)      for (int  ai = 0 ;ai < a.GetRows();ai ++)
53)      {
54)          for (int  bj = 0 ;bj < b.GetColumns();bj ++)
55)          {
56)            for (int  aj = 0 ;aj < a.GetColumns();aj ++)
57)                temp = temp + a.pMatrix[ai][aj] * b.pMatrix[aj][bj];
58)                pMatrix[ai][bj] = temp;
59)                temp = 0 ;
60)          }
61)      }
62)      for (int  i = 0 ;i < GetRows();i ++)
63)      { // 输出相乘后的矩阵
64)          cout << "\n" ;
65)          for (int  j = 0 ;j < GetColumns();j ++)
66)              cout << pMatrix[i][j] << " " ;
67)      }
68)  }
69)  int  main()   // 主函数
70)  {
71)      Matrix Ma(2,2),Mb(2,2);
72)      Ma.SetValue();
73)      Mb.SetValue();
74)      for ( int  i = 0 ;i < Ma.GetRows();i ++)
75)      {
76)          cout << "\n" ;
77)          for ( int  j = 0 ;j < Ma.GetColumns();j ++)
78)              cout << Ma.pMatrix[i][j] << " " ;
79)      }
80)      for(int i=0;i<Mb.GetRows();i++)
81)      {
82)          cout<<"\n";
```

```
83)              for(int j=0;j<Mb.GetColumns();j++)
84)                  cout<<Mb.pMatrix[i][j]<<" ";
85)          }
86)          cout << endl;
87)          Matrix Mc(2,2);
88)          Mc.Mul(Ma,Mb);
89)          return  0;
90)      }
```

## 4.6  本章小结

本章主要介绍了面向对象程序设计的重点内容——类和对象。要求彻底明确有关类和对象基本概念,尤其是要建立起面向对象程序设计的思想,本章的内容正是引导读者由原先的面向过程的程序设计思想向面向对象的程序设计思想进行转换。对于本章中所引入的诸多概念,例如类、类成员、类对象、构造函数、析构函数、对象数组、对象指针、this 指针等,都需要重点了解和记忆。本章的内容,揭开了面向对象程序设计思想的序幕。

## 思考与练习题

1.引入类定义的关键字是_____。类的成员函数通常指定为_____,类的数据成员通常指定为_____。指定为_____的类成员可以在类对象所在域中的任何位置访问它们。通常用类的_____成员表示类的属性,用类的_____成员表示类的操作。

2.类的访问限定符包括_____、_____和_____。私有数据通常由_____函数来访问(读和写)。这些函数统称为_____。

3.引用通常用作函数的_____和_____。对数组只能引用_____不能引用_____。

4.构造函数的任务是_____。构造函数无_____。类中可以有_____个构造函数,它们由_____区分。如果类说明中没有给出构造函数,则 C++编译器会_____。拷贝构造函数的参数是_____,当程序没有给出拷贝构造函数时,系统会自动提供_____支持,这样的拷贝构造函数中每个类成员_____。

5.一个类有_____个析构函数。_____时,系统会自动调用析构函数。

6.面向过程的程序设计中程序模型描述为_____,面向对象程序设计的程序模型可描述为_____。

7.为什么说类与对象的概念是客观世界的反映?

8.什么叫类域?

9.什么是缺省的构造函数? 缺省的构造函数最多可以有多少个?

10.拷贝构造函数用于哪些方面?

11.写出含有对象成员的类的构造函数的格式,并做简单说明。

12.对象的第一特征是封装,那么由对象组成的面向对象的程序怎样建立各对象之间的有效联系? 面向对象程序的组织与面向过程有什么不同?

13. 分析以下程序执行的结果。

```
1)    # include<iostream>
2)    # include<stdlib. h>
3)    using namespace std;
4)    class Sample {
5)    public:
6)        int x,y;
7)        Sample(){x=y=0;}
8)        Sample(int a,int b){x=a;y=b;}
9)        void disp()
10)       {
11)           cout<<"x="<<x<<",y="<<y<<endl;
12)       }
13)   };
14)   void main()
15)   {
16)       Sample s1(2,3);
17)       s1. disp();
18)   }
```

14. 分析以下程序执行的结果。

```
1)    # include<iostream>
2)    using namespace std;
3)    class Sample
4)    {
5)        int x,y;
6)    public:
7)        Sample(){x=y=0;}
8)        Sample(int a,int b){x=a;y=b;}
9)        ~Sample()
10)       {
11)           if(x==y)
12)             cout<<"x=y"<<endl;
13)           else
14)             cout<<"x!=y"<<endl;
15)       }
16)       void disp()
17)       {
18)           cout<<"x="<<x<<",y="<<y<<endl;
19)       }
```

```
20)    };
21)    int main()
22)    {
23)        Sample s1(2,3);
24)        s1.disp();
25)        return 0;
26)    }
```

15.分析以下程序执行的结果。

```
1)    #include<iostream>
2)    using namespace std;
3)    class Sample
4)    {
5)        int x,y;
6)    public:
7)        Sample(){x=y=0;}
8)        Sample(int a,int b){x=a;y=b;}
9)        void disp()
10)       {
11)           cout<<"x="<<x<<",y="<<y<<endl;
12)       }
13)   };
14)   void main()
15)   {
16)       Sample s(2,3), *p=&s;
17)       p->disp();
18)   }
```

16.分析以下程序执行的结果。

```
1)    include<iostream>
2)    using namespace std;
3)    class Sample
4)    {
5)    public:
6)        int x;
7)        int y;
8)        void disp()
9)        {
10)           cout<<"x="<<x<<",y="<<y<<endl;
11)       }
12)   };
```

```
13)    int main()
14)    {
15)        int Sample∷*pc;
16)        Sample s;
17)        pc=&Sample∷x;
18)        s.*pc=10;
19)        pc=&Sample∷y;
20)        s.*pc=20;
21)        s.disp();
22)        return 0;
23)    }
```

17. 分析以下程序的执行结果。

```
1)    #include<iostream>
2)    using namespace std;
3)    class Sample
4)    {
5)        int x,y;
6)    public：
7)        Sample(){x=y=0;}
8)        Sample(int a,int b){x=a;y=b;}
9)        void disp()
10)       {
11)           cout<<"x="<<x<<",y="<<y<<endl;
12)       }
13)   };
14)    int main()
15)    {
16)        Sample s1,s2(2,3);
17)        s1.disp();
18)        s2.disp();
19)        return 0;
20)    }
```

18. 分析以下程序的执行结果。

```
1)    #include<iostream>
2)    using namespace std;
3)    class Sample
4)    {
5)        int x,y;
6)    public：
```

```
7)        Sample() {x=y=0;}
8)        Sample(int a,int b) {x=a;y=b;}
9)        ~Sample()
10)        {
11)            if(x==y)
12)                cout<<"x=y"<<endl;
13)            else
14)                cout<<"x!=y"<<endl;
15)        }
16)        void disp()
17)        {
18)            cout<<"x="<<x<<",y="<<y<<endl;
19)        }
20)    };
21)    int main()
22)    {
23)        Sample s1(2,3);
24)        s1.disp();
25)        s1.~Sample();
26)        return 0;
27)    }
```

19. 分析以下程序的执行结果。

```
1)    #include<iostream>
2)    using namespace std;
3)    class Sample
4)    {
5)        int x,y;
6)    public:
7)        Sample() {x=y=0;}
8)        Sample(int a,int b) {x=a;y=b;}
9)        ~Sample()
10)        {
11)            if(x==y)
12)                cout<<"x=y"<<endl;
13)            else
14)                cout<<"x! =y"<<endl;
15)        }
16)        void disp()
17)        {
```

```
18)            cout<<"x="<<x<<",y="<<y<<endl;
19)        }
20)    };
21)    int main()
22)    {
23)        Sample s1,s2(2,3);
24)        s1.disp();
25)        s2.disp();
26)        return 0;
27)    }
```

20. 分析以下程序的执行结果。

```
1)    #include<iostream>
2)    using namespace std;
3)    class Sample
4)    {
5)    public:
6)        Sample();
7)        Sample(int);
8)        ~Sample();
9)        void display();
10)    protected:
11)        int x;
12)    };
13)    Sample::Sample()
14)    {
15)        x=0;
16)        cout<<"constructing normally\n";
17)    }
18)    Sample::Sample(int m)
19)    {
20)        x=m;
21)        cout<<"constructing with a number:"<<x<<endl;
22)    }
23)    void Sample::display()
24)    {
25)        cout<<"display a number:"<<x<<endl;
26)    }
27)    Sample::~Sample()
28)    {
```

```
29)        cout<<"destructing\n";
30)      }
31)    int main()
32)    {
33)        Sample obj1;
34)        Sample obj2(20);
35)        obj1.display();
36)        obj2.display();
37)        return 0;
38)    }
```

21. 分析以下程序的执行结果。

```
1)    #include<iostream>
2)    using namespace std;
3)    class Sample
4)    {
5)        int x,y;
6)    public:
7)        Sample(){x=y=0;}
8)        Sample(int a,int b){x=a;y=b;}
9)        void disp()
10)       {
11)            cout<<"x="<<x<<",y="<<y<<endl;
12)       }
13)    };
14)    void main()
15)    {
16)        Sample s1,s2(1,2),s3(10,20);
17)        Sample *pa[3]={&s1,&s2,&s3};
18)        for(int i=0;i<3;i++)
19)            pa[i]->disp();
20)    }
```

22. 分析以下程序的执行结果。

```
1)    #include<iostream>
2)    using namespace std;
3)    class Sample
4)    {
5)        int x,y;
6)    public:
7)        Sample(){x=y=0;}
```

```
8)          Sample(int a,int b){x=a;y=b;}
9)          void disp()
10)         {
11)             cout<<"x="<<x<<",y="<<y<<endl;
12)         }
13)     };
14)     int main()
15)     {
16)         Sample s1,s2(1,2),s3(10,20);
17)         Sample * Pa[3];
18)         Pa[0]=&s1;
19)         Pa[1]=&s2;
20)         Pa[2]=&s3;
21)         for(int i=0;i<3;i++)
22)             Pa[i]->disp();
23)             return 0;
24)     }
```

23. 构造一个日期时间类(Timedate),数据成员包括年、月、日和时、分、秒,函数成员包括设置日期时间和输出时间,并完成测试(包括用成员函数和用普通函数)。

24. 创建一个 employee 类,该类中有字符数组,表示姓名、街道地址、市、省和邮政编码。把构造函数、changname()函数、display()函数的原型放在类定义中,构造函数初始化每个成员,display()函数把完整的对象数据打印出来。其中的数据成员是保护的,函数是公有的。

25. 修改 24 题的类,将姓名构成类 name,其名和姓在该类中为保护数据成员,其构造函数为接收一个指向完整姓名字符串的指针,其 display()函数输出姓名。然后将 employee 类中的姓名成员(字符数组)换成 name 类对象。编制主函数如下:

```
void main()
{
    employee obj("王华","中华路 15 号"."武汉市","湖北省","430070",1);
    obj. display();
    obj. changename("王国强");
    obj. display();
}
```

26. 设计并测试一个矩形类(Rectangle),属性为矩形的左下与右上角的坐标,矩形水平放置,操作为计算矩形周长与面积。测试包括用成员函数和普通函数。

27. 设计一个 Bank 类,实现银行某账号的资金往来账目管理,包括建账号、存入、取出等。

28. 编写一个程序,输入 N 个学生数据,包括学号、姓名、成绩,要求输出这些学生数据并计算平均分。

29. 定义一个圆类(Circle),属性为半径(radius)、圆周长和面积,操作为输入半径并计算周长、面积,输出半径、周长和面积。要求定义构造函数(以半径为参数,缺省值为 0,周长和面积在构造函数中生成)和拷贝构造函数。

30. 设计一个学校在册人员类(Person)。数据成员包括：身份证号(IdPerson)、姓名(Name)、性别(Sex)、生日(Birthday)和家庭住址(HomeAddress)。成员函数包括人员信息的录入和显示，还包括构造函数与拷贝构造函数。设计一个合适的初始值。

# 第 5 章　静态成员与友元

在类定义中,类的成员可以用关键字 static 声明为静态的,这些成员称为静态成员。静态成员的特性是不管这个类实例化了多少个对象,其静态成员只有一个副本,这个副本被所有属于这个类的对象共享。

类的主要特点之一是数据隐藏,即类的私有成员只能在类定义的范围内使用,即私有成员只能通过它的成员函数来访问。但有时类的外部需要访问类的私有成员,因此,需要通过一种途径,在保证私有数据安全性的情况下,使得外部可以访问私有数据成员。友元机制提供了这种途径。本章包含的主要内容如图 5.1 所示。

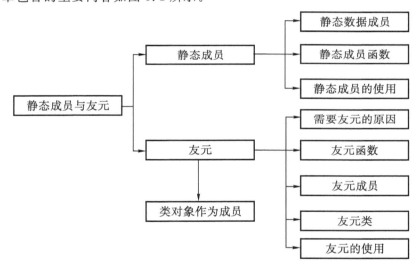

图 5.1　静态成员与友元的知识导图

## 5.1　静态成员

关键字 static 是 C++中常用的修饰符,它被用来控制变量的存储方式和可见性。本节将从静态成员的产生原因、作用谈起,全面分析静态成员的实质。

### 5.1.1　静态成员的必要性

对非静态的数据成员,类的每个对象都会保存它的副本。但有时需要类的所有对象共享变量的一个副本,这时可以通过静态数据成员实现类的所有对象之间的数据共享。

以一个游戏的例子来说明静态数据成员共享数据的作用。假设游戏中有 fighter 和 enemy。每个 fighter 都比较勇敢，只要有 5 个 fighter 存在，就可以攻击 enemy，否则不能攻击。因此每个 fighter 必须知道 fighter 的总数 total。可以在 fighter 类中提供一个 total 数据成员，这样每个 fighter 对象都会保存该数据成员的副本，每次生成一个新的 fighter 对象时，需要更新每个 fighter 对象中的 total，这样做既浪费空间又浪费时间。因此可以将 total 声明为静态数据成员，这样使 total 成为类 fighter 所有对象的共享数据，每个 fighter 对象都可以访问 total。将 total 声明为 fighter 的静态数据成员只需要维护一个静态副本 total，既节省了时间，又节省了空间。

### 5.1.2　静态数据成员

在类中的数据成员声明前面加上关键字 static，就使该数据成员为静态的。静态数据成员同样遵从 public/private/protected 的访问规则。例如在下面定义的 Account 类中，rate 被声明为 double 型的私有静态成员。

```
1)    class Account{
2)    public：
3)        Account(double amount, const char * owner);
4)        char * owner(){return _owner;}
5)    private：
6)        static double  rate;
7)        double  _amount;
8)        char *  _owner;
9)    };
```

每个 Account 有不同的主人，有不同数目的钱，而所有 Account 的利率却是相同的，所以将 _amount 和 _owner 声明为非静态数据成员，而把 rate 声明为静态数据成员，保证所有 Account 的利率是相同的。

rate 是静态的，所以它只被更新一次，就可以保证每个 Account 对象都能够访问到更新之后的值。如果每个类对象都维持自己的一个拷贝，那么每个拷贝都必须更新，这样做会导致效率低下，而且增加了 rate 值不一致的可能性。

通常，静态数据成员在类的定义体之外被初始化，初始化静态数据成员时不能加 static 修饰符，通常使用形如"类型 类名::静态数据成员"的形式对静态数据成员进行初始化。下面是 Account 类静态数据成员 rate 的初始化：

//静态数据成员的显示初始化

double Accout::rate = 0.0589;

不仅可以在类中定义静态成员变量，而且还可以定义静态数组。例 5.1 给出了定义静态成员变量和静态数组的方法。

【例 5.1】

//初始化 static 数组

```
1)    #include <iostream>
2)    using namespace std;
3)    class _value{
```

```
4)    public:
5)        static const int size;
6)        static float _table[4];
7)        static char _leters[5];
8)    };//静态成员变量初始化
9)    const  int  _value::size＝10; //静态数组初始化
10)   float _value::_table[4]   ＝{1.1, 2.2, 3.3, 4.4};
11)   char _value::_leters[5]   ＝{'a','b','c','d','e'};
12)   int main()
13)   {//静态成员变量的访问
14)       cout<<_value::size<<endl; //静态数组的访问
15)       for(int i＝0;i<5;++i)
16)           cout<<_value::_leters[i]<<' ';
17)       cout<<endl;
18)       return 0;
19)   }
```

以上介绍了静态数据成员的声明与初始化的方法,关于如何访问静态数据成员将在5.1.4节中进行详细介绍。

### 5.1.3  静态成员函数

在 C++中,可以像定义静态数据成员那样定义静态成员函数,它和静态数据成员都属于类的静态成员,它们都不是对象成员。因此,当产生一个静态成员函数时,也就表达了与一个特定类的关联。

静态成员函数不能访问非静态的数据成员,只能访问静态数据成员,也只能调用其它的静态成员函数。在调用一般成员函数时,当前对象的地址(this 指针)作为隐含的参数传递到被调用函数。静态成员函数没有 this 指针,它无法访问非静态数据成员,也无法调用非静态成员函数。

例 5.2 是静态数据成员和静态成员函数使用的例子。

【例 5.2】

```
//静态成员函数
1)    #include<iostream>
2)    using namespace std;
3)    class A{
4)    private:
5)        int i;
6)        static int j;
7)    public:
8)        A(int I=0):i(I){
9)            j = i;   //非静态成员函数可以访问静态成员函数或静态数据成员
```

```
10)            }
11)            int val ()const{return i;}
12)            static int incr()
13)            {
14)                // i++; //错误:static 成员函数不能访问非 static 成员变量
15)                return ++j;
16)            }
17)            static int f()
18)            {
19)                //val(); //错误:static 成员函数不能访问非静态成员函数
20)                return  incr(); //正确调用 static 成员函数
21)            }
22)        };
23)        int A::j=0; //初始化
24)        int main()
25)        {
26)            A a;
27)            A * p = &a;
28)            a. f();
29)            p->f();
30)            A::f();
31)            return 0;
32)        }
```

在例 5.2 中,因为静态成员函数没有隐含的 this 指针,因此不能访问非静态的数据成员,也不能调用非静态的成员函数。

main()函数中静态成员可以通过对象或对象指针来访问,也可以用类名和作用域运算符(::)来访问。

### 5.1.4　静态成员的使用

下面举例介绍静态数据成员和静态成员函数的使用。

【例 5.3】

```
1)    # include <iostream>
2)    # include <string. h>
3)    # include <assert. h>
4)    using namespace std;
      // Student 类的声明
5)    class Student{
6)    public:
7)        Student(const char * ,const char * ); //构造函数
```

8)　　　　　～Student();　//析构函数

9)　　　　const　char ＊ getFirstName()const;

10)　　　　 const　char ＊ getLastName()const;
　　　　　//静态成员函数声明

11)　　　　static int getCount();

12)　 private：

13)　　　　char ＊ firstName;

14)　　　　char ＊ lastName;
　　　　　//静态数据成员

15)　　　　static int count;　//记录对象总数

16)　　 };
　　//类 Student 的成员函数定义
　　//初始化静态数据成员

17)　　int　 Student::count＝0;

18)　　int　 Student::getCount(){return count;} //定义 getCount(),注意此
　　　　　　　　　　　　　　　　　　//处没有 static 限定符

19)　　Student::Student(const char ＊ first, const char ＊ last)

20)　　{

21)　　　　firstName ＝ new char[strlen(first)＋1];

22)　　　　assert(firstName! ＝0); //确保内存正确分配

23)　　　　strcpy(firstName,first);

24)　　　　lastName ＝ new char[ strlen(last)＋1];

25)　　　　assert(lastName! ＝0);

26)　　　　strcpy(lastName,last);

27)　　　　＋＋count; //增加 Student 的对象个数

28)　　　　cout＜＜"Student constructor for "＜＜firstName
　　　　　　＜＜" "＜＜lastName＜＜"called. "＜＜endl;

29)　　}

30)　　Student::～Student()//析构函数

31)　　{

32)　　　　cout＜＜"～Student() called"＜＜endl;

33)　　　　delete [] firstName;　 //释放内存

34)　　　　delete [] lastName;　 //释放内存

35)　　　　－－count;　　　　　 //将 Student 对象个数减 1

36)　　}
　　//返回 Student 类的 firstname

37)　　const　char ＊　 Student::getFirstName()const

38)　　{

39)　　　　return firstName;

```
40)      }
```

//返回 Student 类的 lastname

```
41)   const char *    Student::getLastName()const
42)   {
43)     return lastName;
44)   }
45)   int main()//对 Student 类进行测试
46)   {
47)       cout<<"Number of students before   initantiation is "
48)           << Student::getCount()<<endl;
49)       Student *   e1Ptr = new Student("Susan","Barker");
50)       Student *   e2Ptr = new Student("Robert","Jones");
51)       cout<<"Number of students after instantiation is "
          <<e1Ptr->getCount();
52)       cout<<"\n\nstudent 1: "<<e1Ptr->getFirstName()
          <<" "<<e1Ptr->getLastName()<<"\nstudent 2 :"
          <<e2Ptr->getFirstName()<<" "<<e2Ptr->getLastName()<<"\n\n";
53)       delete e1Ptr;
54)       e1Ptr = 0;
55)       delete e2Ptr;
56)       e2Ptr = 0;
57)       cout<<"Number of student after deletion   is   "
58)           <<Student::getCount()<<endl;
59)       return 0;
60)   }
```

程序的运行结果如下：

Number of studentsbefore initantiation is 0

Student constructor for Susan Barker called.

Student constructor for Robert Jones called.

Number of students after instantiation is 2

student 1: Susan Barker

student 1: Robert Jones

～Student() called

～Student() called

Number of student afterdeletion is 0

在上面的程序中,定义了类 Student,在类中定义了静态数据成员 count 用来累计对象个数,一个静态成员函数 getCount()用来访问静态数据成员 count。

每当定义一个 Student 对象时,就将对象计数器 count 加 1,当析构一个 Student 对象时,将对象计数器 count 减 1。注意在 Student 函数中使用了 assert 宏。assert 宏在 assert.h 头文件中定义,测试表达式值,如果表达式值为 false,则 assert 发出错误信息,并调用 abort 函数,终止程序。该函数是一个有效的测试工具,可以测试变量是否为正确值。在这个程序中,该函数用来测试内存是否分配成功。在 Student 的构造函数中,语句 assert( firstName ！ ＝0)用来测试 firstName 是否不等于 0,如果上述语句中的条件为 true,则程序继续执行,否则程序被中断。

下面,对静态成员的使用进行总结。

(1)静态成员函数可以定义成内联的,也可以在类外定义,在类的外部定义时不要使用 static 修饰符。

(2)静态成员函数没有 this 指针,因此静态成员函数只能访问全局变量或类中的静态数据成员和静态成员函数。当使用静态数据成员时,可以对类中对象之间的共享数据进行维护。

(3)静态成员和一般成员一样,遵循 public/private/protected 访问规则。

(4)静态成员的作用域是类,而不是类的对象,因此静态成员在对象创建前已经存在。

(5)在类的外部访问 public 域的静态数据成员或静态成员函数时,可以通过以下的形式进行访问:

对象名.静态成员

对象指针－＞静态成员

类名::静态成员

(6)静态数据成员不能在类中进行初始化,必须在类的外部初始化,一般在定义类的实现的文件中进行初始化。如例 5.3,在 Student 类的定义文件中对静态数据成员 count 进行初始化。

## 5.2　友元

能否给某些函数特权,让其可以直接访问类的私有成员呢？ C＋＋给出的答案是友元(friend)。友元机制允许一个类授权其他的函数去访问它的非公有成员。本节介绍使用友元机制的原因以及友元函数和友元类的使用。

### 5.2.1　需要友元的原因

类的封装性使类具有信息隐藏的能力,对于普通函数来说,通常只能通过类的 public 成员函数才能访问类的 private 成员,如果要多次访问类的私有成员,就要多次调用类的公有成员函数,进行频繁的参数传递、参数类型检查和函数调用等操作,降低程序的运行效率。若要直接访问类的成员,就必须把类的成员声明成为 public(公有的),然而这样做带来的问题是任何外部函数都可以毫无约束地访问操作类的成员。

C＋＋利用 friend 修饰符,可以使一些设定的函数能够对这些保护数据进行操作,避免把类成员全部设置成 public,最大限度地保护数据成员的安全;而且友元能够避免类成员函数的频繁调用,可以节约处理器开销,提高程序的效率。但是,这种保护方式破坏了类的封装特性,这是友元的缺点。

下面举例说明友元的使用方法。

【例 5.4】

```
1)    #include <iostream>
2)    using namespace std;
3)    class Integer{
4)        friend void setX(Integer &,int);//友元函数声明
5)    public:
6)        Integer()
7)        {
8)            x=0;
9)        }
10)        void print()const{cout<<x<<endl;} //输出
11)    private:
12)        int x; //数据成员
13)    };
       //setX 可以修改私有成员,因为它被声明为友元函数
14)    void setX(Integer &i,int val)
15)    {
16)        i. x = val;
17)    }
18)    int main()
19)    {
20)        Integer ivalue;
21)        cout<<"Integer. x after instantiation: ";
22)        ivalue. print();
23)        cout<<"Integer. x after call to setX friend function: ";
24)        setX(ivalue,8);
25)        ivalue. print();
26)        return 0;
27)    }
```

程序输出结果:

Integer. x after instantiation: 0

Integer. x after call to setX friend function: 8

例 5.4 示范了友元函数的定义与使用,定义函数 setX 为类 Integer 的友元函数,setX 可以直接访问 Integer 类的私有成员变量 x。下面的章节会对友元函数、友元类以及友元的使用进行说明。

## 5.2.2　友元函数

类的友元函数不是类的成员函数,它在类的范围之外定义,但它可以访问该类的所有成

员,包括私有成员。

在类的声明中声明友元函数时,需要在其函数名前加上关键字 friend。友元函数可以在类的内部定义,也可以在类的外部定义。

下面举例说明友元函数的使用。

【例 5.5】

```
1)      #include <iostream>
2)      #include <math.h>
3)      using namespace std；
4)      classPoint
5)      {
6)      private：
7)          double x,y；
8)      public：
9)          Point(double a,double b)
10)         {
11)             x=a；
12)             y=b；
13)             cout<<"点("<<x<<","<<y<<")"<<endl；
14)         }
15)     friend double distance(Point& a, Point& b )  //友元函数的定义
16)     {
17)         return sqrt((a.x-b.x)*(a.x-b.x)+(a.y-b.y)*(a.y-b.y))；
18)     }
19)     };
20)     int main()
21)     {
22)         Point  p1(2,2),p2(5,5)；
23)         cout<<"上述两点之间的距离："<<distance(p1,p2)<<endl；
24)         return 0；
25)     }
```

程序输出结果:

点:(2,2)

点:(5,5)

上述两点之间的距离:4.24264

例 5.5 在类 Point 中定义了友元函数 distance 用来计算两点之间的距离,该函数可以访问类 Point 的私有成员变量 x、y。注意函数 distance 的定义方法,在函数定义的前面加上 friend 关键字,函数就被定义为友元函数。

**提示:**友元函数虽然可以访问类的私有成员,但它不是类的成员函数。在类的外部定义友元函数时,不应该像定义类的成员函数那样在函数名前加上"类名::"。如例 5.4 中的 setX()

函数的定义 。

　　友元函数不是当前类的成员函数,友元函数不能直接引用当前类的成员。因此,友元函数一般带有一个或多个类型为当前类的参数,通过该参数来访问当前类的成员。如例 5.5 中的 distance 函数带有两个 Point 引用类型的参数 a 和 b。

　　友元函数不仅提供了一般函数和成员函数之间进行数据共享的机制,而且还提供了不同类的成员函数之间共享数据的机制。将一个函数定义为多个类的友元函数,利用这个友元函数来实现多个类对象之间的数据共享。

　　例如有两个类分别为矩阵类 Matrix 和向量类 Vector,完成矩阵和向量的乘法,乘法操作的函数只能是普通函数,因为一个函数不可能同时是两个类的成员函数。

【例 5.6】

```
1)     #include <iostream>
2)     #include <stdlib.h>
3)     #include <assert.h>
4)     #include <string.h>
5)     using namespace std;
6)     class Matrix;  //Matrix 类前向声明
7)     class Vector
8)     {
9)     public:
10)        Vector(int);
11)        Vector(Vector&);
12)        ~Vector();
13)        void print();
14)        int& element(int);
15)        friend Vector multiply(Vector &v, Matrix& m);
16)    private:
17)        int * begin;
18)        int len;
19)    };
20)    Vector::Vector(int length)
21)    {
22)        assert(length>0);
23)        len=length;
24)        begin = new int[len];
25)    }
       //定义 Vector 的拷贝构造函数
26)    Vector::Vector(Vector& vec)
27)    {
28)        begin = new int[vec.len];
```

```
29)      len = vec. len;
30)      memcpy((void * )begin,vec. begin,len * sizeof(int));
31)    }
32)    int& Vector::element(int index)
33)    {
34)      assert(index>=0&&index<len);
35)      return begin[index];
36)    }
37)    void Vector::print()
38)    {
39)      for(int i=0;i<len;i++)
40)      cout<<begin[i]<<" ";
41)      cout<<endl;
42)    }
43)    Vector::~Vector() //析构函数
44)    {
45)      delete[] begin;
46)    }
47)    class Matrix{
48)    public:
49)      Matrix(int,int);
50)    Matrix(Matrix&);
51)      ~Matrix(){delete []first;}
52)      int &elem(int,int);
53)      friend Vector multiply(Vector &v,Matrix &m);
54)    private:
55)      int * first;
56)      int row;
57)      int column;
58)    };
59)    Matrix::Matrix(int i,int j)
60)    {
61)      assert(i>0&&j>0);
62)      row = i;
63)      column = j;
64)      first = new int[i * j];
65)    }
       //定义 Matrix 的拷贝构造函数
66)    Matrix::Matrix(Matrix& mat)
```

```
67)    {
68)        row = mat.row;
69)        column = mat.column;
70)        first = new int[row * column];
71)        memcpy((void *)first,(void *)mat.first,row * column * sizeof(int));
72)    }
73)    int& Matrix::elem(int i,int j)
74)    {
75)        assert(i>=0&&i<row);
76)        assert(j>=0&&j<column);
77)        return first[i * column+j];
78)    }
79)    Vector multiply(Vector& v,Matrix& m)
80)    {
           //判断向量的长度是否和矩阵的行相等
81)        assert(v.len==m.row);
82)        Vector r(m.column);
           //按照矩阵运算规则进行向量与矩阵的乘法运算
83)        for(int i=0;i<m.column;i++)
84)        {
85)            r.element(i)=0;
86)            for(int j=0;j<m.row;j++)
87)            {
88)                r.element(i)+=v.element(j) * m.elem(j,i);
89)            }
90)        }
91)        return r;
92)    }
93)    int main()
94)    {
95)        Matrix ma(3,4);
           //初始化 ma
96)        ma.elem(0,0)=1;ma.elem(0,1)=0;ma.elem(0,2)=1;ma.elem(0,3)=1;
97)        ma.elem(1,0)=2;ma.elem(1,1)=1;ma.elem(1,2)=1;ma.elem(1,3)=2;
98)        ma.elem(2,0)=3;ma.elem(2,1)=2;ma.elem(2,2)=3;ma.elem(2,3)=1;
99)        Vector vec(3);
           //初始化 vec
100)       vec.element(0)=2;
101)       vec.element(1)=1;
```

```
102)        vec. element(2)＝0;
103)        Vector vr ＝ multiply(vec,ma);
104)        vr. print();
105)        return 0;
106)    }
```

程序运行结果:

4 1 3 4

在例 5.6 中为 Matrix 类和 Vector 类定义了友元函数 multiply,这样可以使 multiply 既可以访问 Matrix 的私有成员,也可以访问 Vector 的私有成员。在进行向量和矩阵的乘法运算时,首先使用 assert 宏来检查向量的长度是否等于矩阵的行数,按照矩阵乘法规则进行计算,否则程序终止。由于 multiply 是 Matrix 和 Vector 的友元函数,在 multiply 中直接访问 Matrix 的私有成员 row、column 和 Vector 的私有成员 len,避免了类成员函数的调用,提高了效率。

注意,一定要为 Matrix 和 Vector 定义拷贝构造函数,因为在调用 multiply 函数进行参数传递时,编译器会调用它们的拷贝构造函数。如果不显式定义拷贝构造函数,编译器会合成默认的拷贝构造函数,在默认的拷贝构造函数中会对 first 指针和 begin 指针进行赋值,这样指针指向的将是相同的内存地址,会引起悬垂指针问题。

### 5.2.3 友元成员

除了可以把一般的函数声明为一个类的友元函数外,一个类的成员函数也可以声明为另一个类的友元,该函数作为成员函数不仅可以访问自己所在类的所有成员,还可以作为友元函数访问另一个类的所有成员。这样做可以使两个类相互协作,共同完成某一任务。

下面举例说明友元成员的使用。

【例 5.7】

```
1)     # include ＜iostream＞
2)     # include ＜string. h＞
3)     using namespace std;
4)     classemployee; //employee 类的前向声明
5)     class manager
6)     {
7)     private:
8)         char * name;
9)         double salary;
10)    public:
11)        manager(char * n,double s)
12)        {
13)            name ＝ new char[strlen(n)＋1];
14)            strcpy(name,n);
15)            salary＝s;
```

```
16)          }
17)          ~ manager(){ delete [] name;}
18)          void display(employee&);   //声明 display 为 manager 的成员函数
19)      };
20)      class employee
21)      {
22)      private：
23)          char * name;
24)          double salary;
25)      public：
26)          employee(char * n, double salary)
27)          {
28)              name = new char[strlen(n)+1];
29)              strcpy(name,n);
30)              this->salary=salary;
31)          }
32)          ~ employee(){delete [] name;}
33)          //声明类 manager 的成员函数 display()为类 employee 的友元函数
34)          friend void manager：：display(employee&);
35)      };
36)      void manager：：display(employee &e)
37)      {
38)          cout<<"manager name is："<<name<<",salary:"<<salary<<endl;
39)          cout<<"employee name is："<<e.name<<",salary："<<e.salary<<endl;
40)      }
41)      int main()
42)      {
43)          manager m("Bob",3500.21);
44)          employee e("Nancy",2100.90);
45)          m.display(e);
46)          return 0;
47)      }
```

程序运行结果：

manager name is：Bob,salary:3500.21

employee name is：Nancy,salary:2100.90

在例 5.7 中,声明函数 display 为 manager 类的成员函数和 employee 类的友元函数,这样 display 既可以访问 manager 类的私有成员,也可以访问 employee 类的私有成员。一个类的成员函数声明为另一个类的友元函数时,必须先定义这个类,如例 5.7 中类 manager 的成员函数声明为类 employee 的友元函数时必须先定义类 manager;并且在声明友元函数时,需要加上成员函数所在类的类名,如例 5.7 中 friend void manager∷display(employee &)声明 manager 的成员函数 display 为 employee 的友元函数。因为 manager 的成员函数 display 中将 employee& 作为参数,而 employee 在后面进行定义,所以必须在声明类 manager 之前对 employee 类先声明。

### 5.2.4　友元类

不仅可以把一个函数声明成一个类的友元,一个类也可以声明为另一个类的友元。友元类的声明方法是在另一个类声明中加入形如"friend class 类名"的语句,例如下例声明类 B 是类 A 的友元。

```
class B
{
    //…
};
class A
{
    //…
    friend class B;//声明 B 是 A 的友元类
    //…
};
```

当一个类作为另一个类的友元时,表示这个类的所有成员函数都是另一个类的友元函数,即友元类中的所有成员函数都可以访问另一个类的所有成员(包括私有成员)。

下面的例子中,声明了两个类 A 和 B,类 B 被声明为类 A 的友元,因此类 B 的成员函数都成为类 A 的友元函数,它们可以访问类 A 的私有成员。

【例 5.8】

```
1)      #include <iostream>
2)      using namespace std;
3)      class B;//类 B 的前向声明
4)      class A
5)      {
6)      private:
7)          int value;
8)      public:
9)          A(){value=5;}
10)         friend class B; //声明类 B 是类 A 的友元类
11)     };
12)     class B
13)     {
14)     public:
15)         void increase(A obj)
```

```
16)        {
17)            obj. value++;
18)            cout<<"increase：value="<<obj. value<<endl;
19)        }
20)        void decrease(A obj)
21)        {
22)            obj. value--;
23)            cout<<"decrease：value="<<obj. value<<endl;
24)        }
25)    };
26)    int main()
27)    {
28)        A obj_A;
29)        B obj_B;
30)        obj_B. increase(obj_A);
31)        obj_B. decrease(obj_A);
32)        return 0;
33)    }
```

执行该程序后，运行结果如下：

increase：value=6

decrease：value=4

友元关系是单向的，不具有交换性。若类 A 是类 B 的友元，类 B 是否是类 A 的友元，需要看类 A 中是否有相应的声明。友元关系不具有传递性，如果类 A 是类 B 的友元，类 B 是类 C 的友元，但类 A 不一定是类 C 的友元。

## 5.2.5　友元的使用

本小节对前面几个小节介绍的关于友元的知识进行总结。

(1)一个普通的函数可以声明为一个类的友元。

在类里面声明一个普通函数，并标上关键字 friend，该函数就成了该类的友元，该函数可以访问该类的一切成员。例如在 5.2.2 小节中，将 multiply 声明为 Matrix 和 Vector 两个类的友元，就使 multiply 既能够访问 Matrix 的私有数据成员，又可以访问 Vector 类的私有数据成员。由于可以直接访问 Matrix 和 Vector 的私有数据成员，避免了成员函数的频繁调用，提高了效率。

友元函数不是类的成员函数，可以把它理解为类的"朋友"，因而能够访问类的全部成员。在类的内部，一般只对友元函数进行声明，友元函数的定义则在类的外部，一般与类的成员函数的定义放在一起。

需要使用友元函数的另一个原因是为了方便运算符的重载，关于运算符重载将在第 7 章中进行介绍。

（2）一个类的成员函数可以声明为另一个类的友元。

例如下面的代码中，经理可以更改雇员的薪水（访问雇员类的私有数据），将经理类的成员函数 assginSalary( )声明为雇员类的友元。

**【例 5.9】**

```
1)    class Employee; //Employee 类的前向声明
2)    class Manager
3)    {
4)    //…
5)    public：
6)        void assignSalary(Employee& e); //设置薪水
7)    private：
8)        char *   name;
9)    //…
10)   };
11)   class Employee
12)   {
13)   public：
14)   //…
15)       friend void Manager：：assignSalary(Employee& e); //声明友元成员
16)   private：
17)       char * name;
18)       double salary;
19)   };
      //定义友元成员
20)   void Manager：： assignSalary(Employee& e)
21)   {
22)       e. salary = 3500. 90;
23)   }
```

把 Manager 的成员函数 assignSalary 声明为 Employee 的友元函数，这样 assignSalary 作为 Manager 的成员函数可以访问 Manager 的私有成员，作为 Employee 类的友元函数又可以访问 Employee 的私有成员。在定义 Manager 类之前必须对 Employee 类前向声明，因为 Manager 的成员函数 assignSalary 包含 Employee 引用类型的参数。Manager 类中的成员函数 assignSalary 需要 Employee 类的参数才可以访问 Employee 的私有数据成员。

（3）一个类可以声明为另一个类的友元。

类可以成为另一个类的友元，友元类的每一个成员函数都可以访问另一个类中的保护或私有数据成员。

例如在 5.2.4 小节中将 B 声明为 A 的友元类，这样 B 的所有成员函数都是 A 的友元函数，可以访问 A 的私有成员。友元类是单向的，不具有交换性和传递性。

友元机制可以直接访问类的私有成员，避免了类成员函数的频繁调用，可以节约处理器开销,提高程序的效率。但同时友元机制破坏了类的封装性,与面向对象程序设计原则相矛盾,因此在实际使用友元机制时,应该对程序的执行效率以及程序结构设计的合理性进行折衷,正确地使用友元机制。

# 5.3　类对象作为成员

从面向对象程序设计的角度来看,复合是软件复用的一种形式。复合是一个类将其他类对象作为自己的成员。将类对象作为其他类的成员最需要注意的问题是构造函数定义的方式,即类内部对象如何初始化。

生成对象时,编译器自动调用其构造函数,因此需要指定参数如何传递给成员对象的构造函数。成员对象按声明的顺序并在建立包含它的类对象之前建立。

以下程序用 Student 类和 Date 类演示一个类的对象作为其他类的成员。Student 类包含 private 数据成员 firstName、lastName、birthDate 和 enrollDate。成员 birthDate 和 enrollDate 是 Date 类的 const 类型对象,Date 类包含 private 数据成员 month、day 和 year。该程序实例化一个 Student 对象,并初始化和输出类的数据成员。注意 Student 构造函数定义的语法:

Student::Student(char ∗fname,char ∗lname,
　　　　　　　int bmonth, int bday, int byear,
　　　　　　　int emonth, int eday, int eyear)
　　　:birthDate(bmonth,bday,byear), enrollDate(emonth,eday,eyear) {}

该构造函数有 8 个参数(fname,lname,bmonth,bday,byear,emonth,eday 和 eyear),初始化语句中的冒号(:)将成员初始化列表与参数列表分开,成员初始化列表指定 Student 构造函数的参数传递给成员对象的构造函数,参数 bmonth、bday、byear 传递给 birthDate 的构造函数,参数 emonth、eday、eyear 传递给 enrollDate 构造函数,多个成员的初始化列表用逗号分开。

【例 5.10】

```
//声明 Date 类
1)      #include <iostream>
2)      #include <string.h>
3)      using namespace std;
4)      class Date{
5)      public:
6)          Date(int = 1,int = 1,int = 1970); //默认构造函数
7)          void print()const; //print date in month/day/year format
8)          ~Date(); //析构函数
9)      private:
10)          int month;
11)          int day;
12)          int year;
13)          int checkDay(int); //判断给定的日期是否合法
```

```
14)    };
    //定义 Date 类
15)    Date::Date(int m, int d, int y)
16)    {
17)        if(m>0 && m<=12)    //合法性检查
18)            month = m;
19)        else{
20)            month = 1;
21)            cout<<"Month "<<m<<" invalid. Set to month 1.\n";
22)        }
23)        year = y;
24)        day = checkDay(d);    //检测 day 的合法性
25)        cout<<"Date object construct for date";
26)        print();
27)        cout<<endl;
28)    }
29)    void Date::print() const    //按照"月/日/年"格式输出日期
30)    {
31)        cout<<month<<'/'<<day<<'/'<<year;
32)    }
33)    Date::~Date()          //析构函数
34)    {
35)        cout<<"Date object deconstructor for date";
36)        print();
37)        cout<<endl;
38)    }
39)    int Date::checkDay(int day) //根据年,月判断给定的日期是否合法
40)    {
41)        static const int dayPerMonth [13] =
42)            {0,31,28,31,30,31,30,31,31,30,31,30,31};
43)        if (day>0 && day<= dayPerMonth[month])
44)            return day;
45)        if(month==2 && day==29 &&    //判断 day 是否是闰年的 2 月 29
46)            (year%400==0||(year%4==0 && year %100! =0)))
47)            return day;
48)        cout<<"Day "<<day<< " invalid. Set day to 1.\n";
49)        return 1;
50)    }
//声明 Student 类
```

```
51)    class Student
52)    {
53)    public：
54)        Student(char * ,char * ,int, int, int, int, int, int);
55)        void print()const；
56)        ~Student()；
57)    private：
58)        char firstName[25]；
59)        char lastName[25]；
60)        const Date birthDate；
61)        const  Date enrollDate；
62)    };
    //定义 student 类
63)    Student∷Student(char * fname,char * lname,
64)                        int bmonth, int bday, int byear,
65)                        int emonth, int eday, int eyear)
66)        ：birthDate(bmonth,bday,byear),
67)        enrollDate(emonth, eday, eyear)
68)    {
        //拷贝 fname 到 firstName
69)        int length = strlen(fname)；
70)        length = (length<25? length;24)；
71)        strncpy(firstName, fname,length)；
72)        firstName[length]='\0'；
        //拷贝 lname 到 lastName
73)        length = strlen(lname)；
74)        length = (length<25? length;24)；
75)        strncpy(lastName, lname,length)；
76)        lastName [length]='\0'；
77)        cout<<"Student object constructor：\n"
78)            <<firstName<<' '<< lastName<<endl；
79)    }
80)    void Student∷print() const
81)    {
82)        cout<< lastName<<","<< firstName<<"\nenroll：";
83)        enrollDate. print()；
84)        cout<<"Birth date："；
85)        birthDate. print()；
86)        cout<<endl；
```

```
87)     }
88)     Student::~Student()   //析构函数
89)     {
90)         cout<<"Student object destructor:"<< ""
91)             <<lastName<<","<< firstName<<endl;
92)     }
93)     int main()     //测试类 Date 和 Student
94)     {
95)         Student s("Tom","Jones",7,24,1983,9,1,2001);
96)         cout<<'\n';
97)         s.print();
98)         cout<<"\nTest Date constructor with invalid values:\n";
99)         Date(15,36,2002);
100)         cout<<endl;
101)         return 0;
102)     }
```

程序运行结果：

Date object construct for date7/24/1983

Date object construct for date9/1/2001

Student object constructor：

Tom Jones


Jones，Tom

enroll：9/1/2001　Birth date：7/24/1983


Test Date constructor with invalid values：

Month 15 invalid. Set to month 1.

Day 36 invalid. Set day to 1.

Date object construct for date1/1/2002

Date object deconstructor for date 1/1/2002


Student object destructor：Jones，Tom

Date object deconstructor for date9/1/2001

Date object deconstructor for date7/24/1983

　　注意 Student 中 birthDate、enrollDate 的初始化方法，在初始化列表（即 Student 构造函数中冒号后面的部分）中进行初始化。Date 类和 Student 类各有一个析构函数，分别用来在析构 Date 和 Student 对象时打印一个消息。通过分析打印信息我们可以发现对象的创建顺序由内向外，先建立 Date 对象，再建立 Student 对象，对象的析构顺序与建立的顺序相反。第 99 行代码直接调用 Date 类的构造函数，这时会构造一个临时的 Date 类对象，但是无法使用该对象,直接调用 Date 类构造函数的目的是利用构造函数判断给定的年月日是否合法。

　　成员对象也可以不通过成员初始化列表显式初始化。如果不显式初始化,编译器会调用默认的构造函数建立成员对象,然后调用其成员函数进行初始化。通过成员初始化列表的形式显式初始化对象,这样可以消除两次初始化对象的开销,分别是调用默认的构造函数构造对象的开销和调用成员函数初始化对象成员的开销,因此通常采用成员初始化列表显式初始化。

## 5.4　综合训练

**训练 1**

　　编写一个类,该类为自己的每一个对象提供了对象 ID 号。创建或销毁对象时,将有一个静态数据成员记录程序中的对象数。执行结果显示对象 ID 及对象数。

　　(1)分析。

　　编写一个类 count,该类包含一个静态数据成员,用于记录该类对象的个数。当创建对象时,该静态数据成员加 1,当析构对象时,该静态数据成员减 1。同时 count 类还应包含一个用于记录对象 ID 的数据成员。

　　(2)完整的参考程序。

```
1)    #include<iostream>
2)    using namespace std;
3)    class Count
4)    {
5)    private:
6)        static int counter;
7)        int obj_id;
8)    public:
9)      Count();  //构造函数
10)       static void display_total();  //static 函数 display_total()
11)       void display();
12)       ～Count();  //析构函数
13)       };
14)    int Count::counter=0;  //静态数据成员 counter 的初始化
15)    Count::Count()  //构造函数
16)    {
17)      counter++;
18)      obj_id = counter;
19)    }
20)    Count::～Count()  //析构函数
21)    {
22)      counter--;
23)      cout<<"Object number "<<obj_id<<" being destroyed\n";
```

```
24)    }
25)    void Count::display_total()  //static 函数
26)    {
27)      cout <<"Number of objects created is = "<<counter<<endl;
28)    }
29)    void Count::display()
30)    {
31)      cout << "Object ID is "<<obj_id<<endl;
32)    }
33)    int main()
34)    {
35)      Count a1;
36)      Count::display_total();
37)      Count a2，a3;
38)      Count::display_total();
39)      a1. display();
40)      a2. display();
41)      a3. display();
42)       return 0;
43)    }
```

**训练 2**

有一个学生类 student,包括学生姓名、成绩数据成员,设计一个友元函数,输出成绩大于等于 80 分以上者。

(1)分析。

编写一个 student 类,该 student 类的主要数据成员是学生姓名、成绩。定义一个 student 类的友元函数,用来输出成绩。

(2)完整的参考程序。

```
1)    # include<iostream>
2)    # include<string. h>
3)    # include<iomanip>
4)    using namespace std;
5)    class student
6)    {
7)        char name[10];
8)        int deg;
9)      public:
10)       student(char na[],int d)
11)       {
12)           strcpy(name,na);
```

```
13)              deg=d;
14)           }
15)         char * getname(){ return name;}
16)         friend void disp(student &s)
17)         {
18)            if(s.deg>=80)
19)               cout<<setw(10)<<s.name<<setw(6)<<s.deg<<endl;
20)         }
21)    };
22)    int main()
23)    {
24)        student st[]={student("王华",78),student("李明",92),student("张伟 ",
       62),student("孙强",88)};
25)        cout<<"输出结果:"<<endl;
26)        cout<<setw(10)<<"姓名"<<setw(6)<<"成绩"<<endl;
27)        for(int i=0;i<4;i++)
28)          disp(st[i]);
29)           return 0;
30)    }
```

## 5.5　本章小结

本章介绍了静态成员和友元的相关知识。使用静态成员可以使类的所有对象共享信息，静态数据成员在类的对象创建之前分配空间和初始化。使用静态成员函数,可以访问静态数据成员。静态成员的作用域为类,而不与特定的对象相关联。

友元机制避免了成员函数的反复调用,提高了效率,同时也方便了编程。但友元破坏了类的封装性,所以在使用它时,应对两者进行折衷。在第 7 章中还会讨论友元在运算符重载中的应用。

## 思考与练习题

1.下述静态数据成员的特性中,_____是错误的。

A.声明静态数据成员时前面要加修饰符 static

B.静态数据成员要在类体外进行初始化

C.在程序中引用静态数据成员时,要在静态数据成员名前加<类名>和作用域运算符

D.静态数据成员是个别对象所共享的

2.在下列的各类函数中,_____不是类的成员函数。

A. 构造函数　　　　　　　　　　B.析构函数

C. 友元函数　　　　　　　　　　D.拷贝构造函数

3. 友元的作用之一是_____

A. 提高程序的运行效率

B. 加强类的封装性

C. 实现数据的隐蔽性

D. 增加成员函数的种类

4. 友元函数有什么作用？

5. 写出下列程序的运行结果。

(1)程序 1

```
1)    # include<iostream>
2)    using namespace std；
3)    class Sample
4)    {
5)    public：
6)        Sample(int i){n＝i；}
7)        friend int add(Sample &s1，Sample &s2)；
8)    private：
9)        int n；
10) };
11) int add(Sample &s1，Sample &s2)
12) {
13)     return s1. n＋s2. n；
14) }
15) int main()
16) {
17)     Sample s1(10)，s2(20)；
18)     cout<<add(s1,s2)<<endl；
19)     return 0；
20) }
```

(2)程序 2

```
1)    # include<iostream>
2)    using namespace std；
3)    class B；
4)    class A
5)    {
6)        int i；
7)        friend class B；
8)        void disp(){cout<<i<<endl；}
9)    };
10) class B
```

```
11) {
12) public：
13)      void set(int n)
14)      {
15)          A a；
16)          a. i＝n；
17)      a. disp()；
18)      }
19) }；
20) int main()
21) {
22)      B b；
23)      b. set(2)；
24)      return 0；
25) }
```

（3）程序3

```
1)      ＃include＜iostream＞
2)      using namespace std；
3)      class teacher；
4)      class student
5)      {
6)          char * name；
7)      public：
8)          student(char * s){name＝s；}
9)          friend void print(student ＆, teacher ＆)；
10) }；
11) class teacher
12) {
13)      char * name；
14) public：
15)      teacher(char * s){name＝s；}
16)      friend void print(student ＆, teacher ＆)；
17) }；
18)      void print(student ＆a, teacher ＆b)
19)      {
20)        cout＜＜"the student is："＜＜a. name＜＜endl；
21)        cout＜＜"the teacher is："＜＜b. name＜＜endl；
22)      }
23) int main()
```

```
24) {
25)        student s("Li Hu");
26)        teacher t("Wang Ping");
27)        print(s,t);
28)        return 0;
29) }
```

6. 代码编写。

(1)编写一个类,声明一个非静态数据成员和一个静态数据成员。让构造函数初始化非静态数据成员,并把静态数据成员加 1,让析构函数把静态数据成员减 1。

(2)根据(1)编写一个程序,创建 3 个对象,然后显示它们的非数据成员和静态成员,再析构每个对象,并显示它们对静态数据成员的影响。

(3)修改(2),让静态成员函数访问静态数据成员,并让静态数据成员是保护的(protected)。

7. (1)下述代码有何错误? 找出并修改它。

```
1)     #include <iostream>
2)     using namespace std;
3)     class Animal;
4)         void SetValue(Animal&,int);
5)         void SetValue(Animal&,int,int);
6)     class Animal
7)     {
8)     public:
9)         friend void   SetValue(Animal&,int);
10) protected:
11)         int itsWeight;
12)         int itsAge;
13) };
14) void SetValue(Animal& ta,int tw)
15) {
16)         ta.itsWeight=tw;
17) }
18) void SetValue(Animal& ta,int tw,int tn)
19) {
20)         ta.itsWeight=tw;
21)         ta.itsAge =tn;
22) }
23) int main()
24) {
25)         Animal peppy;
```

26)            SetValue(peppy,5);
27)            SetValue(peppy,7,9);
28)            return 0;
29) }

(2)将上面程序中的友员函数改成普通函数,为此增加访问类中保护数据成员的成员函数。

8. 编写一个 SavingsAccount 类。用 static 数据成员表示每个存款人的 annualInterestRate(年利率)。类的每个成员包含一个 private 数据成员 savingsBalance,表示当前存款。提供一个 calculateMonthlyInterest 成员函数,计算月利息,计算方法为用 balance 乘以 annualInterestRate 除以 12,并将这个月息加进 savingsBalance 中。提供一个静态成员函数 modifyInterestRate,用来修改 annualInterestRate 的值。实例化两个不同的 SavingsAccount 对象 saver1 和 saver2,存款余额分别为 2000.00 和 3000.00。将 annualInterestRate 置为 3%,计算每个存款人的月息并打印新的存款余额,再将 annualInterestRate 设置为 4%,再次计算每个存款人的月息并打印新的存款余额。

# 第6章  派生类与继承

本章主要介绍面向对象程序设计的一个重要特性——继承。继承是实现软件复用的一种形式,通常是通过从现有的类派生出新类来实现,新类不仅继承了现有类的属性和方法,并且可以扩展自己的属性和方法,具有自己所需的功能。

继承是代码复用的重要机制,是类的一个重要特征。继承克服了面向过程程序设计语言没有软件复用机制的缺点,使软件复用变得简单、易行,通过继承复用已有的程序资源,缩短软件开发周期,节省开发时间和资源。本章包含的主要内容如图 6.1 所示。

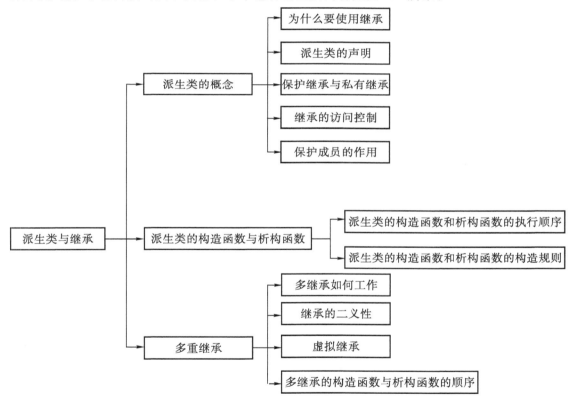

图 6.1  派生类与友元的知识导图

## 6.1  派生类的概念

继承是在已有类的基础上创建新类的过程,已有类称为基类,新类称为派生类。派生类也称为子类,基类也称为父类或超类。派生类不仅能够继承基类的功能,而且还能够对基类的功能进行扩充、修改或重定义。派生类复用了基类的全体数据成员和成员函数,具有从基类复制而来的数据成员和成员函数。派生类在继承基类的数据成员和成员函数的同时,还需添加自身的数据成员和成员函数,因此派生类包含的数据量不小于基类。从面向对象程序设计的角度来看,派生类代表一组比基类更具体的对象。

### 6.1.1　继承的意义

同一个类可以作为多个类的基类,一个派生类也可以是另一个类的基类,通过这种方式可以形成同类事物的继承层次结构。图 6.2 说明了现实世界中图形类的层次结构。最顶部的类是图形类,它是所有具体图形类抽象的最高层次,从图形类可以派生出其他类,例如二维图形类和三维图形类。

二维图形类还有 3 个派生类:圆形类、正方形类、三角形类。图中展示了 3 层结构的类层次,通过继承父类来对子类进行描述,所有的子类都是父类。例如,圆形是一种二维图形,三角形也是一种二维图形。因此,派生类比基类更具体,代表基类中的某个具体类别。

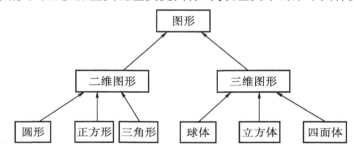

图 6.2　图形类的继承层次

面向对象编程用软件对象模拟实际对象,并通过类来描述事物,每个类有自己的数据成员和成员函数。但实际上,一个类不会孤立地存在,总与一些相关的类共存,例如图 6.2 展示的图形类的继承层次。继承使事物的描述方式更为简单,比如,圆形可以这样定义:圆是到一个给定点的距离等于定长的二维图形。在该定义中,圆是二维图形类的派生类,因此圆是一种二维图形,同时圆又具有自己的特征,就是到给定点的距离等于定长。继承不仅可以理清事物的层次关系,同时可以精确地描述事物,理解事物的本质。

继承最重要的特点是新类可以从现有的类中派生,不用重新编写。通过继承实现了软件复用,缩短了程序的开发时间,同时开发人员使用已经测试和调试好的高质量的代码,减少软件投入使用出现的问题。

### 6.1.2 派生类的声明

为了理解一个类从另一个类派生的方法,下面举例说明如何声明一个派生类。

【例 6.1】

```
1)const int COUNT = 5;          //定义每个部门人数
2)class Employee{
3)protected：
```

```
4)    char * firstname;
5)    char * lastname;
6)    int age;
7)    float salary;
8)    //…
9)};
10)class Manager：public Employee{
11)protected：
12)    char * department;              //经理管理的部门
13)    Employee group[COUNT ];        //经理所管理的下属
14)};
```

例 6.1 描述了 Employee 类和 Manager 类的关系。一个 Manager 类同时也是一个 Employee 类，所以可以通过 Employee 类来派生 Manager 类。声明 Manager 类时，在类名 Manager 的冒号之后接关键字 public 与类名 Employee，表明 Manager 是从 Employee 派生出来的，其中 Employee 类是基类，Manager 是派生类。关键字 public 指出了派生方式，说明派生类 Manager 是从基类 Employee 公有派生的，这种类型的派生方式是最常用的。除公有继承外，还有私有继承和保护继承，这两种继承方式将在 6.1.3 节讨论。

继承分为单一继承和多重继承两种方式。对于单一继承，派生类只有一个基类；对于多重继承，派生类通常是从多个基类派生出来的，多继承将在 6.3 节中进行介绍。

单继承的定义格式如下：

class 派生类名:继承方式　基类名
{
　　//声明派生类的数据成员和成员函数
};

其中，"派生类名"是新定义的类名，是从"基类"派生的，并且按照指定的"继承方式"进行派生。"继承方式"规定了派生类从基类继承来的成员的访问权限，C＋＋中规定了 public、protected 和 private 三种继承方式，其中 public 是最常用的继承方式。对于 public 继承，基类的 public 成员和 protected 成员可以分别继承为派生类的 public 成员和 protected 成员，基类的 private 成员在派生类中被隐藏。下一小节将介绍 protected 继承和 private 继承。如果不显式指定继承方式，编译器默认为私有继承。

继承除了继承基类的数据成员和成员函数以外，还可以在派生类中完成如下操作：

(1)增加新的数据成员和成员函数；

(2)重新定义基类的成员函数；

(3)改变基类成员在派生类中的访问权限。

但是，派生类不能继承基类以下内容：基类的构造函数和析构函数；基类的友元函数；基类的静态数据成员和静态成员函数。

例 6.2 对继承的特性进行说明。

【例 6.2】

//Point 类的声明

```
1) #include <iostream>
2) #include <iomanip>
3) using namespace std;
4) class Point
5) {
6) public:
7)     Point(int a= 0,int b= 0);          //构造函数
8)     void setPoint(int,int);
9)     int getX() const{return x;}
10)    int getY() const{return y;}
11)    void print()const;                 //打印 Point 信息
12) protected:
13)    int x,y;
14) };
    //定义 Point 类的成员函数
15) Point::Point(int a,int b)
16) {
17)    setPoint(a,b);
18) }
19) void Point::setPoint(int a,int b)
20) {
21)    x=a;
22)    y=b;
23) }
24) void Point::print()const
25) {
26)    cout<<"["<<x<<","<<y<<"]"<<endl;
27) }
    //Cricle 类的声明
28) class Circle:public Point
29) {
30) public:
31)    Circle(double r=0.0,int x=0,int y=0);
32)    void setRadius(double);
33)    double getRadius()const;
34)    double area()const;
35)    void print()const;
36) protected:
37)    double radius;
```

```
38)};
```
//Circle 类的声明
```
39)Circle::Circle(double r, int a, int b):Point(a, b)    //调用 Point 的构造函数
40){
41)    setRadius(r);
42)}
43)void Circle::setRadius(double r)
44){
45)    radius = (r>=0? r:0);
46)}
47)double Circle::getRadius()const{return radius;}
48)double Circle::area()const
49){
50)    return 3.14159 * radius * radius;
51)}
52)void Circle::print()const    //打印 Circle 的信息
53){
54)    cout<<"Center=["<<x<<","<<y<<"];Radius="
55)    <<setiosflags(ios::fixed|ios::showpoint)    //设置输出格式
56)    <<setprecision(2)<<radius;    //设置 radius 的精确度
57)}
    //测试 Circle,Point 的成员函数
58)int main()
59){
60)    Point p(30,50);
61)    cout<<"Point p:";
62)    p.print();
63)    Circle c(2.7,120,89);
64)    c.print();
65)    return 0;
66)}
```

输出结果:

Point p:[30,50]

Circle Center =[120,89]; Radius = 2.70

类 Circle 以 public 的方式继承了类 Point,因此类 Point 的 public 和 protected 成员分别作为类 Circle 的 public 和 protected 成员而被继承。这说明了类 Circle 的 public 成员包括了类 Point 的成员和其自身的成员。通常在派生类对象中,都包含其基类成员的拷贝,例如 Circle 对象的内存布局如图 6.3 所示。

图 6.3 Circle 对象的成员布局

类 Circle 的构造函数必须调用基类 Point 的构造函数来初始化 Circle 对象中的 Point 基类部分(关于派生类构造函数的构造规则在 6.2.2 节中会详细介绍)。这是利用成员初始化列表实现的:Cricle::Circle(double r, int a, int b):Point (a, b),为了初始化基类成员 x 和 y,Circle 的构造函数把 a、b 的值传给基类 Point 的构造函数。

从例 6.2 可知类 Circle 不仅能够继承基类 Point 的成员,还可以重新定义基类 Point 的成员函数。例如,在基类 Point 中,print( )函数打印 Point 的相关信息(点的坐标),而 Circle 中的 print()函数打印 Circle 的相关信息(圆点坐标和半径)。这在 C++中称为 override(覆写)。关于 override 会在第 7 章介绍多态时(7.7.1 小节)进行详细的介绍。

### 6.1.3 保护继承与私有继承

派生类继承基类的方式有 3 种:public 继承、protected 继承和 private 继承。不同的继承方式导致原来具有不同访问权限的基类成员在派生类中的访问权限不同。其中 protected 和 private 继承不常用,本书中的范例大都使用 public 继承。表 6.1 总结了每种继承方式中派生类对基类成员的可访问性。

表 6.1 派生类对基类成员的可访问性

| 派生类成员<br>访问属性<br>基类成员<br>访问属性 | 继承方式 | | |
|---|---|---|---|
| | public 继承 | protected 继承 | private 继承 |
| public | public | rotected | private |
| protected | protected | protected | private |
| private | 在派生类中隐藏 | 在派生类中隐藏 | 在派生类中隐藏 |

以 public 继承方式派生某个类时,基类的 public 成员会成为派生类的 public 成员,基类的 protected 成员会成为派生类的 protected 成员。派生类永远不能直接访基类的 private 成员,但可以通过基类 public 或 protected 成员函数间接访问。

以 protected 继承方式派生一个类时,基类的 public 成员和 protected 成员成为派生类的 protected 成员。以 private 方式派生一个类时,基类的 public 成员和 protected 成员成为派生类的 private 成员。

从面向对象程序设计的角度来看,public 继承可以理解为派生类→基类具有从属关系,例如图 6.2 中图形类是以 public 方式继承了二维图形类。可以这样理解,圆形是一种二维图形,同时圆又具有自己的特性。但 protected 和 private 继承不能这样理解,因为以 protected 或 private 方式继承基类时,派生类隐藏了原本在基类中的 public 成员。

private 继承又被称为实现继承,派生类不直接支持基类的 public 成员,通过重用基类来实现。

### 6.1.4　继承的访问控制

表 6.1 分别给出了各种继承方式下,基类成员在派生类中的访问权限。下面分别对各种继承方式下,继承的访问规则进行详细介绍。

**1. public 继承的访问规则**

当以 public 方式派生一个类时,基类的 public 成员和 protected 成员会成为派生类的 public 和 protected 成员,派生类的成员函数可以直接进行访问。基类的 private 成员在派生类中隐藏,派生类无法直接访问,只能通过基类提供的访问权限为 public 和 protected 的成员函数来访问。

下面举例说明 public 继承的访问控制。

【例 6.3】

```
1)#include<iostream>
2)using namespace std;
3)class Base                 //声明基类
4){
5)    public:
6)      Base(int x=0,int y=0)
7)      {
8)        setData(x,y);
9)      }
10)     void setData(int m,int n)
11)     {
12)       a = m;
13)       b = n;
14)     }
15)     void print()const
16)     {
17)       cout<<" a="<<a<<endl;
18)       cout<<" b="<<b<<endl;
19)     }
20)   protected:
21)     int a;
22)   private:
23)     int b;
24)};
```

```
25)class Derived:public Base                          //声明一个公有派生类
26){
27)    private:
28)      int c;
29)    public:
30)      Derived(int x=0,int y=0,int z=0):Base(x,y)    //初始化基类成员
31)      {
32)        c=z;
33)      }
34)      void setDerivData(int i ,int j,int k)
35)      {
36)        setData(i,j);              //setData()在派生类中为public成员可以直接访问
37)        c=k;
38)      }
39)      void display()
40)      {
41)        print();              //b在Derived中不能直接访问,调用print()来访问
42)        cout<<" c="<<c<<endl;
43)      }
44)};
45)int main()
46){
47)    Derived obj;
48)    obj. setDerivData(10,15,20);
49)    obj. print();              //print()在派生类中为public成员,可以直接访问
50)    obj. setData(30,40);
51)    obj. display();
52)    return 0;
53)}
```

程序运行结果：

a=10

b=15

a=30

b=40

c=20

例6.3中类Derived以public方式继承类Base,因此类Base的public成员函数setData
()和print()在派生类Derived中仍然是public成员,可以被派生类的对象obj直接访问。基
类Base的protected成员a在派生类Derived中仍为protected成员,因此可以在Derived的
成员函数display()中直接访问。但是基类Base的private成员b在派生类中隐藏,在display

（）中不能直接访问,需要调用类 Base 的 public 成员函数 print()来访问。

**2. protected 继承的访问规则**

当以 protected 方式派生一个类时,基类的 public 成员和 protected 成员会成为派生类的 protected 成员,派生类的成员函数可以直接进行访问。基类的 private 成员在派生类中隐藏,派生类无法直接访问,只能通过基类提供的访问权限为 public 和 protected 的成员函数来访问。

下面举例说明 protected 继承的访问规则。

**【例 6.4】**

```
1) #include<iostream>
2) using namespace std;
3) class Base                        //基类声明
4) {
5) public：
6)     int a；
7)     int getc()
8)     { return c; }
9)     void   setc(int z)
10)    {   c=z ; }
11) protected：
12)    int b；
13) private：
14)    int c；
15) };
16) class Derived：protected Base        //声明派生类
17) {
18)    public：
19)      int   i；
20)      void setData(int m,int n,int l,int p,int q,int d);
21)      void display()const；
22)    protected：
23)      int   j；
24)    private：
25)      int   k；
26) };
    //定义 Derived 类的成员函数
27) void   Derived::setData(int m, int n, int l, int p,int q, int d)
28) {
29)     a = m；
30)     b = n；
```

```
31)    setc(l);                            //通过 Base 的成员函数访问,不能直接访问 c
32)    i = p;
33)    j = q;
34)    k = d;
35)}
36)void Derived::display()const
37){
38)    cout<<"a="<<a<<endl;
39)    cout<<"b="<<b<<endl;
40)    cout<<"c="<<getc()<<endl;      //通过 getc()来访问 c,不能直接访问 c
41)    cout<<"i="<<i<<endl;
42)    cout<<"j="<<j<<endl;
43)    cout<<"k="<<k<<endl;
44)}
45)int main()
46){
47)    Derived obj;
48)    obj. setData(1,2,3,4,5,6);
49)    obj. display();
50)    return 0;
51)}
```

程序运行结果:

a=1;

b=2;

c=3;

i=4;

j=5;

k=6;

　　类 Derived 以 protected 方式继承类 Base,因此类 Base 的 public 成员和 protected 成员在 Derived 类都是 protected 成员,在定义类的成员函数时可以直接访问,但不能通过类 Derived 的对象来访问。基类 Base 的 private 成员在类 Derived 中隐藏,不能直接访问,必须通过类 Base 的成员函数来访问,在例 6.4 中通过 Base 的 public 成员函数 getc()和 setc()来访问类 Base 的 private 成员。

### 3. private 继承的访问规则

　　当以 private 方式派生一个类时,基类的 public 成员和 protected 成员会成为派生类的 private 成员,派生类的成员函数可以直接进行访问。基类的 private 成员在派生类中隐藏,派生类无法直接访问,只能通过基类提供的访问权限为 public 和 protected 的成员函数来访问。

　　下面举例说明 private 继承的访问规则。

【例 6.5】

```
1) #include <iostream>
2) using namespace std;
3) class Base
4) {
5)    private:
6)       int a;
7)    public:
8)       void seta(int n){
9)          a=n;
10)       }
11)       void display()const{
12)          cout<<a<<endl;
13)       }
14) };
15) class   Derived:private Base              //声明 Derived 类
16) {
17)    public:
18)    void setData(int x, int y)
19)    {
20)       seta(x);                            //不能在 Derived 中直接访问 x
21)       b=y;
22)    }
23)    void print()const
24)    {
25)       //cout<<a;                          //错误,在 Derived 中不能直接访问 a
26)       display();
27)       cout<<b<<endl;
28)    }
29)    private:
30)       int b;
31) };
32) int main()
33) {
34)    Derived obj;
35)    //obj.seta(10); //错误,seta()在 Derived 中为 private 成员,不能
                       //通过对象访问
36)    //obj.display(); //错误,diaplay()在 Derived 中为 private 成员,不
                        //能通过对象访问
```

```
37)    obj. setData(10,20);
38)    obj. print();
39)    return 0;
40)}
```

类 Derived 以 private 方式继承类 Base,因此类 Base 的 public 成员和 protected 成员在 Derived 类都是 private 成员,在定义类的成员函数时可以直接访问,但不能通过 Derived 类的对象来访问。基类 Base 的 private 成员在类 Derived 中隐藏,不能直接访问,必须通过 Base 类提供的访问权限为 public 和 protected 的成员函数来访问,在例 6.5 中通过类 Base 的 public 成员函数 seta()和 display()来访问类 Base 的 private 成员 a。

对继承的访问控制规则总结如下:

(1)无论何种派生方式,基类的私有成员在派生类中不能直接访问,基类的保护成员和公有成员在派生类中可以直接访问;

(2)私有派生使基类的保护成员和公有成员都成为派生类的私有成员;

(3)保护派生使基类的保护成员和公有成员都成为派生类的保护成员;

(4)公有派生使基类的保护成员和公有成员在派生类中仍然是保护成员和公有成员。

在这 3 种继承方式中,public 继承是最常用的,本书中所给出的代码大多以 public 方式继承的。public 继承通常用来表示类之间的从属关系,派生类在完全继承了基类特征的基础上再描述自己的特征。private 继承又称为实现继承,当派生类实现自己的 public 成员时,希望重用基类的实现,但又不希望完全使用基类的实现。

### 6.1.5    保护成员的作用

基类的 public 成员能够被程序中所有的函数访问,private 成员只能够被基类的成员函数和友元访问。

protected 成员的访问权限在 public 访问权限和 private 访问权限之间。一个类如果不被其他类继承,那么该类的 protected 成员和 private 成员具有相同的访问属性,只能被本类成员函数访问,不能被类的外部函数访问。一个类如果被其他类继承,派生类不能访问它的 private 成员,但能够直接访问该类的 protected 成员,这是 protected 成员和 private 成员的区别。尽管基类的 public 和 protected 成员都能被派生类直接访问,但是 public 成员能够被类的外部函数直接访问,而 protected 成员则不能。

派生类成员可以通过成员名引用基类的 protected 成员,但 protected 破坏了封装性,当基类的 protected 成员改变时,派生类也要进行相应的修改。

## 6.2    派生类的构造函数和析构函数

构造函数用于初始化对象的数据成员,在继承体系中,派生类不但继承了基类的数据成员,而且还可以定义自己的数据成员,这些成员都需要通过构造函数进行初始化。因此在实例化派生类对象时,必须调用基类的构造函数来初始化派生类对象中基类的成员。派生类既可以隐式调用基类的构造函数,也可以在派生类的构造函数中显式地调用基类的构造函数。例如,例 6.2 中在 Circle 类的构造函数中显式地调用了其基类 Point 的构造函数。

### 6.2.1 派生类构造函数和析构函数的执行顺序

在实例化派生类对象时,派生类的构造函数总是先调用其基类的构造函数来初始化派生类中的基类成员。如果省略了派生类的构造函数,那么会调用派生类的默认构造函数,派生类的默认构造函数自动调用基类的默认构造函数。如果派生类的构造函数没有显式调用基类的构造函数,那么派生类的构造函数也会调用基类的默认构造函数。如果基类只有带参构造函数,但没有默认构造函数(包括默认参数和无参构造函数),派生类构造函数就必须显式地调用基类的构造函数,以完成对基类对象的初始化。析构函数的调用顺序和构造函数的调用顺序相反,派生类的析构函数在基类的析构函数之前调用。

例 6.6 演示了基类和派生类的构造函数及析构函数的调用顺序。

【例 6.6】

```
//Point 类的声明
1)#include <iostream>
2)using namespace std;
3)class Point                           //声明 Point 类
4){
5)    public:
6)        Point(int a= 0,int b= 0);       //Point 的构造函数
7)        ~Point();                       //Point 的析构函数
8)    protected:
9)        int x,y;
10)};
    //定义 Point 类的成员函数
11)Point::Point(int a,int b)             //定义 Point 类的构造函数
12){
13)    x=a;
14)    y=b;
15)    cout<<"Point constructor:"
16)        <<'['<<x<<","<<y<<']'<<endl;
17)}
18)Point::~Point() //定义 Point 类的析构函数
19){
20)    cout<<"Point destructor:"
21)        <<'['<<x<<","<<y<<']'<<endl;
22)}
    // Circle 类的声明
23)class Circle:public Point             //声明 Circle 类继承自类 Point
24){
25)    public:
```

```
26)      Circle(double r=0.0,int x=0,int y=0);//Circle 类的构造函数
27)      ~Circle();                          //Circle 类的析构函数
28)   private:
29)      double radius;
30)};
   //定义 Circle 类的成员函数
31)Circle::Circle(double r,int a,int b):Point(a,b)
32){
33)   radius = r;
34)   cout<<"Circle constructor:radius is "
35)      <<radius<<"["<<x<<","<<y<<"]"<<endl;
36)}
37)Circle::~Circle(){
38)   cout<<"Circle destructor:radius is "
39)      <<radius<<"["<<x<<","<<y<<"]"<<endl;
40)}
   //对定义的 Circle 类和 Point 类进行测试
41)int main()
42){
43)   //演示 Point 类拷贝构造函数和析构函数的调用
44)   {
45)      Point p(11,22);
46)      }
47)   cout<<endl;
48)   Circle circle1(4.5,72,29);
49)   cout<<endl;
50)   Circle circle2(10,5,5);
51)   cout<<endl;
52)   return 0;
53)}
```

程序输出结果：
Point Constructor:[11,22]
Point destructor:[11,22]

Point Constructor:[72,29]
Circleconstructor:radius is 4.5 [72,29]

Point Constructor:[5,5]
Circleconstructor:radius is 10  [5,5]

Circle destructor：radius is 10 [5，5]

Point destructor：[5，5]

Circle destructor：radius is 4.5　[72，29]

Point destructor：[72，29]

在例 6.6 中定义了 Point 类和它的公有派生类 Circle，在定义 Circle 类的成员函数时，显式调用 Point 类的构造函数来对 Cirle 类中的基类成员初始化。在 main() 函数中，先实例化了一个 Point 类的对象，由于该对象在进入其作用域后又立即退出作用域，因此调用了类 Point 的构造函数和析构函数。然后，程序实例化了 Circle 的对象 circle1，该过程调用了类 Point 的构造函数，并调用 Circle 的构造函数。接着，程序以同样的顺序实例化了 circle2 对象。在 main() 函数结束时，程序为 circle1 和 circle2 调用析构函数，因为析构函数的调用顺序和构造函数相反，因此先调用对象 circle2 的析构函数，调用时先调用类 Circle 的析构函数，再调用类 Point 的析构函数。为对象 circle2 调用析构函数完成后，再以相同的顺序为对象 circle1 调用析构函数。

### 6.2.2　派生类构造函数和析构函数的构造规则

实例化一个派生类对象时，首先要调用基类的构造函数。如果基类的构造函数没有参数、只含有默认参数或者没有显式定义基类的构造函数，定义派生类构造函数时不必显式初始化基类成员，甚至不需要定义构造函数（此时，编译器自动调用派生类的默认构造函数，派生类的默认构造函数去调用基类的默认构造函数）。

因为派生类不能继承基类的构造函数和析构函数，因此当基类含有带参数的构造函数时，派生类必须定义构造函数，以便对基类的数据成员进行初始化。在例 6.2 中，定义 Cirlce 的构造函数时，调用基类 Point 的构造函数对基类的数据成员进行初始化。

下面举例说明派生类构造函数的构造规则。

【例 6.7】

```
1) #include<iostream>
2) using namespace std;
3) class A                            //定义基类
4) {
5) public：
6)    A()                             //默认构造函数
7)    {
8)      cout<<"A Constructor1"<<endl;
9)    }
10)   A(int i)
11)   {
12)     a=i;
13)     cout<<"A Constructor2"<<endl;
14)   }
15)   void   display(){ cout<<"a="<<a<<endl;}
```

```
16)private：
17)    int a；
18)};
19)class B：public A    //定义派生类
20){
21)public：
22)    B() {cout<<"B Constructor1"<<endl； }
23)    B(int i)：A(i+5)
24)    {
25)        b = i；
26)        cout<<"B Constructor2"<<endl；
27)    }
28)    void print()
29)    {
30)        display()；
31)        cout<<"b="<<b<<endl；
32)    }
33)private：
34)    int    b；
35)};
36)int main()
37){
38)    B    obj(5)；
39)    obj. print()；
40)    return 0；
41)}
```

程序输出结果：

A Constructor2
B Constructor2
a=10
b=5

在例 6.7 中，类 B 为类 A 的派生类，在定义类 B 的带参数的构造函数时，使用成员初始化列表来调用基类 A 的构造函数，对派生类 B 中基类部分的成员进行初始化。在 C++中，可以使用成员初始化列表的方式来构造派生类的构造函数，其一般形式为：

派生类名∷派生类构造函数名(参数表)：基类构造函数名(参数表)
{
    //派生类新增成员初始化语句
}

其中，基类构造函数的参数可以来源于派生类构造函数的参数表，也可以使用常数值或表达式。

当派生类中包含对象成员时,还需要对对象成员进行初始化。关于对象成员的初始化,也可以使用成员初始化列表来进行(类对象作为成员已在 5.3 节进行了详细介绍)。

考虑实现一个管理某公司人事雇用的程序,该程序需要管理 3 类对象,分别是 Person(人员)、Employee(雇员)和 Department(部门)。3 个类的关系如图 6.4 所示。

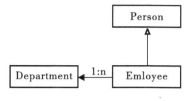

图 6.4 类之间的关系图

图 6.4 给出了 Person 类、Employee 类、Department 类之间的关系,一个雇员同时也是一个人,因此 Employee 类是 Person 类的派生类。每一个雇员都属于一个部门,因此每一个 Employee 类中包含有一个 Department 的对象成员。

【例 6.8】

```
1) # include <iostream>
2) # include <string. h>
3) # include <assert. h>
4) using namespace std；
5) class Person                    //Person 类的声明
6) {
7) public：
8)     Person(const char * fName,const char * lName);
9)     ～Person()；                 //Person 类析构函数
10) protected：
11)    char * firstName；
12)    char * lastName；
13) };
14) class Department                //Department 类声明
15) {
16) public：
17)    Department(const char * dName)；
18)    ～Department()；              //Depart 类析构函数
19)    char * getName()const；
20) private：
21)    char * depName；
22) };
23) class Employee：public Person   //声明 Employee 类为 Person 派生类
```

24){

25)public：

26)　　Employee(const char * fName，const char * lName,

27)　　const char * dName，double dSalary);

28)　　～Employee()；

29)private：

30)　　double salary；

31)　　Department dep；

32)}；

　　//定义 Person 的成员函数

33)Person ：：Person(const char * fName，const char * lName)

34){

35)　　firstName = new char[strlen(fName)+1]；

36)　　assert(firstName!=0)；　　　　　　　//确认内存分配是否成功

37)　　strcpy(firstName, fName)；

38)　　//为 lastName 分配内存

39)　　lastName = new char[strlen(lName)+1]；

40)　　assert(lastName!=0)；

41)　　strcpy(lastName，lName)；

42)　　cout<<"Person constructor for "<< firstName

43)　　　　<<","<< lastName<<endl；

44)}

45)Person::～Person()

46){

47)　　cout<<"Person deconstructor for "<< firstName

48)　　　　<<","<< lastName<<endl；

49)　　delete[] firstName；　　　　　　　//回收为 firstName 分配的内存

50)　　delete[] lastName；　　　　　　　//回收为 lastName 分配的内存

51)}

　　//定义 Department 的成员函数

52)Department::Department(const char * dName)

53){

54)　　depName = new char[strlen(dName)+1]；

55)　　assert(depName!=0)；

56)　　strcpy(depName，dName)；

57)　　cout<<"Department constructor for "<< depName<<endl；

58)}

59)Department::～ Department()

60){

```
61)     cout<<"Department deconstructor for "<< depName<<endl;
62)     delete[] depName;
63)}
64)char * Department::getName()const
65){
66)     return depName;
67)}
      //定义 Employee 的成员函数
68)Employee:: Employee(const char * fName, const char * lName,
69)const char * dName, double dSalary):Person(fName, lName), dep(dName)
      //使用成员初始化列表来初始化成员对象、基类成员
70){
71)     cout<<"Employee constructor called "<<endl;
72)     salary = dSalary;
73)}
74)Employee:: ~ Employee()
75){
76)     cout<<"Employee deconstructor called "<<endl;
77)}
78)int main()
79){
80)     Employee employee("Nancy","Bob","develop",2500.00);
81)     cout<<endl;
82)     return 0;
83)}
```

程序运行结果：

Person constructor for Nancy, Bob

Department constructor for develop

Employee constructor called


Employee deconstructor called

Department deconstructor for develop

Person deconstructor for Nancy, Bob

在例 6.8 中，Employee 类派生自 Person 类，同时又包含 Department 类的对象成员。在定义 Employee 类的构造函数时，采用成员初始化列表的方法初始化 Employee 类中的基类成员和对象成员。如果派生类中同时包含对象成员，派生类构造函数的一般形式为：

派生类名::派生类名(参数表):基类构造函数名(参数表),对象成员名(参数表),…

对象成员名 n(参数表)

{

//派生类中新增对象成员初始化(不包括对象成员)

}

通过程序输出结果,可以得出以下结论:当实例化一个包含对象成员的派生类的实例时,编译器首先调用基类的构造函数,然后调用其所包含的对象成员的构造函数,最后执行派生类的构造函数。派生类对象析构时,其执行顺序与构造函数的执行顺序相反。

当派生类具有多个基类和多个对象成员时,其构造函数将在创建派生类对象时被调用,调用次序如下:基类构造函数→对象成员的构造函数→派生类的构造函数。

(1)当有多个基类时(多继承在 6.3 节介绍),按照其在继承方式中声明的次序调用,与其在构造函数初始化列表中的次序无关。

(2)当有多个对象成员时,按照其在派生类中声明的次序调用,与其在构造函数初始化列表中的次序无关。

(3)当构造函数初始化列表中的基类和对象成员的构造函数调用完成之后,才执行派生类构造函数体中的程序代码。

以上总结了派生类构造函数的构造规则,因为析构函数是在对象销毁时,由 C++编译器自动调用,因此派生类的析构函数的定义与基类无关,派生类的析构函数的构造规则与一般类的析构函数的构造规则相同。

## 6.3　多重继承

在 6.1 节中提到继承分为单继承和多继承,单继承、派生类只有一个基类;多继承、派生类是从一个以上的基类派生出来的。前面两节介绍的是单继承,本节对多重继承进行介绍,主要包括:多继承的工作机制、多继承的二义性以及虚拟继承。

### 6.3.1　多继承的过程

前面所讨论的类层次中,每个派生类都只有一个基类,在现实世界中大部分事物通常都是这样的。但是存在着一些事物继承了多个事物的特征。例如水陆两用交通工具,既是陆地交通工具,又是水上交通工具,水陆两用交通工具同时继承陆地交通工具和水上交通工具的特征,即水陆两用交通工具是从陆地交通工具和水上交通工具两个基类派生出来的类,其类层次描述如图 6.5 所示。

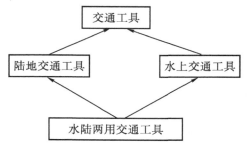

图 6.5　水陆两用交通工具类层次

例 6.9 是一个多重继承的示例,其演示了如何定义和使用多重继承。

【例 6.9】

```
1) #include <iostream>
2) using namespace std;
3) class Base1                    //定义 Base1 类
4) {
5) public:
6)     Base1(int i) { integer=i;}
7)     int getData1()const   { return integer;}
8) protected:
9)     int integer;
10) };
11) class Base2                    //定义 Base2 类
12) {
13) public:
14)     Base2(char c) {character = c;}
15)     char getData2()const {return character;}
16) protected:
17)     char character;
18) };
    //声明 Base1、Base2 的派生类 Derived
19) class Derived:public Base1,public Base2
20) {
21) public:
22)     Derived(int i, char c,double d);
23)     double getReal() const;
24)     void display()const;
25) private:
26)     double real;
27) };
    //定义 Derived 类的成员函数
28) Derived::Derived(int i,char c,double d):Base1(i), Base2(c) //Derived 的构造函数
29) {
30)     real = d;
31) }
32) double Derived::getReal()const
33) {
34)     return   real;
35) }
36) void Derived:: display() const//显示 Derived 类信息
```

```
37){
38)    cout<<"Derived contains："<<endl
39)        <<"   Integer："<< integer
40)        <<"\n   Character："<< character
41)        <<"\n   Double："<< real<<endl;
42)}
43)int main()
44){
45)    Derivedderive(7，'a'，3.5);
46)    derive.display();
47)    cout<<"Base1 content："<<derive.getData1()<<endl;
48)    cout<<"Base2 content："<<derive.getData2()<<endl;
49)    return 0;
50)}
```

程序输出结果：

Derived contains：

Integer：7

Character：a

Double：3.5

Base1 content：7

Base2 content：a

在例 6.9 中，类 Base1 包含 1 个整型的 protected 数据成员 integer，还包含设置 integer 的构造函数和返回 integer 值的 public 成员函数 getData1。类 Base2 和 Base1 类似，它包含 1 个字符类型的 protected 数据成员 character 和返回 character 的成员函数 getData2。类 Derived 是 Base1 类和 Base2 类的派生类，在继承 Base1 和 Base2 成员的基础上，还包含 1 个 float 类型的 private 数据成员 real 和 public 成员函数 getReal。

声明类 Derived 是通过多重继承机制从 Base1 类和 Base2 类派生出来的，其声明方式和单继承派生类声明的方式类似，在 class Derived 冒号之后跟上用逗号分开的基类列表。其声明的一般形式如下：

class 派生类名：继承方式 1 基类名 1，…，继承方式 n 基类名 n

{

　　//派生类数据成员和成员函数的声明

};

冒号后面的部分被称为基类列表，各个基类之间用逗号分隔，其中继承方式和单继承中一样，包括 public、protected、private 3 种继承方式，默认的继承方式是 private。不同继承方式的访问控制与单继承时相同。在定义 Derived 的带参数的构造函数时，构造函数 Derived 列表显式调用了每个基类(Base1 和 Base2)的构造函数。按照指定的继承顺序调用基类的构造函数，而不是按照构造函数在成员初始化列表中出现的顺序调用。如果成员初始化列表中不显式调用基类的构造函数，则隐式调用基类的默认构造函数。

　　在 main()函数中定义了一个 Derived 对象 derive,然后调用 derive 的成员函数 display()
输出 Derived 的数据成员。通过分析输出结果,可以发现 Derived 类继承了基类 Base1 和
Base2 的数据成员。

### 6.3.2　继承的二义性

图 6.5 描述了一个多重继承的类层次结构,现在考虑用以下代码来模拟这个类层次结构。

【例 6.10】

```
1)#include <iostream>
2)using namespace std;
3)class Vehicle //定义交通工具类
4){
5)public:
6)    Vehicle(double w = 0)
7)    {
8)      cout<<"Vehicle constructor"<<endl;
9)      weight = w;
10)    }
11)    void setWeight(double w)
12)    {
13)      cout<<"set weight:"<<endl;
14)      weight = w;
15)    }
16)protected:
17)    double weight;
18)};
19)classVehicle_Road: public Vehicle          //定义陆地交通工具类
20){
21)public:
22)    Vehicle_Road(double weitht=0,int s=0): Vehicle(weight)
23)    {
24)      cout<<" Vehicle_Road constructor"<<endl;
25)      speed = s;
26)    }
27)protected:
28)    int speed;
29)};
30)class Vehicle_Water:public Vehicle          //定义水上交通工具类
31){
32)public:
```

```
33)    Vehicle_Water(double weight=0,float t=0)：Vehicle(weight)
34)    {
35)        cout<<" Vehicle_Water constructor"<<endl;
36)        tonnage = t;
37)    }
38)protected：
39)    float tonnage;
40)};
41)class Amphicar：public Vehicle_Road，public Vehicle_Water
42){
43)public：
44)        //多重继承,调用基类构造函数
45)    Amphicar(double w, int s, float f)：Vehicle(w)，Vehicle_Road(w,s)，Vehicle_
       Water(w,f)                        //Vehicle 并不是 Amphicar 的直接基类
46)    {
47)        cout<< " Amphicar constructor"<<endl;
48)    }
49)    void display()                        //显示 Amphicar 成员
50)    {
51)        cout<<" weight："
52)            << weight<<"," <<endl;        //错误,因为多继承带来的歧义性
53)        cout<<" speed:"<<speed<<endl;
54)        cout<<" tonnage:" << tonnage<<endl;
55)    }
56)};
57)int main()
58){
59)    Amphicar   a(4.0,200,1.50f);
60)    a.setWeight(3.5);                        //错误,因为多继承带来的歧义性
61)    a.display();
62)    return 0;
63)}
```

上面的代码没有明显的语法错误,但它不能通过编译。这是由于多重继承机制带来的继承歧义性问题。

图 6.6 描述了以上代码中各个类之间的关系以及每个类所包含的成员。最上层的基类 Vehicle 包含 protected 数据成员 weight 和设置该成员的成员函数 setWeight。Vehicle_Road 和 Vehicle_Water 两个类均以 public 方式继承了 Vehicle,因此这两个类都继承了 Vehicle 的成员,但 Amphicar 类是 Vehicle_Road 和 Vehicle_Water 的派生类,同时继承了这两个类的成员,而这两个类中有同名的数据成员 weight 和成员函数 setWeight(),当调

用 a. setWeight()的时候,由于存在二义性问题,编译器不知道应该调用哪一个setWeight()
函数。

这个例子说明了多重继承机制带来的歧义性问题,如果让 Amphicar 包含一个 Vehicle 的
拷贝,而又同时共享 Vehicle_Road 和 Vehicle_Water 自身定义的数据成员和成员函数,就可
以解决多重继承带来的歧义性问题,使用虚拟继承机制可以解决这一问题。

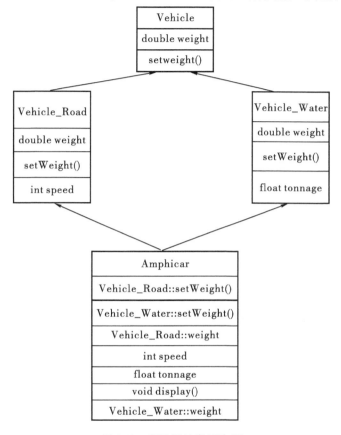

图 6.6  多重继承类层次图

### 6.3.3  虚拟继承

如果一个类的多个直接基类是从另外一个共同基类派生出来的,这些基类从上一级基类
继承的成员就会拥有相同的名称。在派生类的对象中,这些相同名称的成员在内存中同时拥
有多个拷贝。当通过派生类对象使用这些成员时,会产生歧义性。

如果在派生类对象中,同名成员在内存中同时拥有多个拷贝,可以使用作用域运算符(::)
来进行唯一标识和访问它们。下面对例 6.10 进行修改,使该程序能够消除多继承机制带来的
歧义性,使编译器能够正确编译。

首先使用作用域运算符(::)来消除多重继承机制带来的歧义性,例 6.10 修改后的代码如
下所示。

【例 6.11】

```
//使用作用域运算符(::)消除多继承带来的歧义性
1)#include <iostream>
2)using namespace std;
3)class Vehicle                              //定义交通工具类
4){
5)public：
6)    Vehicle(double w = 0)
7)    {
8)        cout<<"Vehicle constructor"<<endl;
9)        weight = w;
10)   }
11)   void setWeight(double w)
12)   {
13)       cout<<"set weight="<<w<<endl;
14)       weight = w;
15)   }
16)protected：
17)   double weight;
18)};
19)classVehicle_Road：public Vehicle         //定义陆地交通工具类
20){
21)public：
22)    Vehicle_Road(double weight=0,int s=0)：Vehicle(weight)
23)    {
24)        cout<<"Vehicle_Road constructor"<<endl;
25)        speed = s;
26)   }
27)protected：
28)   int speed;
29)};
30)classVehicle_Water：public Vehicle        //定义水上交通工具类
31){
32)public：
33)    Vehicle_Water(double weight=0,float t=0)：Vehicle(weight)
34)    {
35)        cout<<"Vehicle_Water constructor"<<endl;
36)        tonnage = t;
37)   }
```

38)protected：

39)    float tonnage；

40)}；

41)class Amphicar :publicVehicle_Road, public Vehicle_Water

42){

43)public：

44)    Amphicar(double w, int s, float f)              //只对 Amphicar 的直接基
                                                          //类初始化

45)            : Vehicle_Road(w,s), Vehicle_Water(w,f)

46)    {

47)        cout<< "Amphicar constructor"<<endl；

48)    }

49)    void display( ) //显示 Amphicar 的 Weight 成员

50)    {

51)        cout<<"Amphicar object contains："<<endl；

52)        cout<<"Vehicle_Road ：weight： "

53)        << Vehicle_Road：：weight<<endl；      //显示 Vehicle_Road 的 weight

54)        cout<<"Vehicle_Water：：weight： "

55)        << Vehicle_Water：：weight<<endl；     //显示 Vehicle_Water
                                                        //的 weight

56)        cout<<"speed："<<speed<<endl；

57)        cout<<"tonnage：" << tonnage<<endl；

58)    }

59)}；

60)int main()

61){

62)    Amphicar amp(4.0,200,1.50f)；

63)    amp.Vehicle_Road：：setWeight(2.0)；          //调用 Veichel_Road 的
                                                        //setWeight 成员

64)    amp.display()；

65)    return 0；

66)}

程序输出结果：

Vehicle constructor

Vehicle_Road constructor

Vehicle constructor

Vehicle_Water constructor

Amphicar constructor

set weight=2

Amphicar object contains：
Vehicle_Road∷weight：2
Vehicle_Water∷weight：4
speed：200
tonnage：1.5

因为派生类 Amphicar 中只包含它的直接基类 Vehicle_Road 和 Vehicle_Water 的拷贝，并不包含最顶层基类 Vehicle 的拷贝，因此修改类 Amphicar 的带参数的构造函数，在构造函数中只是调用直接基类 Vehicle_Road 和 Vehicle_Water 的构造函数，初始化 Amphicar 中包含的基类成员。在 Amphicar 的成员函数 display() 中，使用作用域运算符（∷）来区分使用哪一个 weight 成员，例如使用 Vehicle_Road∷weight 表示使用的是 Vehicle_Road 的 weight 成员。在 main() 函数中，调用 Amphicar 的构造函数构造了对象 amp 后，使用 amp.Vehicle_Road∷setWeight(2.0) 表示调用 Amphicar 中基类 Vehicle_Road 的成员函数 setWeight 修改 Amphicar 中基类 Vehicle_Road 部分的成员 weight 为 2.0，从而消除了多重继承机制带来的二义性。

虽然使用作用域运算符能够使例 6.10 正确编译，但从语义上分析，使用这种方式得到的 Amphicar 对象包含陆地交通工具和水上交通工具两种 weight 成员，这种继承方式不是对真实世界的模拟。类 Vehicle_Road 和类 Vehicle_Water 是从同一个基类 Vehicle 派生而来的，因此在类 Vehicle_Road 和类 Vehicle_Water 中包含基类 Vechile 的不同拷贝。类 Amphicar 是类 Vehicle_Road 和 Vehicle_Water 的派生类，因此类 Amphicar 是类 Vehicle 的间接派生类，它包含两个 Vechile 的拷贝，一个是通过类 Vehicle_Road 派生路径上的拷贝，另一个是通过类 Vehicle_Water 派生路径上的拷贝。当类 Amphicar 要访问间接基类 Vehicle 的成员时，必须要指定要访问的是哪条路径上的拷贝。这种继承方式下，类之间的层次关系如图 6.7 所示。

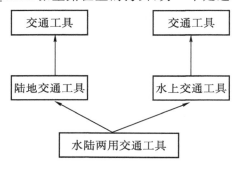

这种继承方式所描述的类层次图与图 6.5 不同，也不符合现实世界的描述。在上一小节提到，如果让类 Amphicar 包含一个类 Vehicle 的拷贝，而又同时共享类 Vehicle_Road 和类 Vehicle_Water 自身定义的数据成员和成员函数，这样可以既消除多重继承的歧义性，又能正确描述类的层次结构。

图 6.7　非虚基类的类层次图

在 C++中，如果要使公共基类只产生一个拷贝，则应当把这个基类声明为**虚基类**。要求从基类派生新类时，使用关键字 virtual 将基类声明为虚基类。其语法形式如下：

class 派生类名：virtual 继承方式 基类名{
　　//派生类数据成员和成员函数的声明
}；

例 6.12 使用虚基类对例 6.10 进行修改。

【例 6.12】

//使用虚拟基类消除二义性
1）#include <iostream>

```cpp
2) using namespace std;
3) class Vehicle                        //定义交通工具类
4) {
5) public:
6)     Vehicle(double w = 0)
7)     {
8)         cout<<"Vehicle constructor"<<endl;
9)         weight = w;
10)    }
11)    void setWeight(double w)
12)    {
13)        cout<<"set weight="<<w<<endl;
14)        weight = w;
15)    }
16) protected:
17)    double weight;
18) };
19) class Vehicle_Road: virtual public Vehicle  //陆地交通工具,这里是
                                                 //虚拟继承
20) {
21) public:
22)    Vehicle_Road(double weitht=0,int s=0): Vehicle(weight)
23)    {
24)        cout<<"Vehicle_Road constructor"<<endl;
25)        speed = s;
26)    }
27) protected:
28)    int speed;
29) };
30) class Vehicle_Water:virtual public Vehicle  //水上交通工具,这里是虚拟继承
31) {
32) public:
33)    Vehicle_Water(double weight=0,float t=0): Vehicle(weight)
34)    {
35)        cout<<"Vehicle_Water constructor"<<endl;
36)        tonnage = t;
37)    }
38) protected:
39)    float tonnage;
```

```
40)};
41)class Amphicar :publicVehicle_Road, public Vehicle_Water          //多重继承
42){
43)public：
44)    Amphicar(double w，int s，float f)
45)            ：Vehicle_Road(w,s)，Vehicle_Water(w,f)
46)    {
47)      cout<< "Amphicar constructor"<<endl;
48)    }
49)    void display() //显示 Amphicar 的 Weight 成员
50)    {
51)      cout<<"Amphicar object contains："<<endl;
52)      cout<<"weight："<< weight<<endl;
53)      cout<<"speed:"<<speed<<endl;
54)      cout<<"tonnage:" << tonnage<<endl;
55)    }
56)};
57)int main()
58){
59)    Amphicar amp(4.0,200,1.50f);
60)    amp.setWeight(2.0)；              //调用 Veichel_Road 的 setWeight 成员
61)    amp.display();
62)    return 0;
63)}
```

程序输出结果：

Vehicle constructor

Vehicle_Road constructor

Vehicle_Water constructor

Amphicar constructor

set weight＝2

Amphicar object contains：

weight：2

speed:200

tonnage:1.5

在上述程序中，从类 Vehicle 派生出类 Vehicle_Road 和类 Vehicle_Water 时，使用了关键字 virtual 实现虚拟继承，使用虚拟继承后，当编译器遇到多重继承的时候会自动加上一个 Vehicle 拷贝，当再次请求一个 Vehicle 拷贝时就会被忽略，保证继承成员的唯一性。此时，一个类 Amphicar 对象在内存中的布局如图 6.8 所示。

在没有虚拟继承的情况下，每个派生类的构造函数只负责其直接基类的初始化。但在虚

图 6.8　使用虚拟继承的 Amphicar 内存布局

拟继承的情况下,虚基类则由最终派生类的构造函数负责初始化。最终派生类是指在多层次的继承结构中,创建对象时所用的类。在虚拟继承方式下,若最终派生类的构造函数没有明确调用虚基类的构造函数,编译器就会尝试调用虚基类不需要参数的构造函数(包括默认、无参和默认参数的构造函数),如果没有找到就会产生编译错误。如例 6.12,类 Amphicar 没有显式调用虚基类 Vehicle 的构造函数,此时编译器会调用虚基类 Vehicle 带有默认参数的构造函数。

尽管多重继承机制在一定程度上强化了对现实世界中事物的描述,但是在实际应用中并不建议使用多重继承,主要是因为编译器的问题,还有多重继承机制会带来二义性问题。单继承对描述事物已经提供了足够强大的功能,不一定非要使用多继承不可。

### 6.3.4　多继承构造函数和析构函数的执行顺序

在虚拟继承方式下,派生类要为虚基类的构造函数提供初始化参数,以实现虚基类对象的初始化。与非虚拟继承方式一样,派生类需要在其构造函数的初始化列表中对虚拟基类进行初始化,但构造函数的调用次序与非虚拟继承不同,将按以下次序进行。

(1)如果在同一个继承层次中同时包含虚基类和非虚基类,C++编译器先调用虚基类的构造函数,再调用非虚基类的构造函数。

(2)若同一个继承层次中包含多个虚基类,则按照被继承的先后次序调用,如果某个虚基类的构造函数已经在前面被调用了,就不再被调用。

(3)若虚基类由非基类派生而来,则先调用虚基类的基类构造函数,再调用虚基类的构造函数。

(4)先调用基类构造函数再调用对象成员的构造函数,然后调用自己的构造函数。

析构函数的执行顺序与构造函数执行的顺序相反。例 6.13 中对该规则进行验证。

【例 6.13】

```
//验证多重继承构造函数和析构函数的执行顺序
1)#include <iostream>
2)using namespace std;
3)class Base1
```

```
4){
5)public：
6)    Base1(){cout<<"Base1 constructor"<<endl;}
7)    ~Base1(){ cout<<"Base1 deconstructor"<<endl;}
8)};
9)classBase2
10){
11)public：
12)   Base2(){ cout<<"Base2  constructor"<<endl; }
13)   ~Base2(){ cout<<"Base2  deconstructor"<<endl;}
14)};
15)class Base3
16){
17)public：
18)   Base3(){ cout<<"Base3 constructor"<<endl; }
19)   ~ Base3() { cout<<"Base3 deconstructor"<<endl; }
20)};
21)class Base4
22){
23)public：
24)   Base4(){ cout<<"Base4  constructor"<<endl;}
25)   ~Base4(){ cout<<"Base4 deconstructor"<<endl;}
26)};
27)class Member1
28){
29)public：
30)   Member1(){ cout<<"Member1  constructor"<<endl;}
31)   ~ Member1(){ cout<<"Member1  deconstructor"<<endl;}
32)};
33)class Member2
34){
35)public：
36)   Member2(){ cout<<"Member2  constructor"<<endl;}
37)   ~ Member2(){ cout<<"Member2  deconstructor"<<endl;}
38)};
39)class Derived：public Base1，virtual public Base2，public Base3，virtual public Base4
40){
41)public：
42)   Derived()：Base1()，Base2()，Base3()，Base4()，mem1()，mem2()
```

```
43)   {
44)     cout<<"Derived   constructor"<<endl;
45)   }
46)   ~ Derived()
47)   {
48)     cout<<"Derived   constructor"<<endl;
49)   }
50)private：
51)   Member1   mem1;
52)   Member2   mem2;
53)}；
54)int main()
55){
56)   Derived obj;
57)   cout<<"constructor finish!"<<endl;
58)   return 0;
59)}
```

程序运行结果为：

Base2constructor

Base4constructor

Base1 constructor

Base3 constructor

Member1constructor

Member2constructor

Derived   constructor

constructor finish!

Derived   constructor

Member2   deconstructor

Member1   deconstructor

Base3 deconstructor

Base1 deconstructor

Base4 deconstructor

Base2   deconstructor

通过分析输出结果可知 Derived 的虚基类 Base2 和 Base4 首先被构造，非虚基类 Base1 和 Base3 随后被构造，与这些类在 Derived 的构造函数中出现的次序无关。然后类 Derived 的成员对象 Mem1 和 Mem2 按照在类 Derived 中声明的顺序构造，最后构造执行类 Derived 的构造函数，构造 Derived 对象。析构函数的执行顺序与构造函数相反。

## 6.4　综合训练

**训练 1**

定义一个日期(年、月、日)的类和一个时间(时、分、秒)的类,并由这两个类派生出日期和时间类。主函数完成基类和派生类的测试工作。

(1)分析。

定义一个描述日期的类,构造函数完成年、月、日的初始化,包含一个重新设置日期的成员函数,一个获取日期的成员函数。该类可定义为:

```
class   Date
{
  int Year,Month,Day;              //分别存放年、月、日
public：
  Date(int y＝0, int m＝0,int d＝0)
  {
     Year＝ y； Month ＝ m； Day ＝ d；
  }
  void SetDate(int,int,int);
  void GetDate(char ＊);
};
```

函数 SetDate 完成数据成员的赋值。函数 GetDate 要将整数年、月、日变换成字符串后,存放到参数所指向的字符串中。把一个整数变换成字符串可通过库函数 char ＊ _itoa(int a , char ＊ s, int b) 来实现,参数 a 为要变换的整数,b 为数制的基数(如 10,表示将 a 转换为对应的十进制数组成的字符串),转换的结果存放到 s 所指向的字符串中。函数返回变换后字符串的首地址。该成员函数可以是:

```
void   Date：：GetDate(char ＊ s)
{
  char t[20]；
  _itoa(Year,s,10)；         //将年变换为字符串表示
  strcat(s,"/")；            //年、月、日之间用"/"隔开
  _itoa(Month,t,10)；        //将月变换为字符串表示
  strcat(s,t)；              //将年、月字符串拼接
  strcat(s,"/")；
  _itoa(Day,t,10)；
  strcat(s,t)；              //将年、月、日拼接成一个字符串
}
```

定义描述时间的类与描述日期的类大致相同,然后用这两个类作为基类,公有派生出描述日期和时间的类。

(2)完整的参考程序。

```
1) #include <iostream>
2) #include <string. h>
3) #include <stdlib. h>
4) using namespace std;
5) class  Date{
6)     int Year,Month,Day;        //分别存放年、月、日
7) public：
8)     Date(int y=0, int m=0,int d=0)
9)     { Year= y; Month = m; Day   = d;}
10)    void SetDate(int ,int ,int );
11)    void GetDate(char * );
12) };
13) void Date：：SetDate(int y,int m,int d )
14) {
15)    Year= y; Month = m; Day   = d;
16) }
17) void   Date：：GetDate(char * s)
18) {
19)    char t[20];
20)    _itoa(Year,s,10);   strcat(s,"/");
21)    _itoa(Month,t,10); strcat(s,t);
22)    strcat(s,"/");
23)    _itoa(Day,t,10);   strcat(s,t);
24) }
25) class Time
26) {
27)    int Hours,Minutes,Seconds;      //时、分、秒
28) public：
29)    Time(int h=0,int m=0, int s=0)
30)    {  Hours = h; Minutes = m; Seconds = s;}
31)    void SetTime(int h,int m, int s)
32)    {  Hours = h; Minutes = m;Seconds = s; }
33)    void GetTime(char * );
34) };
35) void   Time：：GetTime(char * s)
36) {
37)    char t[20];
38)    _itoa(Hours,s,10); strcat(s,":");
39)    _itoa(Minutes,t,10); strcat(s,t);
```

```
40)    strcat(s,":");_itoa(Seconds,t,10); strcat(s,t);
41)}
42)class DateTime:public Date,public Time{       //公有派生
43)public:
44)    DateTime():Date(),Time(){   }
45)    DateTime(int y,int m,int d,int h,int min,int s):
46)    Date(y,m,d),Time(h,min,s){}
47)    void GetDateTime(char * );
48)    void SetDateTime(int y,int m,int d,int h,int min,int s);
49)};
50)void DateTime::GetDateTime(char * s)
51){
52)    char s1[100],s2[100];
53)    GetDate(s1);GetTime(s2);
54)    strcpy(s,"日期和时间分别是:");strcat(s,s1);
55)    strcat(s,"; ");strcat(s,s2);
56)}
57)void   DateTime::SetDateTime(int y,int m,int d,int h,int min,int s)
58){
59)    SetDate(y,m,d); SetTime(h,min,s);
60)}
61)int main( )
62){
63)    Date   d1(2003,1,30);
64)    char   s[200];
65)    d1.GetDate(s);
66)    cout<<"日期是:"<<s<<'\n';
67)    Time   t1(12,25,50);
68)    t1.GetTime(s);
69)    cout<<"时间是:"<<s<<'\n';
70)    DateTime   dt1(2003,2,4, 8,20,15);
71)    dt1.GetDateTime(s);
72)    cout<<s<<'\n';
73)    dt1.SetDateTime(2003,12,30,23,50,20);
74)    dt1.GetDateTime(s);
75)    cout<<s<<'\n';
76)    return 0;
77)}
```

**训练 2**

假设图书馆的图书包含书名、编号、作者属性,读者包含姓名和借书证属性。每位读者最多可借 5 本书,编写程序列出某读者的借书情况。

(1)分析。

设计一个类 Object,从该类派生出书类 book 和读者类 reader,在 reader 类中有一个 rent-book()成员函数用于借阅图书。

(2)完整的参考程序。

```
1)  #include<iostream>
2)  #include<string. h>
3)  using namespace std;
4)  class object
5)  {
6)      char name[20];
7)      int no;
8)  public:
9)      object(){}
10)     object(char na[],int n)
11)     {
12)         strcpy(name,na);no=n;
13)     }
14)     void show()
15)     {
16)         cout<<name<<"("<<no<<")";
17)     }
18) };
19) class book:public object
20) {
21)     char author[10];
22) public:
23)     book(){}
24)     book(char na[],int n,char auth[]):object(na,n)
25)     {
26)         strcpy(author,auth);
27)     }
28)     void showbook()
29)     {
30)         show();
31)         cout<<"作者:"<<author;
32)     }
33) };
```

```
34) class reader:public object
35) {
36)    book rent[5];
37)    int top;
38) public:
39)    reader(char na[],int n):object(na,n){top=0;}
40)    void rentbook(book &b)
41)    {
42)      rent[top]=b;
43)      top++;
44)    }
45)    void showreader()
46)    {
47)      cout<<"读者:";show();
48)      cout<<endl<<"所借图书:"<<endl;
49)      for(int i=0;i<top;i++)
50)      {
51)        cout<<"     "<<i+1<<":";  // 5 个空格
52)        rent[i].show();
53)        cout<<endl;
54)      }
55)    }
56) };
57) int main()
58) {
59)    book b1("C 语言",100,"谭浩强"),b2("数据结构",110,"严蔚敏");
60)    reader r1("王华",1234);
61)    r1.rentbook(b1);
62)    r1.rentbook(b2);
63)    r1.showreader();
64)    return 0;
65) }
```

**训练 3**

设计一个圆类 circle 和一个桌子类 table,另设计一个圆桌类 roundtable,从前两个类派生,要求输出一个圆桌的高度、面积和颜色等数据。

(1)分析。

编写一个 circle 类,circle 类包含私有数据成员 radius 和求圆面积的成员函数 getarea();编写一个 table 类,table 类包含私有数据成员 height 和返回高度的成员函数 getheight()。编写 roundtable 类,roundtable 类继承所有上述类的数据成员和成员函数,添加了私有数据成员

color 和相应的成员函数。

（2）完整的参考程序。

```
1) #include<iostream>
2) #include<string. h>
3) using namespace std;
4) class circle
5) {
6)    double radius;
7) public：
8)    circle(double r) { radius=r; }
9)    double getarea() { return radius * radius * 3. 14; }
10) };
11) class table
12) {
13)    double height;
14) public：
15)    table(double h) { height=h; }
16)    double getheight() { return height; }
17) };
18) class roundtable : public table,public circle
19) {
20)    char * color;
21) public：
22)    roundtable(double h, double r, char c[]) : circle (r) , table (h)
23)    {
24)      color=new char[strlen(c)+1];
25)      strcpy (color, c);
26)    }
27)    char * getcolor() { return color; }
28) };
29) int main()
30) {
31)    roundtable rt(0. 8,1. 2,"黑色");
32)    cout << "圆桌属性数据:" << endl;
33)    cout << "高度:" <<rt. getheight() << "米" << endl;
34)    cout << "面积:" <<rt. getarea() << "平方米" << endl;
35)    cout << "颜色:" <<rt. getcolor() << endl;
36)    return 0;
37) }
```

# 6.5　本章小结

　　本章介绍了C++中继承机制的相关知识,使用继承机制可以简化对事物的描述,同时更好地实现了软件复用。继承分为单继承和多重继承,本章分别按照如何声明派生类、派生类的构造函数和析构函数、继承的访问控制对两种继承机制进行了详细的介绍。

　　本章重点介绍了多重继承的二义性,并引入了虚拟继承。在C++语言中实现多继承并不容易,主要是编译器的问题和多重继承可能会产生二义性,在实际开发中,应避免使用多重继承。

# 思考与练习题

1. 下列对派生类的描述中,＿＿＿＿＿是错的。
   A. 一个派生类可以作为另一个派生类的基类
   B. 派生类至少有一个基类
   C. 派生类的成员除了它自己的成员外,还包含了它的基类的成员
   D. 派生类中继承的基类成员的访问权限到派生类保持不变
2. 下列继承方式中,＿＿＿＿＿种继承方式是不存在的。
   A. 公有继承　　　　　　　　　　　　B. 私有继承
   C. 完全继承　　　　　　　　　　　　D. 保护继承
3. 派生类的构造函数的成员初始化列表中,不能包含＿＿＿＿＿。
   A. 基类的构造函数
   B. 派生类中子对象的初始化
   C. 基类的子对象初始化
   D. 派生类中一般数据成员的初始化
4. 下列对继承关系的描述中,＿＿＿＿＿是对的。
   A. 在公有继承中,基类中的公有成员和私有成员在派生类中都是可见的
   B. 在公有继承中,基类中只有公有成员对派生类的对象是可见的
   C. 在私有继承中,基类中只有公有成员对派生类是可见的
   D. 在私有继承中,基类中的保护成员对派生类的对象是可见的
5. 关于继承中出现的二义性的描述中,＿＿＿＿＿是错的。
   A. 一个派生类的两个基类中都有某个同名成员,在派生类中对这个成员的访问可能出现二义性
   B. 解决二义性的最常用的方法是对成员名的限定法
   C. 在单继承情况下,派生类中对基类成员的访问也会出现二义性
   D. 一个派生类是从两个基类派生出来的,而这两个基类又有一个共同的基类,对该基类成员进行访问时,也可能出现二义性
6. 对基类和派生类的关系描述中,＿＿＿＿＿是错误的。
   A. 派生类是基类的具体化　　　　　　B. 派生类是基类的子集

C. 派生类是基类定义的延续    D. 派生类是基类的组合

7. 设置虚基类的目的是_____。
   A. 简化程序                   B. 消除二义性
   C. 提高运行效率               D. 减少目标代码

8. 带有虚基类的多层派生类构造函数的成员初始化列表中都要列出虚基类的构造函数,这样将对虚基类的子对象初始化_____。
   A. 与虚基类下面的派生类个数有关    B. 多次
   C. 二次                       D. 一次

9. 在创建派生类对象时,构造函数的执行顺序是_____。
   A. 对象成员构造函数、基类构造函数、派生类本身的构造函数
   B. 派生类本身的构造函数、基类构造函数、对象成员构造函数
   C. 基类构造函数、派生类本身的构造函数、对象成员构造函数
   D. 基类构造函数、对象成员构造函数、派生类本身的构造函数

10. 阅读如下程序:
```
class X{
    int a;
public:
    X(int x=0) {a=x;}
};
class Y:class X{
    int b;
public:
    Y(int x=0,int y=0):X(x) {b=x;}
};
```
下面语句组中出现语法错误的是_____。
    A. X  * pa=new Y(1,2);        B. X a1=Y(1,3);
    C. Y b1(2,3);X &a3=b1;        D. X a4(10);Y b2=a4;

11. 分析以下程序的运行结果。
    (1)程序 1
    1) #include<iostream>
    2) using namespace std;
    3) class base
    4) {
    5)  public:
    6)     base(){cout<<"constructing base class"<<endl;}
    7)     ~base(){cout<<"destructing base class"<<endl; }
    8) };
    9) class derived:public base
    10) {

```
11) public:
12)    derived(){cout<<"constructing derived class"<<endl;}
13)    ~derived(){cout<<"destructing derived class"<<endl;}
14)};
15) int main()
16){
17)    derived d;
18)    return 0;
19)}
```

（2）程序 2

```
1) #include<iostream>
2) using namespace std;
3) class A
4){
5) public:
6)    int n;
7)};
8) class B:public A{};
9) class C:public A{};
10) class D:public B,public C
11){
12) public:
13)    int getn(){return B::n;}
14)};
15) int main()
16){
17)    D d;
18)    d. B::n=10;
19)    d. C::n=20;
20)    cout<<d. B::n<<","<<d. C::n<<","<<d. getn()<<endl;
21)    return 0;
22)}
```

（3）程序 3

```
1) #include<iostream>
2) using namespace std;
3) class A
4){
5) public:
6)    int n;
```

```
7)};
8)class B:virtual public A{};
9)class C:virtual public A{};
10)class D:public B,public C
11){
12)    int getn(){return B::n;}
13)};
14)int main()
15){
16)    D d;
17)    d.B::n=10;
18)    d.C::n=20;
19)    cout<<d.B::n<<","<<d.C::n<<endl;
20)    return 0;
21)}
```

(4)程序 4

```
1)#include<iostream>
2)using namespace std;
3)class Base
4){
5)    int n;
6)public:
7)    Base(int a)
8)    {
9)      cout<<"constructing Base class"<<endl;
10)     n=a;
11)     cout<<"n="<<n<<endl;
12)    }
13)    ~Base(){cout<<"destructing Base class"<<endl;}
14)};
15)class Derived:public Base
16){
17)    Base bobj;
18)    int m;
19)public:
20)    Derived(int a,int b,int c):Base(a),bobj(c)
21)    {
22)      cout<<"constructing Derived cass"<<endl;
23)      m=b;
```

```
24)      cout<<"m="<<m<<endl;
25)   }
26)      ~Derived(){cout<<"destructing Derived class"<<endl;}
27)};
28)int main()
29){
30)   Derived s(1,2,3);
31)   return 0 ;
32)}
```

12. 编写一个程序,设计一个汽车类 vehicle,包含的数据成员有车轮个数 wheels 和车重 weight。小车类 car 是它的私有派生类,其中包含载人数 passenger_load。卡车类 truck 是 vehicle 的私有派生类,其中包含载人数 passenger_load 和载重量 payload,每个类都有相关数据的输出方法。

13. 设计一个虚基类 base,包含姓名和年龄私有数据成员以及相关的成员函数;由该类派生出领导类 leader,包含职务和部门私有数据成员以及相关的成员函数;再由 base 派生出工程师类 engineer,包含职称和专业私有数据成员以及相关的成员函数;然后由 leader 和 engineer 类派生出主任工程师类 chairman。采用一些数据进行测试。

# 第7章 多态性

多态性(polymorphism)是面向对象程序设计的关键技术之一。多态性是指当不同的对象收到相同的消息时,产生不同的动作。在面向对象程序设计语言中,多态性允许程序员通过向一个对象发送消息来完成一系列动作,无需涉及软件系统如何实现这些动作。在 C++ 中多态机制可以通过重载、模板和虚函数实现,其中重载包括函数重载和运算符重载,模板包括函数模板和类模板。本章包含的主要内容如图 7.1 所示。

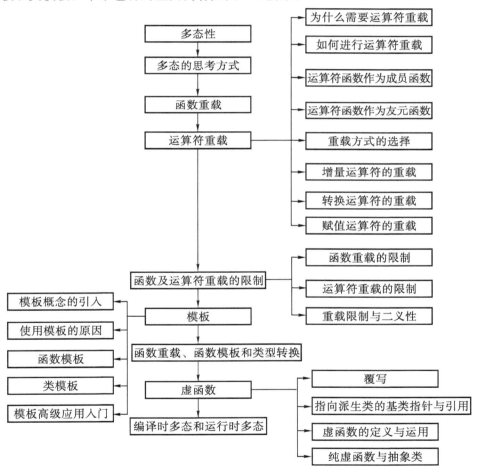

图 7.1 多态性的知识导图

# 7.1  多态的思考方式

在编写程序时可能经常遇到这样的情况需要定义一组操作,根据所涉及数据的不同(包括数据类型及数量等的不同),使用不同的具体实现完成类似的功能,但使用方法是一致的。

现在考虑实现一个计算机绘图的程序,假设有一个 Circle 类和一个 Square 类。每个类都是一个 Shape 类,并且都有一个成员函数 Draw(),负责将不同的图形显示在屏幕上。该问题所描述的类层次如图 7.2 所示。

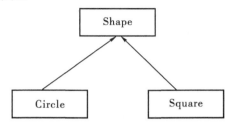

图 7.2  图形类层次结构图

所有 Shape 类的派生类都有"显示在屏幕上"这一操作需要完成,但具体实现不同。在 Shape 类中增加一个 type 公有数据成员(为了使普通函数能够访问它),用于表述图形的类型,在 Circle 类和 Square 类的构造函数中对 type 成员赋值,并在 drawType 函数中对具体的图形形状进行判别,以便调用相应的绘图函数。程序代码实现如例 7.1。

【例 7.1】
```
1)#include <iostream>
2)using namespace std;
3)enum ShapeType{SHAPE,CIRCLE,SQUARE}; //将图形形状定义为枚举类型
4)class Shape
5){
6)public:
7)    Shape()
8)    {
9)        type = SHAPE;
10)   }
11)   ShapeType type;
12)   void draw(){}//Shape 不是具体的图形,draw()什么也不做
13)   //…
14)};
15)class Circle:public Shape    //定义 Circle 类
16){
17)public:
18)    Circle()
```

```
19)    {
20)      type = CIRCLE;//覆盖刚赋值的 type
21)    }
22)    void draw()
23)    {
24)        cout<<"draw circle"<<endl;
25)    //完成 Circle 图形的绘制
26)    }
27)};
28)class Square : public Shape //定义 Square 类
29){
30)public:
31)    Square()
32)    {
33)      type = SQUARE;
34)    }
35)    void draw()
36)    {
37)      cout<<"draw Square"<<endl;
38)      //完成 Square 的绘制工作
39)    }
40)    //…
41)};
42)void drawCircle(Circle * c)
43){
44)    c ->draw();
45)}
46)void drawSquare(Square * s)
47){
48)    s ->draw();
49)}
50)void drawType(Shape * s)//图形绘制函数
51){
52)    //…
53)    switch(s ->type) //判断对象的 type,决定调用哪个 draw()函数
54)    {
55)      case CIRCLE:
56)        drawCircle((Circle * )s);break;
57)      case SQUARE:
```

```
58)        drawSquare((Square *)s);break;
59)      //…
60)    }
61)}
```

例7.1的代码在结构化程序设计风格下试图为每一个Shape类的派生类提供一个公有的式调用接口drawType(),程序虽然达到了目的,但却存在很多问题。在一个绘图程序中,类似的图形成员不止两个,都要进行类似的处理。而且还可能会增加新的图形类,例如要增加一个Traingle类,需要增加一个新的函数drawTraingle以便使用Traingle类的指针来调用Traingle的Draw方法,并且还要对drawType函数进行修改,使它能够支持新增加的类型,这样应用程序的维护量很大,面向对象的优越性被遏制,又回到面向过程程序设计的老路上去了。

观察上述代码,不难发现一些不合理之处。首先,必须在代码中显式地对参数的类型作出判断,为此必须在原有数据类型Shape中加入一个type字段,但是Shape类、Circle类和Square类本身都包含类型信息,并且编译器知道这三个类的所属类型,那么能不能不显式判断数据类型? 其次,调用drawCircle和drawSquare这两个函数时必须知道函数名和参数类型的对应关系,当同类函数不断增加时会使编程非常不便,那么能不能使用同一个函数名从而便于调用? 最后,如果为Shape类及其派生类提供统一的函数调用,函数将以Shape类(的指针)作为参数类型,但是为了调用Shape的派生类实现的Draw方法,必须进行类型转换,将基类(的指针)转换为相应的派生类(的指针),如代码56和58行,当把Shape类的派生类当做Shape类调用某个方法时,能不能自动调用它的派生类的同名方法? 这些想法其实就是"多态"编程思想的体现,通过C++提供的函数重载、虚函数等机制可以很好地解决这些问题,从而支持"多态"的编程思想。后面的章节会对这些机制进行详细的介绍。

在面向对象程序设计中,对象之间通过发送和接收消息彼此进行通信。多态的优点是消息的发送者不需要知道接收者是哪一个的成员,它可以是任何类,发送对象只需要接收对象可以执行某种操作即可。

在例7.1中,drawType()函数所关心的是如何对图形的绘制进行管理,向Shape对象发送消息,并不需要关心具体的图形绘制工作,它只需要知道接收对象具有图形绘制能力即可,该如何绘制图形是由消息的接收对象(Shape类对象)决定的。这种思考方式更符合人的思考问题的方式,也就是自然的多态方式,按照这种方式设计的程序具有更好的灵活性和可维护性。

多态性是指用一个名字定义不同的函数,这些函数执行不同但又类似的操作,即用同样的接口实现不同的动作,"多态"指的是呈现不同形式的能力。

# 7.2  函数重载

C++允许定义多个同名函数,只要这些函数属于不同的类或者有不同的参数列表(类型、个数或不同类型参数的顺序至少有一个不同),这个功能称为函数重载。在调用重载函数时,C++编译器通过检查调用中的参数个数、类型和顺序来选择相应的函数。函数重载使得用户为某一类操作取一个通用的名字,而由编译器解决具体由哪个函数来执行,这样有助于解决程序的复杂性问题。在类中,普通的成员函数和构造函数都可以重载,特别是构造函数的重载可以使用户以多种方式实例化对象。析构函数不能被重载,因为它是系统调用的无参数列表及返回类型的函数,因此编译器无法区分重载的析构函数。例 7.2 和例 7.3 是函数重载的例子。

【例 7.2】

```
1) #include <iostream>
2) using namespace std;
3) int square(int x){return   x * x;}
4) double square(double y){return   y * y;}
5) int main()
6) {
7)     cout<<"The square of integer 7 is "<<square(7)<<endl;
8)     cout<<"The square of double 7.5 is "<<square(7.5)<<endl;
9)     return 0;
10)}
```

程序输出结果:

The square of integer 7 is 49

The square of double 7.5 is 56.25

例 7.2 用重载函数 square 的方法计算 int 类型值的平方和 double 类型值的平方。在调用重载函数时,编译器通过函数名和参数列表来调用相应的函数。编译器只用参数表来区分同名函数,不能使用返回类型来区分函数。

【例 7.3】

```
1) #include <iostream>
2) using namespace std;
3) //将字符转化为其 ASCII 码的十进制数值
4) int changecode(char c)
5) {
6)     int rt=(int)c;
7)     return rt;
8) }
9) //将一个十进制数值转化为它所代表的 ASCII 字符
10) char changecode(int num)
11) {
12)   if(num<0||num>255)//判断数值是否超出 ASCII 码范围 0～255
13)   {
14)     cout<<"数值"<<num<<"超出 ASCII 码范围!";
15)     return '\0';
16)   }
17)   char rt=(char)num;
```

```
18)   return rt;
19)}
20)int main()
21){
22)   cout<<changecode('a')<<endl;
23)   cout<<changecode(99)<<endl;
24)   cout<<changecode(333)<<endl;
25)   return 0;
26)}
```

程序输出结果：

97

c

数值 333 超出 ASCII 码范围！

这个例子中通过重载函数 changecode 实现字符与 ASCII 码值的相互转换。

在上一章提到在派生类中重新定义基类的成员函数（构造函数、析构函数除外），可以使用这一机制来实现多态性。使用下面的例子进行说明。

【例 7.4】

```
1)#include <iostream>
2)#include <string.h>
3)#include <assert.h>
4)using namespace std;
5)class Employee
6){
7)public:
8)    Employee(const char * n, float w)
9)    {
10)     name = new char[strlen(n)+1];
11)     assert(name! =0); //确保内存分配成功
12)     strcpy(name,n);
13)     wage =w;
14)   }
15)   ~Employee()
16)   {
17)     delete [] name;
18)   }
19)   void   printSalary() //计算 Employee 的工资
20)   {
21)     cout<<"The Employee name is "<<name<<endl;
22)     cout<<"The Salary is "<<wage<<endl;
```

```
23)    }
24)protected：
25)    char * name；
26)    float wage；
27)}；
28)class Manager：public Employee//定义 Manager 类
29){
30)public：
31)    Manager(const char * n,float w,float b)：Employee(n,w)//构造函数
32)    {
33)      bonus ＝ b；
34)    }
35)    void   printSalary() //计算 Manager 的工资
36)    {
37)      //Manager 和 Employee 工资的计算方式不同
38)      float salary ＝ wage＋ bonus；
39)      cout＜＜"The Manager name is "＜＜name＜＜endl；
40)      cout＜＜"The Salary is "＜＜salary＜＜endl；
41)    }
42)protected：
43)    float bonus；
44)}；
45)int main()
46){
47)    Employee e("Tom",1000)；
48)    Manager m ("Bob",2000,500)；
49)    e. printSalary()；
50)    m. printSalary()；
51)    return 0；
52)}
```

程序运行结果：

The Employee name is Tom

The Salary is 1000

The Manager name is Bob

The Salary is 2500

在例 7.4 中,Manager 和 Employee 的工资计算方式不同,在 Manager 中重新定义了基类的成员函数 printSalary()。在调用 printSalary 时,编译器根据对象类型调用相应的成员函数。

# 7.3　运算符重载

为了使运算符在不同的上下文中具有不同的含义,C++允许程序员重载大多数运算符,编译器根据运算符的使用方式产生相应的代码。虽然重载运算符的作用也可以使用函数来实现,但是重载运算符能够使程序便于阅读。本节主要介绍运算符重载机制并说明如何实现一些常用运算符的重载。

## 7.3.1　为什么需要运算符重载

C++程序设计是对类型敏感的,并且程序设计的重点也放在类型上。程序员可以使用内部的类型,也可以自定义新的类型。内部类型可以和C++中丰富的运算符集一起使用。运算符为程序员提供了操作内部类型的简洁的表示方法。

用户自定义的类型也可以使用运算符,例如:

```
class Integer
{
public:
  Integer(int x=0)
  {
    val = x;
  }
private:
  int val;
};
Integer a(5),b(3),c;
c=a+b; //类 Integer 的对象也可以使用运算符进行运算
```

程序中把运算符和用户自定义的类型一起使用,这样做可以增加程序的可读性。尽管C++不允许建立新的运算符,但是允许重载现有的运算符,使它在类的对象中有新的含义。

运算符重载最适合用于数学类,例如上例中的 Integer 类。为了与在现实世界中操作这些数学类的方式一致,通常要重载这些运算符。例如对于复数类,通常会重载运算符+。

正确地使用运算符可以增加程序的可读性,但不合理地或过度地使用运算符重载会使程序语义不清且难以阅读。

## 7.3.2　如何进行运算符重载

C++为其内部类型提供了丰富的运算符集,运算符重载的目的是为用户自定义的类型提供同样简洁的表达式。但运算符重载必须为所要执行的操作编写运算符重载函数。用下面的例子说明如何实现运算符重载。

【例 7.5】

1)#include <iostream>

```
2)using namespace std;
3)class Integer
4){
5)public：
6)    Integer(int i＝0)
7)    {
8)      val＝i;
9)    }
10)   Integer operator＋(const Integer& a) //重载运算符＋
11)   {
12)     return Integer(val＋a.val);
13)   }
14)   void print()const
15)   {
16)     cout<<"value="<<val<<endl;
17)   }
18)private：
19)   int val;
20)};
21)int main()
22){
23)   Integer a(5),b(3),c;
24)   cout<<"objecta ";
25)   a.print();
26)   cout<<"object b ";
27)   b.print();
28)   c＝a＋b;
29)   cout<<"object c ";
30)   c.print();
31)   return 0;
32)}
```

程序运行结果：

object a value＝5

object b value＝3

object c value＝8

在例 7.5 中为 Integer 重载了运算符"＋",使"＋"能够和 Integer 类一起使用。运算符重载是通过编写运算符重载函数实现的。运算符重载函数的函数名是由关键字 operator 和要重载的运算符号组成,其一般形式为：

返回类型 operator 运算符号(参数列表)

例 7.5 中"＋"运算符重载函数为：

Integer operator＋(const Integer& a)；

C++中大部分运算符都可以重载，表 7.1 列出了可以被重载的运算符。

**表 7.1　可以被重载的运算符**

| 算术运算符 | ＋ － ＊ ／ ％ ＋＋ －－ |
| --- | --- |
| | ＋ －(这里的"＋"和"－"运算符是表示正负的单目运算符) |
| 关系运算符 | ＞ ＜ ＝＝ ＞＝ ＜＝ ！＝ |
| 逻辑运算符 | && \|\| ！ |
| 位运算符 | ＞＞ ＜＜ ～ & \| ^ |
| 赋值运算符 | ＝ ＋＝ －＝ ＊＝ ／＝ ％＝ &＝ \|＝ ^＝ ＜＜＝ ＞＞＝ |
| 其他运算符 | [] ()(可以作为括号运算符和类型转换运算符分别重载) -> new delete new[] delete[] ->＊(指针使用的成员指针运算符) ，(逗号运算符) |

不能被重载的运算符包括.、::、、?:、sizeof、.＊(对象使用的成员指针运算符)。

大部分运算符函数既可以是成员函数，也可以是非成员函数，而一些运算符只能作为成员函数被重载，详见 7.3.5 小节。非成员函数通常是友元函数，这是因为只有友元函数才能访问类的私有及保护成员，如果重载的运算符只需访问类的公有成员则可以不使用友元函数。成员函数通过 this 指针隐式地访问类对象的成员，非成员函数必须明确地列出类对象作为参数。

由于运算符重载实际上是运算符函数的重载，因此同一个运算符可以被多次重载，只要编译器能够用参数列表对它们进行区分。

下面的例 7.6 将例 7.5 中的运算符重载函数定义为 Integer 的友元函数。

**【例 7.6】**

```
1) # include <iostream>
2) using namespace std；
3) class Integer{
4)     //声明运算符函数为友元函数
5)     friend Integer operator＋(const Integer &a,const Integer &b)；
6) public：
7)     Integer(int x＝0)
8)     {
9)         val = x；
10)    }
11)    void print()const
12)    {
13)        cout<<"value＝"<<val<<endl；
14)    }
15) private：
```

16)    int val;
17)};
18)    //定义运算符重载函数
19)Integer operator+(const Integer &a, const Integer &b)
20){
21)    return Integer(a. val+b. val);
22)}

本例运算符函数声明为友元函数,因此将运算符重载函数在类外定义。不过不论运算符函数是成员函数还是非成员函数,运算符在表达式中的使用方式都是相同的。

### 7.3.3 运算符函数作为成员函数

本节介绍运算符重载函数作为类成员函数的使用方法。例 7.7 中将运算符"+"、"-"的重载函数声明为类的成员函数。

【例 7.7】
1)#include <iostream>
2)using namespace std;
3)class Complex
4){
5)public：
6)    Complex(double r=0.0,double m=0.0); //构造函数
7)    Complex operator+(const Complex& c);//重载"+"运算符
8)    Complex operator -(const Complex& c);//重载"-"运算符
9)    void print();
10)private：
11)    double real;
12)    double imag;
13)};
14)Complex：：Complex(double r,double i)//定义构造函数
15){
16)    real = r;
17)    imag = i;
18)}
19)Complex Complex：： operator+(const Complex& c)//定义运算符"+"的实现
20){
21)    return Complex(real+c. real, imag+c. imag);
22)}
23)Complex Complex：： operator -(const Complex& c)//定义运算符"-"的实现
24){
25)    return Complex(real - c. real, imag - c. imag);

```
26)}
27)void Complex：：print()//显示实数部分和虚数部分
28){
29)    cout＜＜real；
30)    if(imag＞0) cout＜＜"＋"；
31)    if(imag！＝0) cout＜＜imag＜＜"i"＜＜endl；
32)}
33)int main()
34){
35)    Complex A1(2.5,3.1),A2(3.5,2.8),A3,A4；
36)    A3 ＝ A1＋A2；
37)    A4 ＝ A2－A1；
38)    A1.print()；
39)    A2.print()；
40)    A3.print()；
41)    A4.print()；
42)    return 0；
43)}
```

程序运行结果：

2.5＋3.1i

3.5＋2.8i

6＋5.9i

1－0.3i；

在例 7.7 中,定义一个复数类 Complex,并重载运算符"＋"和"－"。当进行复数运算时,只要像基本数据类型的运算一样使用"＋"和"－"即可,提高了程序的可读性。

在程序 36 和 37 行的语句中所用到的运算符"＋"、"－"是重载后的运算符,程序执行这两条语句时,C++编译器将其替换为 A3＝A1.operator＋(A2)和 A4＝A2.operator－(A1)。在例 7.7 中并没有重载运算符"＝"。当程序执行到运算符"＝"时,编译器将复制一个对象的所有成员到另一个对象。关于"＝"运算符的重载,详细介绍见 7.3.8 小节。

如例 7.7 所示,成员运算符重载函数是由二元运算符左边的对象 A1 调用的,虽然运算符重载函数的参数表中只有一个操作数 A2,但另一个操作数 A1 是通过 this 指针隐含传递的。因此,对于二元运算符来说,只有当该运算符的左操作数是该类的一个对象(或该类的一个引用)时,才能将运算符重载函数定义为成员函数。

下面通过一个例子介绍一元运算符"＋＋"的重载。

【例 7.8】

```
1)＃include ＜iostream＞
2)using namespace std；
3)class Integer
4){
```

```
5)public：
6)    Integer(int i＝0)    //定义构造函数
7)    {
8)      val＝i；
9)    }
10)    Integer& operator＋＋()；//声明＋＋运算符
11)    void print()const；
12)private：
13)    int val；
14)}；
15)//定义 Integer 的成员函数
16)Integer& Integer：：operator＋＋()//定义运算符函数 operator＋＋
17){
18)    val＋＋；
19)    return ＊this；
20)}
21)void Integer：：print()const
22){
23)    cout＜＜"Integer value："＜＜val＜＜endl；
24)}
25)int main()
26){
27)    Integer obj(5)；
28)    obj.print()；
29)    ＋＋obj；
30)    obj.print()；
31)    return 0；
32)}
```

程序运行结果：

Integer value：5

Integer value：6

例 7.8 为 Integer 重载了"＋＋"运算符后,在主函数 main()中的语句＋＋obj 所使用的"＋＋"运算符是重载后的运算符。程序执行到这条语句时,C＋＋编译器将其替换为 obj.operator()＋＋。如果将程序中的＋＋obj 替换为 obj.operator()＋＋,得到的结果是一样的。当使用成员函数重载一元运算符时,没有参数被显示地传递给运算符重载函数,参数是通过 this 指针隐含传递的。注意此处重载的是"＋＋"的前缀方式,关于"＋＋"运算符的重载的详细介绍见 7.3.6 小节。

关于运算符重载函数作为成员函数,总结如下：

(1)对于二元运算符,只有当该运算符的左操作数为该类的一个对象或引用时,才能将运算符重载函数定义为成员函数。例如,例7.5中不能使用语句"c=3+a;",因为"+"运算符左边的操作数并不是一个Integer类对象。如果需要实现这种运算符使用方式,则必须使用友元函数重载运算符。

(2)运算符重载函数作为成员函数时,this指针作为隐含的参数传递给运算符重载函数。

### 7.3.4　运算符函数作为友元函数

在C++中,可以把运算符重载函数定义为类的友元函数。例7.9将使用友元函数重新实现例7.7的Complex类。

【例7.9】
```
1)#include <iostream>
2)using namespace std;
3)class Complex
4){
5)public:
6)    Complex(double r=0.0,double m=0.0); //构造函数
7)    //用友元函数重载"+"运算符
8)    friend Complex operator+(const Complex& a,const Complex& b);
9)    //用友元函数重载"-"运算符
10)    friend Complex operator -(const Complex& a,const Complex& b);
11)    //用友元函数重载"<<"运算符
12)    friend ostream &operator<<(ostream &,const Complex &c);
13)private:
14)    double real;
15)    double imag;
16)};
17)Complex::Complex(double r,double i) //定义构造函数
18){
19)    real = r;
20)    imag = i;
21)}
22)// 定义"+"重载函数
23)Complex operator+( const Complex& a, const Complex& b)
24){
25)    return Complex(a.real+b.real, a.imag+b.imag);
26)}
27)// 定义"-"重载函数
28)Complex operator -( const Complex& a,const Complex& b)
29){
30)    return Complex(a.real - b.real,a.imag - b.imag);
```

```
31)}
32)// 定义"<<"重载函数
33)ostream &operator<<(ostream &output,const Complex &c)
34){
35)    output<<c.real;
36)    if(c.imag>0) cout<<"+";
37)    if(c.imag!=0) cout<<c.imag<<"i";
38)    return output;
39)}
40)int main( )
41){
42)    Complex A1(2.3,4.6),A2(3.6,2.8),A3,A4;
43)    A3=A1+A2;
44)    A4=A1-A2;
45)    cout<<A1<<endl;
46)    cout<<A2<<endl;
47)    cout<<A3<<endl;
48)    cout<<A4<<endl;
49)    return 0;
50)}
```

程序运行结果:

2.3+4.6i

3.6+2.8i

5.9+7.4i

-1.3+1.8i

在程序 7.9 中,主函数 main()中 43~48 行的语句所使用的运算符"+"、"-"、"<<"是重载后的运算符。程序执行这几条语句时,C++编译器将其解释为:

A3=operator+(A1,A2);

A4=operator-(A1,A2);

operator <<(cout,A1)<<endl;

operator <<(cout,A2)<<endl;

operator <<(cout,A3)<<endl;

operator <<(cout,A4)<<endl;

将运算符函数声明为友元函数时,因为没有 this 指针所指的隐含参数,所以必须要显式地把所有参数放入参数列表。

在例 7.9 中重载了流输出运算符"<<"。重载的流输出运算符必须有一个类型为 ostream 的左操作数(例如表达式 cout<<a 中的 cout 就是一个 ostream 类的对象),因此是 Complex 类的一个友元函数。由于输出是可以连续的,如例 7.9 中第 45 行,在输出 A1 这个对象后,需要继续使用 cout 对象对换行符"endl"进行输出,因此重载的运算符函数必须再将

这个 ostream 类的对象返回以便继续进行输出。使用重载后的运算符"<<",可以让某个类对象按照固定的要求进行输出,而不用在每次输出时进行控制,增加了程序的可读性。

下面对例 7.8 进行修改,将 Integer 类的"++"运算符重载函数定义为友元函数,修改后的代码如下。

**【例 7.10】**

```
1) #include <iostream>
2) using namespace std;
3) class Integer
4) {
5) public:
6)     Integer(int i=0) //定义构造函数
7)     {
8)         val=i;
9)     }
10)    friend Integer& operator++( Integer& a); //声明++运算符重载函数
11)    //重载"<<"运算符
12)    friend ostream& operator<<(ostream &,const Integer&);
13) private:
14)    int val;
15) };
16) Integer& operator++(Integer& a) //定义前增量运算符重载函数
17) {
18)    a.val++;
19)    return a;
20) }
21) // 定义"<<"运算符的重载函数
22) ostream& operator<<(ostream& output,const Integer& a)
23) {
24)    output<<"Integer value="<<a.val<<endl;
25)    return output;
26) }
27) int main()
28) {
29)    Integer obj(5);
30)    cout<<obj;
31)    ++obj;
32)    cout<<obj;
33)    return 0;
34) }
```

例 7.10 的运行结果和例 7.8 相同。由于没有 this 指针所指的隐含参数,在将一元运算符声明为友元函数时,必须显式地包含该类的对象作为参数。例如 Integer 的"++"运算符重载函数声明为 friend Integer& operator++( Integer& a)。

友元函数中的参数类型与顺序需要与运算符使用方法对应。例如定义一个类 Integer 并使用友元函数对"+"进行运算符重载,声明 Integer 类的对象 a 和 b,那么"+"运算符的使用形式可能有以下 3 种:

a+b

a+1

1+a

对应的友元函数声明分别为:

friend Integer& operator+( Integer& a, Integer& b)

friend Integer& operator+( Integer& a, int b)

friend Integer& operator+( int a, Integer& b)

这里以一个整型数作为另一个操作数举例,实际上另一个操作数可以是任何 C++ 内部类型或自定义的类型。由于运算符重载函数同样具有函数重载的特性,上述 3 种运算符重载可以同时使用以满足多种要求。注意,前两种形式的重载都可以用成员函数实现替代:

Integer& operator+(Integer& b)

Integer& operator+(int b)

关于运算符重载函数作为友元函数,总结如下:

(1)对于二元运算符,成员运算符函数带一个参数,而友元运算符函数带两个参数;对于一元运算符,成员运算符函数不带参数,而友元运算符带一个参数。

(2)如果左边的操作数必须是一个不同类的对象或者是一个内部类的对象,该运算符函数必须作为一个非成员函数实现(如例 7.9 中重载的流输出运算符"<<")。当运算符作为非成员函数且需要访问类的 private 或者 protected 成员时,该函数必须是一个友元函数。

(3)友元函数中的参数类型与顺序需要与运算符使用方法对应。

### 7.3.5　重载方式的选择

除了少数运算符之外,将运算符函数定义为成员函数还是非成员函数(主要是友元函数)并没有绝对的标准,程序员可以根据实际情况自由选择。这里列出一些固有限制和总结作为参考。

(1)在重载运算符()、[]、->或者任何赋值运算符(如"="、"+="等)时,运算符重载函数必须使用成员函数。

(2)一般情况下,单目运算符最好重载为类的成员函数,双目运算符则最好重载为类的非成员函数。

(3)如果左边的操作数必须是一个不同类的对象或者是一个内部类的对象,该运算符函数必须作为一个非成员函数实现。

(4)若一个运算符的操作需要修改对象的状态,选择重载为成员函数较好。

(5)若运算符所需的操作数(尤其是第一个操作数)希望有隐式类型转换,则只能选用非成员函数。

(6)当需要重载的运算符具有可交换性时,最好选择重载为非成员函数。

## 7.3.6　增量运算符的重载

在例 7.8 中描述的重载增量运算符不能显式地区分前置增量和后置增量,那么编译器是如何区别前置增量和后置增量的呢?

要重载既能允许前置又能允许后置的自增运算符,每个重载的运算符函数必须有一个明确的特征,以使编译器能区分"++"运算符重载函数的两个版本。下面的例子重载了 Integer 类的前置增量运算符和后置增量运算符。

【例 7.11】

```
1) #include <iostream>
2) using namespace std;
3) class Integer{//Integer 类声明
4) public:
5)     Integer(int x)
6)     {
7)         value=x;
8)     }
9)     Integer& operator ++(); //前置增量运算符
10)    Integer operator++(int); //后置增量运算符
11)    friend ostream& operator<<(ostream&,const Integer&);//<<运算符
12) private:
13)    int value;
14) };
15) Integer& Integer::operator ++()//定义前置增量运算符重载函数
16) {
17)    value++;//先增量
18)    return * this;//返回原有对象
19) }
20) Integer Integer::operator ++(int)//定义后置增量运算符重载函数
21) {
22)    Integer temp(value);//临时对象保存原有对象值
23)    value++;//原有对象增量修改
24)    return temp;
25) }
26) ostream& operator<<(ostream& output,const Integer& a)//定义<<运算符
27) {
28)    output<<"The value is "<<a. value;
29)    return output;
30) }
```

31)int main()

32){

33)　　Integer a(20)；

34)　　cout<<a<<endl；

35)　　cout<<(a++)<<endl；

36)　　cout<<a<<endl；

37)　　cout<<(++a)<<endl；

38)　　return 0；

39)}

程序输出结果：

The value is 20

The value is 20

The value is 21

The value is 22

在 C++中,前置增量运算符和后置增量运算符的意义是不同的。使用前置增量时,对对象进行增量修改,然后返回该对象,参数与返回的是同一对象。使用后置增量时,必须返回增量修改之前原有的对象值,返回的是原有对象值,不是原有对象,原有对象已经被增量修改。

前后增量操作的意义不同决定了其运算符函数实现的不同。例 7.11 中重载前置增量运算符时,因为参数与返回的是同一对象,因此将 Integer 类的当前对象成员 value 自增,并返回该对象。在重载后置增量运算符时,需要先创建一个临时对象,存储原有的对象,以便对操作数(对象)进行增量修改时,保存最初的值。另外,前后增量操作意义的不同,也决定了其重载函数返回方式的不同,前置增量运算符返回引用,而后置增量运算符返回值。

编译器必须能区分重载的前置和后置自增运算符函数。在 C++中,编译器可以通过在运算符函数参数表中是否包含关键字 int 来区分。例如在上面的例子中,Integer 类的前置增量运算符重载函数声明为 Integer& operator ++(),后置增量运算符重载函数声明为 Integer operator++(int)。当编译器遇到后置自增表达式 a++时,编译器就会调用：a. operator ++(0),该函数的函数原型为：Integer operator++(int)。其中,0 是一个伪值,它使运算符函数 operator++在用于后置自增操作和前置自增操作时的参数表有所区别。

将前置增量和后置增量的运算符重载函数定义为友元函数时,也有类似的编译方法。下例将 Integer 的前置增量和后置增量运算符重载函数修改为友元函数的形式。

【例 7.12】

1)# include <iostream>

2)using namespace std；

3)class Integer{//Integer 类声明

4)public：

5)　　Integer(int x)

6)　　{

7)　　　value=x；

8)　　}

9)     friend Integer& operator ++(Integer& a)；//前置增量运算符

10)    friend Integer operator++(Integer& a, int)；//后置增量运算符

11)    friend ostream& operator<<(ostream& ,const Integer&)；//<<运算符

12)private：

13)    int value；

14)}；

15)Integer& operator ++( Integer& a)//定义前置增量运算符重载函数

16){

17)    a.value++；//先增量

18)    return a；//返回原有对象

19)}

20)Integer operator ++(Integer& a,int)//定义后置增量运算符重载函数

21){

22)    Integer temp(a.value)；//临时对象保存原有对象值

23)    a.value++；//原有对象增量修改

24)    return temp；

25)}

26)ostream& operator<<(ostream& output,const Integer& a)//定义<<运算符

27){

28)    output<<"The value is "<<a.value；

29)    return output；

30)}

31)int main()

32){

33)    Integer a(20)；

34)    cout<<a<<endl；

35)    cout<<(a++)<<endl；

36)    cout<<a<<endl；

37)    cout<<(++a)<<endl；

38)    return 0；

39)}

例 7.12 的运行结果与例 7.11 的运行结果相同,可见前置和后置增量运算符重载函数定义为成员函数与友元函数的形式有所不同,但使用的方式和结果完全相同。

### 7.3.7  转换运算符重载

大多数程序能处理各种数据类型,有时候所有的操作会集中在一种类型上,例如整数加整数还是整数(只要结果不是太大,能用整数表示出来)。但是有时也会需要将一种类型的数据转换为另一种类型的数据,赋值、计算、给函数传值以及从函数返回值时都会遇到这种情况。对于内部数据类型,编译器知道如何进行类型转换,程序员可以用强制类型转换运算符实现内

部类型之间的转换,并且编译器在许多情况下能自动完成隐式转换。

如何转换用户定义的类型呢? 编译器不知道怎样实现用户自定义类型和内部类型之间的转换,程序员必须明确地指定如何转换。通常可以使用以下两种途径实现类型转换:

(1)通过构造函数进行类型转换;

(2)通过类型转换函数进行类型转换。

第一种方法用来将内部类型转换为用户自定义类型,而第二种方法用来将用户自定义类型转换成内部类型。下面分别对这两种方法进行介绍。

下例用一个转换构造函数把 int 类型转换成用户自定义的类型 Integer。

【例 7.13】

```
1)#include <iostream>
2)using namespace std；
3)class Integer
4){
5)public：
6)    Integer(int i )；//类型转换构造函数
7)    friend ostream& operator <<(ostream&，const Integer&)；
8)private：
9)    int value；
10)};
11)Integer：：Integer(int i)//定义类型转换函数
12){
13)    cout<<"Type convert constructor"<<endl；
14)    value = i；
15)}
16)ostream& operator<<(ostream& output,const Integer& a)
17){
18)    output<<"Integer value="<<a. value；
19)    return output；
20)}
21)int main()
22){
23)    Integer a = Integer(3)；//调用类型转换构造函数
24)    cout<<a<<endl；
25)    Integer b=6；//调用类型转换构造函数
26)    cout<<b<<endl；
27)    return 0；
28)}
```

程序运行结果:

Type convert constructor

Integer value＝3

Type convert constructor

Integer value＝6

例 7.13 中在类 Integer 中有一个参数为 int 的构造函数 Integer(int),此构造函数用来进行 int 类型向 Integer 类型的转换。第 23 行调用构造函数 Integer(int)将整数 3 转换为类型 Integer 的对象后,赋给对象 a。第 25 行隐式地将 6 转换为 Integer 类型后赋值给对象 b,隐式转换也是通过 Integer(int)函数实现的。

通过构造函数进行类型转换时,类内至少需要定义一个只带一个参数(或其他参数都带有默认值)的构造函数,参数类型与待转换类型相同,如本例中的 int。当需要执行类型转换时,编译器会自动调用参数类型匹配的构造函数,构造一个临时对象,该对象由转换的值初始化,从而实现类型转换。观察上述代码可以发现类型转换构造函数其实就是普通的构造函数,只不过它的参数列表满足特定的要求,可以被用作类型转换。

除了使用构造函数进行类型转换以外,还可以使用类型转换函数进行类型转换。下例实现了 Integer 类型和 int 类型之间的相互转换。

【例 7.14】

```
1) #include <iostream>
2) using namespace std;
3) class Integer{ //Integer 类声明
4) public:
5)     Integer(int i=0);//类型转换构造函数
6)     friend ostream& operator <<(ostream&,const Integer&);
7)     operator int();//重载类型转换运算符
8) private:
9)     int value;
10) };
11) Integer::Integer(int x)
12) {
13)   cout<<"Type convert constructor "<<endl;
14)   value=x;
15) }
16) Integer::operator int()
17) {
18)   cout<<"Type changed to int"<<endl;
19)   return value;
20) }
21) ostream& operator<<(ostream& output,const Integer& a)
22) {
23)   output<<"Integer value="<<a.value;
24)   return output;
```

```
25)}
26)int main()
27){
28)    Integer a(5),b(3),c;
29)    cout<<a<<endl;
30)    cout<<int(a)*2<<endl;//显式转换
31)    c=a+b;//隐式转换
32)    cout<<c<<endl;
33)    return 0;
34)}
```

程序运行结果：

Type convert constructor

Type convert constructor

Type convert constructor

Integer value=5

Type changed to int

10

Type changed to int

Type changed to int

Type convert constructor

Integer value=8

例 7.14 通过调用构造函数 Integer(int)将 int 类型转换为 Integer 类型；通过调用类型转换函数 operator int()将 Integer 类型转换为 int 类型。

类型转换函数声明的格式如下：

operator 类型名();

可看作是对类型转换运算符的重载，但是与一般的运算符重载函数不同的是它没有返回类型，类型名就代表了它的返回类型，不需要单独说明返回类型。

类型转换运算符将对象转换成类型名规定的类型，转换操作与强制类型转换相同。如果没有重载类型转换运算符，则不能直接使用强制类型转换。这是因为强制转换运算符只能对基本数据类型进行操作，对自定义类型的操作没有进行定义。

使用类型转换函数也可以分为显示转换和隐式转换两种。在上面的程序中，第 30 行的语句显式调用了类型转换函数将 Integer 类型的对象 a 转换成 int 类型；第 31 行的语句多次隐式调用了类型转换函数，并且既使用了构造函数转换也使用类型转换函数。对于第 31 行的语句编译器执行的顺序为：

(1)寻找重载"+"运算符的成员函数(此处未找到)；

(2)寻找重载"+"运算符的友元函数(此处未找到)；

(3)由于存在内部运算符 operator+(int,int)，所以编译器认为其匹配程序的加法；

(4)寻找将 Integer 类型转换为 int 类型的转换运算符 operator int()(找到)。

于是，a、b 转换成 int 类型，匹配内部的 int 类型的加法，得到一个 int 类型的结果值，然后再对左面的 Integer 对象赋值时,调用类型转换构造函数将右面的表达式转换为 Integer 的临时对象,赋值给对象 c。

与通过构造函数进行类型转换的方式相比,重载类型转换函数可以把用户定义的类型转换为内部类型。

关于重载类型转换运算符,需要注意以下几点:

(1)类型转换运算符重载函数只能定义为类的成员函数,不能定义为类的友元函数;

(2)类型转换运算符重载函数既没有参数,也没有返回类型;

(3)类型转换运算符重载函数中必须把目标类型的数据作为函数的返回值;

(4)一个类可以定义多个类型的类型转换函数,C＋＋编译器根据操作数的类型自动选择一个合适的类型转换函数与之匹配,在可能出现歧义的情况下,必须显式地使用相应类型的类型转换函数进行转换。

### 7.3.8　赋值运算符重载

赋值运算符"＝"无需重载就可以用于每一个类。例如,在例 7.7 中并没有对 Complex 的赋值运算符重载,但语句 A3＝A1＋A2 仍然能够正常工作。与构造函数、析构函数和拷贝构造函数相同,如果不对赋值运算符进行重载,编译器会为类生成一个默认的赋值运算符重载函数,与默认的拷贝构造函数相同,默认的赋值运算符重载函数只进行最简单的按位赋值操作。通常情况下,默认的赋值运算符操作是能够胜任工作的,但是对于一些类来说,仅使用默认的赋值运算符的操作是不够的,还需要根据实际情况对赋值运算符进行重载。有时,使用默认的赋值运算符会出现不能正常工作的情况,此时,程序员必须自己实现赋值运算符重载。

【例 7.15】

```
1)＃include <iostream>
2)＃include <string. h>
3)＃include <assert. h>
4)using namespace std;
5)class String
6){
7)public:
8)    String(const char * s)
9)    {
10)      ptr = new char[strlen(s)＋1];
11)      assert(ptr!＝0); //确保内存分配成功
12)      strcpy(ptr,s);
13)      len = strlen(s);
14)    }
15)    ～String()
16)    {
17)      delete []ptr;
18)    }
```

19)　//重载<<运算符

20)　friend ostream& operator<<(ostream& output, const String& s);

21)private：

22)　char * ptr;

23)　int len;

24)};

25)ostream& operator<<(ostream& output, const String& s)//重载<<运算符

26){

27)　output<<s.ptr;

28)　return output;

29)}

30)int main()

31){

32)　String s1("test1");

33)　{

34)　　String s2("test2");

35)　　s2 = s1;

36)　　cout<<"s2:"<< s2<<endl;

37)　}

38)　cout<<"s1:"<< s1<<endl;

39)　return 0;

40)}

上述程序虽然能够正确编译,但是该程序运行时会发生内存错误。因为没有为 String 类重载赋值运算符,当程序执行到语句 s2＝s1 时,使用默认的赋值运算符操作,将对象 s1 的数据成员逐个赋值到对象 s2 中。此时 s2 和 s1 中的指针成员 ptr 指向同一块内存空间。当 s2 的生存期(main()函数内层的一对花括号间)结束时,编译器调用析构函数将这一内存空间回收。此时,尽管对象 s1 的成员 ptr 存在,但其指向的空间却无法访问了。细心的读者会发现,这其实就是之前介绍拷贝构造函数时提到的内存共享及指针悬挂问题。

在讨论拷贝构造函数时,提到当类中包含指针成员时,使用默认的拷贝构造函数会出现指针悬挂问题导致程序出错,因此需要定义拷贝构造函数来处理指针赋值问题。对于赋值运算符重载,情况是相同的,当类中包含指针成员时,需要重载赋值运算符函数。

为例 7.15 中的类 String 重载赋值运算符,对目标对象 s2 的指针类型的数据成员 ptr 赋值时,开辟一块新的内存空间,把原对象 s1 中 ptr 所指向的内容复制给它。下面是修改后的 String 类,它显式重载了赋值运算符,使 s2 和 s1 中的 ptr 指向各自的内存空间,从而解决了指针悬挂问题。

【例 7.16】

1)＃include <iostream>

2)＃include <string.h>

3)＃include <assert.h>

4)using namespace std;

```
5)class String
6){
7)public:
8)    String(const char * s)
9)    {
10)      ptr = new char[strlen(s)+1];
11)      assert(ptr!=0); //确保内存分配成功
12)      strcpy(ptr,s);
13)    }
14)    ～String()
15)    {
16)      delete []ptr;
17)    }
18)    friend ostream& operator<<(ostream& output, const String& s);
19)    String& operator=(const String& s); //重载=运算符
20)private:
21)    char * ptr; //字符串首指针
22)};
23)ostream& operator<<(ostream& output, const String& s) //重载<<运算符
24){
25)    output<<s. ptr;
26)    return output;
27)}
28)String& String::operator=(const String& s)
29){
30)    if(this==&s) return * this; //防止自身赋值
31)    delete[] ptr; //释放原有区域
32)    ptr = new char[strlen(s. ptr)+1]; //重新分配内存
33)    strcpy(ptr,s. ptr); //复制内容
34)    return * this;
35)}
36)int main()
37){
38)    String s1("test1");
39)    {
40)      String s2("test2");
41)      s2 = s1;
42)      cout<<"s2:"<< s2<<endl;
43)    }
```

44)    cout<<"s1:"<< s1<<endl;

45)    return 0;

46)}

程序运行结果：

s2:test1

s1:test1

修改后的程序能够正确运行，不会出现指针悬挂问题。当执行 s2＝s1 时，编译器执行用户定义的赋值运算符重载函数，该函数释放掉了旧区域，按照新长度重新分配了新区域，并且进行赋值，实现了内容拷贝。

还有一点需要特别注意，出现"＝"时不一定会调用赋值运算符重载函数，如果"＝"是在类对象定义语句中出现，如：

String s2＝s1;

这时编译器执行的并不是赋值操作，而是对象初始化操作，因此会调用类的拷贝构造函数而不是赋值运算符函数。如例 4.19 中第 32 行的语句 point c ＝ b 调用的是拷贝构造函数。

关于赋值运算符重载，需要注意以下几点：

(1)类的赋值运算符"＝"只能重载为成员函数，不能重载为友元函数。

(2)C＋＋编译器默认为每个类重载了赋值运算符"＝"，其默认行为是复制对象的数据成员。但有时程序员必须自己实现赋值运算符重载，否则会出现错误。

(3)重载赋值运算符"＝"时，赋值运算符函数的返回类型应是类的引用，这与赋值的语义相匹配。因为 C＋＋中要求赋值表达式左边的表达式是左值。

(4)赋值运算符可以被重载，但重载了的运算符函数 operator＝()不能被继承。

## 7.4  函数及运算符重载的限制

通过对 C＋＋中函数重载及运算符重载机制的介绍，可以发现重载机制为编程带来了极大的便利性和灵活性。但是无论是函数重载还是运算符重载都存在一些限制。这一小节将这些限制作出总结与说明。

### 7.4.1  函数重载限制

函数重载需要满足以下 3 个限制条件中的至少 1 个：

(1)参数数目不同。如下面的函数重载：

int fun(int a);

int fun(int a,int b);

(2)相同位置的参数类型不同。如下面的函数重载：

int fun(int a);

int fun(double a);

(3)同一个类的成员函数重载时，也必须至少满足前两个条件之一。但当成员函数属于不同的类时，可以不受上述条件限制。如类 A 和类 B 中可以存在定义完全相同的成员函数，其中 A 和 B 两个类可以无关也可以存在继承关系，当它们存在继承关系时会存在覆写(override)机制,关于覆写将在 7.7.1 小节中详细讨论。

函数重载的条件限制主要是为了避免二义性的出现,关于这一点将在 7.4.3 小节详细讨论。这里还需要特别注意以下 3 点:

(1)函数重载合法与否完全取决于参数列表是否不同,而返回类型的不同不能作为函数重载的条件。如下面的函数重载:

int fun(int a);

double fun(int a);

上面的重载是非法的,编译器不考虑返回类型的不同,而这两个函数参数数目相同,并且相同位置的参数类型也相同,无法通过编译。

(2)当有函数存在缺省参数值时,要考虑缺省后的函数参数形式。如下面的函数重载:

int fun(int a);

int fun(int a,int b=0);

int fun(int a,double b=0.5);

上面的重载定义中,第一个定义与后两个参数数目不同,而后两个定义尽管参数数目相同,但第二个参数分别为 int 类型和 double 类型。这似乎满足了函数重载的条件,但是当后两个函数以缺省参数的方式使用时,3 个函数定义都等价于 int fun(int a)的形式,显然不满足函数重载的限制条件。

(3)当调用重载函数时,如果有参数进行了隐式类型转换,那么就算参数类型不同也可能出现二义性导致错误。详细说明见 7.4.3 小节。

### 7.4.2　运算符重载限制

重载运算符时有以下 3 个基本原则需要遵守:

(1)重载不能改变运算符的优先级。虽然重载具有固定优先级的运算符可能不便使用,但是在表达式中使用圆括号可以强制重载运算符的计算顺序。

(2)重载不能改变运算符操作数的个数。重载的一元运算符仍然是一元运算符,重载的二元运算符仍然是二元运算符,C++唯一的三元运算符(?:)不能被重载。

(3)重载不能够创建新的运算符,例如重载@运算符是非法的。

除了上述基本原则外,运算符重载还存在下列具体限制:

(1).、::、?:、sizeof、. * 这 5 种运算符不能被重载。这是因为重载这些运算符可能会破坏C++的底层语义安全,例如".”运算符,对所有的类和对象这个运算符都是有定义的,一旦允许它被重载,可能导致无法正常使用它访问类成员。

(2)在重载运算符()、[]、->或者任何赋值运算符(如“=”、“+=”等)时,运算符重载函数必须使用成员函数。因为如果不这样做的话,同样可能破坏固有的语义。以“=”运算符为例,赋值运算符的左侧表达式必须是一个左值,如语句“2=a+b;”显然是不对的,“2”是一个整型常量,不能作为左值出现。但是如果允许一个类的赋值运算符被重载为友元函数,就可能破坏上述语义。例如,定义 A 类的对象 a,并且假设可以把它的赋值运算符重载为友元函数如 A & operator=(A& a1,A& a2),那么当语句“2=a;”出现时,如果 A 类同时定义了一个针对整型的转换构造函数,那么编译器就可以选择将 2 转换为一个 A 类对象来完成这个语句,赋值符号左侧就可以出现非左值,原有的语义就被破坏了。

(3)当使用非成员函数对运算符进行重载时,运算符重载函数的参数至少要有一个不是内部数据类型或者内部数据类型的指针或引用。这是为了避免二义性的出现,详细说明将在下一小节给出。例如,下面的运算符重载函数定义都是错误的。

```
int operator+(int,int);
int operator+(int,char);
int operator+(int,double);
int operator+(int * ,int *);
```

### 7.4.3 重载限制与二义性

函数和运算符重载中的一些限制是为了消除二义性。那么什么是二义性? 在语言学中,如果文法中的某个句子存在不只一棵语法树,则称该句子是二义性的。具体到编程时,当编译器处理一条语句时,如果有多个处理方式可供选择,那么这条语句就存在二义性。一旦出现二义性,编译器将不知道该选择哪种方式去处理该语句。之前介绍的多继承时出现的模糊性实际上就是二义性的一种体现。

为什么不对函数和运算符重载作出限制就会产生二义性呢? 要解释这个问题首先要对编译器处理函数调用和运算符计算时的工作过程有一个初步的认识。

首先来看函数调用的情况,以下面的一段代码为例进行说明。

```
int fun(int a);
int fun(double a);
int fun(int a,int b);
int fun(int a,double b);
int fun(double a,int b);
…
int a,b,c;
double d;
c=fun(a);//一个 int 类型参数
c=fun(d);//一个 double 类型参数
c=fun(a,b);//两个 int 类型参数
c=fun(a,d);//两个参数,第一个为 int 类型,第二个为 double 类型
c=fun(d,a);//两个参数,第一个为 double 类型,第二个为 int 类型
```

上面的代码中,当编译器处理到语句 c=fun(a)时,发现调用时使用了一个整型变量作为参数,于是编译器将寻找名为 fun 且有一个整型参数的函数定义。在上述代码中只有一个函数定义符合该标准,因此编译器能够明确地知道应该使用 int fun(int a)这个函数处理该语句。同理,处理后面的 4 条语句时,编译器会分别寻找符合参数调用格式的函数定义,而在上面的代码中,都只存在一个符合相应条件的函数定义,因此编译器可以明确地处理这些函数调用语句,也就不存在二义性。

为什么不同的类中可以出现完全相同的函数定义呢? 如果定义两个类 A 和 B,都包含一个形式为 void fun()的成员函数定义,a 和 b 分别是类 A 和 B 实例化的对象。那么在处理语句 a.fun()时,编译器发现对象 a 是一个 A 类对象,就会在类 A 中寻找该成员函数的定义,此

时只要类 A 中不存在完全相同的函数定义就不会出现二义性。

如果不遵守函数重载的条件限制会发生什么情况呢？看下面的代码：

int fun(int a);

int fun(int a);

int fun(int a,int b,int c=0);

int fun(int a,int b,double c=0.5);

…

int a,b,c;

double d;

c=fun(a); //一个 int 类型参数

c=fun(a,b); //两个 int 类型参数

在这段代码中，名为 fun 且有一个整型参数的函数有两个，编译器在处理语句 c=fun(a) 时面临多个选择，二义性就产生了。而函数 int fun(int a,int b,int c=0)和 int fun(int a,int b,double c=0.5)定义虽然不同，但在处理语句 c=fun(a,b)时，编译器发现这两个函数使用缺省参数值后都满足调用格式的要求，故存在二义性。

上面的讨论都是基于参数精确匹配的前提的，下面讨论存在参数类型转换的情况。通常情况下，在函数调用时，如果编译器发现参数不精确匹配会尝试隐式类型转换。如定义函数 void fun(int,int)，当使用 fun(3.1,4.1)调用函数时，编译器会将 double 常量隐式转换为 int 常量进行调用。如果重载定义了函数 fun(int)和 fun(char)，当使用 fun(1.2)调用函数时，编译器又面临两种选择，是将 double 类型转换为 int 还是转换为 char？因此二义性又产生了。但是有些情况下编译器可以通过最优转换规则在一定程度上解决这种二义性，如重载定义了函数 fun(int)和 fun(double)，当使用 fun('a')调用函数时，显然将 char 类型转换为 int 类型更为合理，因此可以优先选择 fun(int)从而消除二义性。C++的国际标准化组织给出了类型转换选择时的优选规则，但是由于这一规则比较复杂，且不同的编译器对这一规则的支持程度及实现细节也存在差异，本书不再对此进行进一步的讨论，有兴趣的读者可以查阅 C++国际标准或选择一些编译器进行实验来深入了解这一机制。

不难发现，这种由于类型转换产生的二义性不是重载函数的定义不明确造成的，而是调用不明确造成的，这就意味着在不明确的调用出现之前无法发现这种潜在的错误。那么应该如何避免这种错误？最简单的想法是重载一个函数时将所有可能出现的参数类型考虑在内，分别进行重载，一些情况下，如函数定义者与使用者不是同一位程序员时，这是很难做到的。一种更可行的办法是，在调用函数时，主动查看该函数的定义说明，看有没有符合当前参数类型的重载版本，如果没有，则可以自己重载新的版本或者使用显式的类型转换进行调用，如 fun((int)1.2)。

接下来看运算符重载的情况。在 7.4.2 小节中提到当使用非成员函数对运算符进行重载时，运算符重载函数的参数至少要有一个不是内部数据类型或者内部数据类型的指针或引用。为什么没有这一限制时会出现二义性呢？答案其实很简单，以"+"运算符为例，哪些类型的数据可以使用"+"运算符进行运算呢？不难发现所有的 C++内部类型（int、char、float 等）和它们的指针（地址运算）以及引用都可以使用"+"运算符进行运算。那么如果允许定义 int operator+(int,double)，当一个语句如 c=3+2.5 出现时，编译器将不知道该使用原来的运算符还是重载后的运算符进行计算，显然产生了二义性。需要说明的是，这里的限制之所以只针

对非成员函数方式的运算符重载,因为如果一个运算符以类的成员函数方式重载,那么该类的对象已经作为一个参数隐含地传递给运算符重载函数,必然会存在一个非内部类型的参数。

## 7.5 模板

多态性是一种语言机制,允许使用同样的代码表述并调用不同的函数,这些函数依赖于使用该代码的对象(参数)类型。函数重载中的名字复用是多态性的一种简单形式,本章将探讨C++提供多态性的另一种重要机制——模板。模板是面向对象程序设计代码重用性和多态性的一个集中表现。模板提供一种转化机制:由程序员定义一种操作或者一个类,而该操作或类却可以使用几乎所有的数据类型。在一定意义上,模板类似宏定义或函数重载,但是它更加灵活,书写更为简洁,适应性、安全性更强。

### 7.5.1 模板概念的引入

前面介绍了函数和运算符重载,利用重载可以使用同样的名称重复地定义函数和运算符。同样,C++的模板机制也是重载,模板可以实现类型的参数化,即把类型定义为参数,从而实现了真正的代码可重用性。使用模板可以大幅度地提高程序设计的效率。模板可以分为函数模板和类模板,分别允许用户构造为模板函数和模板类。图 7.3 显示了模板(包括函数模板和类模板)、函数模板、类模板、模板函数、模板类和对象之间的关系。

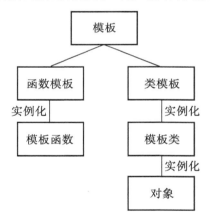

图 7.3　模板、模板函数、模板类和对象之间的关系

### 7.5.2 使用模板的原因

首先看下面的例子。

【例 7.17】

```
1)int getmax(int x, int y)   //对整型数据操作
2){
3)    return (x>y)? x:y;
4)}
5)float getmax(float x, float y) //对浮点型数据操作
```

```
6){
7)    return（x＞y)? x:y;
8)}
9)double getmax(double x, double y)//对 double 型数据操作
10){
11)    return（x＞y)? x:y;
12)}
```

上面这组函数的功能是相似的,都返回两个数中较大的数,只是参数类型和函数的返回类型不同。设想一下,如果要实现对任意类型的两个数的大小进行比较,则需要考虑所有参数类型和返回类型,同时,针对每种参数类型和返回类型都要定义相关的函数,这样做无论是在代码量还是在效率上都是相当繁琐的。

同样地,来看类的情况。栈是一种常用的数据结构,要求存放在栈内的数据后进先出,就像往一个盒子里放东西时,后放进去的东西在上面,拿的时候必须先拿。下例实现了一个栈类。

**【例 7.18】**

```
1)class stack
2){
3)private：
4)    int size[20]；   //栈中存放的整型数据的空间
5)    int p；
6)public：
7)    void init()
8)    {
9)      p = 0；
10)   }
11)   void push(int obj) //入栈操作,存放一个整型数据到栈顶
12)   {
13)     size[p] = obj；
14)     p++；
15)   }
16)   int pop()   //出栈操作,返回栈顶的整型数据
17)   {
18)     p —；
19)     return size[p]；
20)   }
21)};
```

上面这个类的功能是将 int 类型的数据进行入/出栈处理,但是,如果想处理其他类型的数据,则必须写出与数据类型相关的类,如例 7.19 所示。

**【例 7.19】**

```
1)class stack2
```

```
2){
3)private：
4)    char size[20]；//栈中存放的字符型数据的空间
5)    int p；
6)public：
7)    void init()
8)    {
9)      p = 0；
10)   }
11)   void push(char obj) //入栈操作,存放一个字符型数据到栈顶
12)   {
13)     size[p] = obj；
14)     p++；
15)   }
16)   char pop()   //出栈操作,返回栈顶的字符型数据
17)   {
18)     p --；
19)     return size[p]；
20)   }
21)};
```

可以看出例 7.18 与 7.19 中的两个类的基本功能是一致的,只是类型有所区别,因此可以使用模板实现只用一套代码完成两个类的工作。

### 7.5.3　函数模板

使用模板实现例 7.17 中的 getmax 函数的方法如下：

```
template<class T>
T getmax(T x, T y)
{
   return (x>y)? x:y；
}
```

上例就是函数模板的运用,可以完全胜任上一小节中那些函数所完成的工作。函数模板的声明格式如下：

```
template<class 类型参数>
返回类型 函数名(模板形参表)
{
   函数体
}
```

函数模板的定义由关键字 template 开始,紧接着关键字 template 的是由尖括号括住的模

板参数表,声明的各模板参数之间用逗号隔开。模板参数通常情况下是类型参数,也可以使用非类型参数,关于非类型参数的使用将在 7.5.5 小节中讨论。在模板参数后面的是使用这些参数的函数定义描述,中间不允许存在其他语句。类型模板参数的声明由关键字 class 或 typename 及其后面跟着的模板参数的标识符名组成。在模板参数声明中 typename 关键字与 class 关键字的作用并没有区别,但是 typename 关键字在其他场合还有别的用途,如存在嵌套依赖名字(nested dependent name)时则需要使用 typename 关键字,由于本书篇幅有限这里不作详述,感兴趣的读者可以查阅相关资料。

在上面的例子中,函数模板定义的类型参数的形参为 T,并且将该类型运用于其后面的函数的返回类型和形参类型上,在运行时,函数的返回类型和形参类型是由模板参数 T 的实际类型决定的。使用下面的例子进行详细说明。

【例 7.20】

```
1)#include <iostream>
2)using namespace std;
3)template<class T>//声明一个函数模板
4)T getmax(T x, T y)
5){
6)    return (x>y)? x:y;
7)}
8)int main()
9){
10)    int a = 6, b = 8;
11)    float c = 8.5f, d = 2.2f;
12)    double e = 21.123, f = 145.987;
13)    char g = 'z', h = 'm';
14)    cout<<getmax(a,b)<<endl;    //函数模板的实例化
15)    cout<<getmax(c,d)<<endl;
16)    cout<<getmax(e,f)<<endl;
17)    cout<<getmax(g,h)<<endl;
18)    return 0;
19)}
```

程序输出结果为:

8

8.5

145.987

z

例 7.20 中,主程序利用函数模板实例化了 4 个模板函数:getmax(a,b),getmax(c,d),getmax(e,f),getmax(g,h)。getmax(a,b)用模板实参 int 对模板类型参数 T 进行了实例化;getmax(c,d)用实参 float 对 T 进行了实例化;getmax(e,f)用实参 double 对 T 进行了实例化;

getmax(g,h)用实参 char 对 T 进行了实例化。也就是说,使用函数模板可以根据实际需要对其进行实例化,对参数类型不同但具体操作相同的函数尤为有用。通过例 7.20 可以看出利用一个函数模板,可以实现原先需要 4 个函数才能实现的工作。可以认为,函数模板提供了一类函数的抽象,以任意类型(例如 T)为参数或函数返回值的类型。函数模板经实例化而生成的具体函数称为模板函数,函数模板代表了一类函数,模板函数则是表示某一具体的函数。利用函数模板可以实现函数的通用性,作为一种代码的重用机制,可以大幅度地提高软件开发的效率。

注意,这个例子中使用函数模板显然比例 7.17 中重载 getmax 函数的方式更优越,但是这并不意味着模板机制优于重载机制,它们面向的问题是不同的。函数重载是为了在数据类型不同时执行不同的行为;函数模板则是为了在数据类型不同时执行相同的行为。如例 7.3 中要求的功能就无法使用函数模板实现。

在函数模板中允许使用多个类型参数,每个模板类型参数前必须有关键字 class 或 typename,这些类型参数实例化时可以相同也可以不同,如例 7.21。

【例 7.21】

```
1) #include <iostream>
2) using namespace std;
3) //含有两个模板形参(类型参数)的函数模板
4) template <class T1, class T2>
5) void fun(T1 x, T2 y)
6) {
7)     cout<<x<<"    "<<y<<endl;
8) }
9) int main()
10) {
11)    fun(3,4);
12)    fun('c','d');
13)    fun(33,"hello");
14)    fun('a',123.456);
15)    return 0;
16) }
```

程序输出结果为:

```
3    4
c    d
33    hello
a    123.456
```

程序中生成了 4 个模板函数,其中 fun(3,4)用模板实参 int 对模板形参 T1 和 T2 进行了实例化;fun('c','d')用模板实参 char 对模板形参 T1 和 T2 进行了实例化;fun(33, "hello")分别用模板实参 int 和 char * 对模板形参 T1 和 T2 进行了实例化;fun('a',123.456)分别用模板实参 char 和 double 对模板形参 T1 和 T2 进行了实例化。

通常情况下,在函数调用时,如果编译器发现参数不匹配会尝试隐式类型转换。如定义函数 void fun(int,int),当使用 fun(3.1,4.1)调用函数时,编译器会将 double 常量隐式转换为 int 常量进行调用。但是函数模板实例化时不会进行参数转换,因此参数类型必须完全匹配才行。在例 7.20 中使用 getmax(3,'c')实例化函数模板会出现错误,因为函数模板中两个参数都是 T 类型的,当分别使用 int 和 char 类型实例化时,编译器不知道应该用哪个类型为 T 实例化,并且非显式实例化的模板函数也不会尝试进行任何类型转换(关于函数模板显式实例化将在后面介绍),因此出现二义性造成错误。而例 7.21 中函数模板的参数使用了两个类型参数 T1 和 T2,因此实例化时可以接受两种不同的类型。

在例 7.20 和例 7.21 中对函数模板的实例化都是隐式的,即没有明确指出应该使用什么类型对函数模板中声明的类型模板参数进行实例化,由编译器根据调用函数的实际参数的类型来决定如何实例化。在程序中也可以对函数模板进行显式地实例化,其格式是在函数名之后加上一对尖括号并在其中依次给出希望用来实例化类型模板参数的类型名称。如例 7.20 中使用 getmax<int>(3,4)的形式告诉编译器这里希望使用 int 类型来对类型模板参数 T 进行实例化。显式实例化时可以只给出部分类型,编译器会对模板中声明的类型模板参数从左到右依次匹配,没有匹配的类型参数继续按照隐式实例化的过程使用参数的具体类型进行实例化。此外,显式实例化中给出的具体类型的模板参数所对应的函数参数是可以隐式类型转换的。下面通过修改例 7.21 进行具体说明。

【例 7.22】

```
1) #include <iostream>
2) using namespace std;
3) //含有两个模板形参(类型参数)的函数模板
4) template <class T1, class T2>
5) void fun(T1 x,T1 y,T2 z)
6) {
7)     cout<<x<<"   "<<y<<"   "<<z<<endl;
8) }
9) int main()
10) {
11)     fun(3,4,5);//隐式实例化
12)     fun('c','d',4.2);//隐式实例化
13)     fun<int,double>(1,2,5.5);//显式实例化
14)     fun<int>(5,6,'a');//显式实例化
15)     fun<int,int>(3,3,4.2);//显式实例化
16)     fun<int>(3,'c',"abc");//显式实例化
17)     return 0;
18) }
```

程序输出结果为:

3    4    5

c    d    4.2

```
1    2    5.5
5    6    a
3    3    4
3    99   abc
```

上例中第 11、12 行使用隐式实例化。fun(3,4,5)用 3 和 4 的类型 int 实例化模板参数 T1,用 5 的类型 int 实例化模板参数 T2;fun('c','d',4.2)用'c'和'd'的类型 char 实例化模板参数 T1,用 4.2 的类型 double 实例化模板参数 T2。第 13、14、15、16 行使用显式实例化。fun<int,double>(1,2,5.5)依次用 int 和 double 对模板参数 T1 和 T2 实例化;fun<int>(5,6,'a')先用 int 对模板参数 T1 实例化,然后用'a'的类型 char 实例化模板参数 T2;fun<int,int>(3,3,4.2)使用 int 对模板参数 T1 和 T2 进行实例化,因为此时已经明确了 T2 的类型为 int,所以 double 类型的参数 4.2 将被隐式类型转换为 int 类型的 4;fun<int>(3,'c',"abc")先用 int 对模板参数 T1 实例化,然后用"abc"的类型 char * 实例化模板参数 T2,由于此时 T1 的类型已经确定为 int,因此函数前两个参数类型不一致时也不会出现之前提到的不匹配造成的二义性问题,编译器会将参数'c'向 int 类型转换。

此外,当函数模板中函数的返回值使用的类型与函数的参数使用的类型都不一致时,必须显式实例化函数模板。例如下面的函数模板定义:

template<class RT,class T1,class T2>
RT fun(T1 x, T2 y)
{…}

如果使用隐式实例化,如 fun(a,b),编译器会使用 a 的类型实例化模板参数 T1,用 b 的类型实例化模板参数 T2,那么问题出现了,编译器不知道该使用什么类型对模板参数 RT 实例化。因此必须使用显式实例化方式如 fun<int>(a,b),此时编译器就知道应该用 int 类型实例化模板参数 RT。注意,如果函数返回值对应的类型参数在模板参数声明中不是第一个,那么在它之前的类型参数也都需要显式给出,因为显式实例化时的类型参数的匹配顺序是按照声明顺序从左到右的。

函数模板与函数一样可以进行重载,通过下面的例子进行说明。

【例 7.23】

```
1)#include <iostream>
2)using namespace std;
3)//含有一个参数的函数模板
4)template <class T>
5)void fun(T x)
6){
7)    cout<<x<<endl;
8)}
9)//含有两个参数的函数模板
10)template <class T>
11)void fun(T x,T y)
12){
```

```
13)    cout<<x<<"    "<<y<<endl;
14)}
15)//含有三个参数的函数模板
16)template <class T>
17)void fun(T x,T y,T z)
18){
19)    cout<<x<<"    "<<y<<"    "<<z<<endl;
20)}
21)int main()
22){
23)    fun(1);
24)    fun(3.2);
25)    fun(11,12);
26)    fun("abc","def");
27)    fun(1,2,3);
28)    fun('a','b','c');
29)    return 0;
30)}
```

程序输出结果为：

```
1
3.2
11    12
abc    def
1    2    3
a    b    c
```

在例 7.23 中，为 fun 这个函数模板重载了 3 个版本，调用时编译器先根据参数个数选择一个函数模板，然后再根据参数类型实例化它。这里的重载满足了函数重载中参数个数不同的限制条件，那么函数模板能否根据参数类型的不同进行重载呢？看下面的例子。

【例 7.24】

```
1)#include <iostream>
2)using namespace std;
3)//函数模板 1
4)template <class T>
5)void fun(T x,T y)
6){
7)    cout<<"fun1"<<endl;
8)}
9)//函数模板 2
10)template <class T1,class T2>
```

```
11)void fun(T1 x,T2 y)
12){
13)    cout<<"fun2"<<endl；
14)}
15)//函数模板 3
16)template <class T1,class T2>
17)void fun(T1 * x,T2 * y)
18){
19)    cout<<"fun3"<<endl；
20)}
21)int main()
22){
23)    int a=1,b=2；
24)    double c=2.3；
25)    fun(1,1)；
26)    fun(1,'a')；
27)    fun(&a,&b)；
28)    fun(&a,&c)；
29)    return 0；
30)}
```

在 VC++6.0 中,上面的例子只有第 26 行的函数调用 fun(1,'a')能够正确通过编译,而其他的语句实例化函数时都可以有多个函数模板进行选择。如 fun(1,1)既能够匹配模板 1也能够匹配模板 2,函数调用 fun(&a,&b)能够匹配 3 个模板,函数调用 fun(&a,&c)能够同时匹配模板 2 和 3。因此,编译器又遇到了二义性问题。

在 7.4.3 小节中讨论类型转换产生的二义性时,提到了编译器能够按照一定规则选择较优的转换方式来消除二义性,并且不同编译器实现的规则不尽相同。在模板匹配问题上也存在同样的情况。例如,在 visual studio 2008 的 C++编译环境中,fun(1,1)会优先选择模板 1进行匹配,并且如果将模板 1 的定义删除,则 4 条语句都可以执行,其中第 25、26 行的实例化将使用模板 2,而第 27、28 行的实例化会使用模板 3。

此外,除了函数模板之间的重载,函数模板和普通函数也能够进行重载,关于这部分内容将在 7.6 小节中详细介绍。

### 7.5.4 类模板

类模板机制(也称为类属类或类生成类)允许用户为类定义一种模式,使得类中的某些数据成员、成员函数的参数或返回值能取任意数据类型。

定义一个类模板与定义一个函数模板的格式类似,以关键字 template 开始,后面是尖括号括起来的模板参数,然后是类名,其格式如下:

template <class 类型参数>

```
class 类名{
    //具体内容
};
```

其中,template 是一个声明模板的关键字,它表示声明一个模板。关键字 class(或 typename)后面出现的是类型参数。在类模板定义中,欲采用通用数据类型的数据成员、成员函数的参数或返回值,前面须加上类型参数。使用下面的例子进行详细说明。

【例 7.25】

```
1)template <class T>        //声明一个类模板
2)class stack    //定义类模板
3){
4)private:
5)    T size[20];      //数组可取任意类型,即模板参数类型 T
6)    int p;
7)public:
8)    void init()
9)    {
10)        p = 0;
11)    }
12)    void push(T obj)
13)    {
14)        size[p] = obj;
15)        p++;
16)    }
17)    T pop();
18)};
19)template <class T>
20)T stack<T>::pop()
21){
22)    p--;
23)    return size[p];
24)}
```

观察例 7.25,可以看到,在类定义体外定义成员函数时,若此成员函数中有类型参数存在,则需要在函数定义前再次进行模板声明,并且在函数名前的类名后加上"<类型参数>"。例如,成员函数 pop()。

类模板不代表一个具体的、实际的类,类模板的使用就是将类模板实例化成一个具体的类,它的格式为:

类名<实际的类型> 对象名

下例通过一个完整的程序来说明类模板的定义和使用。

【例 7.26】
```
1) #include <iostream>
2) using namespace std;
3) template <class T>
4) class stack
5) {
6) private：
7)     T size[20];
8)     int p;
9) public：
10)     void init()
11)     {
12)       p = 0;
13)     }
14)     void push(T obj)     //参数取 T 类型
15)     {
16)       size[p] = obj;
17)       p++;
18)     }
19)     T pop();               //返回类型取 T 类型
20) };
21) template <class T>
22) T stack<T>::pop()
23) {
24)   p --;
25)   return size[p];
26) }
27) int main()
28) {
29)   int i;
30)   stack <int> stack1;     //创建一个模板参数为 int 型的对象
31)   stack1.init();
32)   stack1.push(1);
33)   stack1.push(2);
34)   stack1.push(3);
35)   stack1.push(4);
36)   stack1.push(5);
37)   stack1.push(6);
38)   for(i = 0;i<6;i++)
```

```
39)      cout<<"stack1 pop： "<<stack1.pop()<<endl;
40)   stack <char> stack2；      //创建一个模板参数为 char 型的对象
41)   stack2.init()；
42)   stack2.push('a')；
43)   stack2.push('b')；
44)   stack2.push('c')；
45)   stack2.push('d')；
46)   stack2.push('e')；
47)   stack2.push('f')；
48)   for(i = 0；i<6；i++)
49)      cout<<"stack2 pop： "<<stack2.pop()<<endl;
50)   return 0；
51)}
```

程序的输出结果为：

stack1 pop： 6

stack1 pop： 5

stack1 pop： 4

stack1 pop： 3

stack1 pop： 2

stack1 pop： 1

stack2 pop： f

stack2 pop： e

stack2 pop： d

stack2 pop： c

stack2 pop： b

stack2 pop： a

此例用 stack<int>创建了一个模板类型为 int 型的对象 stack1,用 stack<char>创建了一个模板类型为 char 类型的对象 stack。对于在主函数中实例化的类,如 stack<int>、stack<char>等称之为模板类,模板类是类模板对某一特定类型产生的实例。类模板代表了一系列类,而模板类表示某一具体的类。

与函数模板相同,类模板也可以有多个类型参数,举例说明如下。

【例 7.27】

```
1)#include<iostream>
2)using namespace std；
3)template<class T1, class T2>      //声明具有两个参数的模板
4)class example
5){
6)   T1 x；
7)   T2 y；
```

```
8)public：
9)    example(T1 a, T2 b)
10)   {
11)      x = a;
12)      y = b;
13)   }
14)   void show()
15)   {
16)      cout<<x<<"  "<<y<<endl;
17)   }
18)};
19)int main()
20){
21)   example<int,float> obj1(1,2.5);        //实例使用 int,float
22)   example<char,double> obj2('a',0.36);   //实例使用 char,double
23)   obj1.show();
24)   obj2.show();
25)   return 0;
26)}
```

程序输出结果为：

1   2.5

a   0.36

上例中定义了一个包含两个类型参数的类模板，并分别用<int,float>和<char,double>进行实例化。可以看出实例化后的模板类定义的类对象 obj1 和 obj2 的使用方法，如构造函数的使用、成员函数的使用等与一般的类对象没有区别。

类模板特别适合用来定义一些数据结构类及工具类，如链表、队列、堆、栈、树、排序器、内存分配器等，因为这些数据结构或工具对于任何类型的数据都具有同样的行为，如栈类的入栈和出栈操作。

### 7.5.5　模板高级应用入门

前两节介绍了函数模板和类模板的使用方法，这是模板的基本使用方法，C++中模板的应用方式非常丰富，在这一小节将简要介绍较为高级的模板应用方式。

**1. 模板的特化**

简单地说特化就是对一个特定的类型单独定制一个特殊的模板。看下面的例子。

【例 7.28】

```
1)#include<iostream>
2)using namespace std;
3)template<class T>
4)class example
```

```
5){
6)    T data;
7)public:
8)    example(T t){data = t;}
9)    void show(){cout<<data<<endl;}
10)};
11)int main()
12){
13)    int a=3;
14)    char str[5]="abc";
15)    example<int> obj1(a);
16)    example<char *> obj2(str);
17)    obj1.show();
18)    obj2.show();
19)    a++;
20)    str[0]='d';
21)    obj1.show();
22)    obj2.show();
23)    return 0;
24)}
```

程序输出结果为：

3

abc

3

dbc

可以发现当第 20 行改变了 str 的内容后，obj2 的数据也被改变了。这是因为 obj2 是使用字符串指针进行类模板实例化后生成的对象，在第 8 行的构造函数中赋值语句 data＝t 使用指针类型执行时，只将 data 指向了 str 的地址，而没有额外开辟空间进行内容复制。可以单独给字符串指针类型建立一个特殊的模板，这种方式称为特化，看下面的代码。

【例 7.29】

```
1)#include<iostream>
2)#include<string.h>
3)using namespace std;
4)template<class T>
5)class example
6){
7)    T data;
8)public:
9)    example(T t){data = t;}
```

```
10)    void show(){cout<<data<<endl;}
11)};
12)template<>
13)class example<char *>
14){
15)    char * data;
16)public:
17)    example(char * t)
18)    {
19)        data=new char[strlen(t)+1];
20)        strcpy(data,t);
21)    }
22)    void show(){cout<<data<<endl;}
23)    ~example(){delete [] data;}
24)};
25)int main()
26){
27)    int a=3;
28)    char str[5]="abc";
29)    example<int> obj1(a);
30)    example<char *> obj2(str);
31)    obj1. show();
32)    obj2. show();
33)    a++;
34)    str[0]='d';
35)    obj1. show();
36)    obj2. show();
37)    return 0;
38)}
```

程序输出结果为:

3

abc

3

abc

上例是一个类模板特化的例子,程序第 12～24 行为 char * 类型特化了一个模板,完成 char * 类型需要的内存分配及释放等操作。可以看到修改后的程序能够正确执行,因为在第 30 行使用 char * 类型实例化类模板时,编译器优先选择了类型匹配的特化模板。

同样的,函数模板也可以特化。例 7.20 中的函数模板实现了多种类型选取最大值的功能,考虑使用 char * 类型实例化该模板后的情况,对两个 char * 类型直接使用"＞"进行比较时会比较两个指针指向的地址的大小,显然这不是通常希望的结果,可能更希望比较两个字符串的长度,这时可以使用 char * 类型特化这个函数模板,代码如下。

【例 7.30】

```
1) #include <iostream>
2) #include <string. h>
3) using namespace std;
4) template<class T>
5) T getmax(T x, T y)
6) {return (x>y)? x:y;}
7) template<>
8) char * getmax<char * >(char * x, char * y)
9) {return (strlen(x)>strlen(y))? x:y;}
10) int main()
11) {
12)    char a[]="abc",b[]="de";
13)    cout<<getmax(2,3)<<endl;
14)    cout<<getmax(a,b)<<endl;
15)    return 0;
16) }
```

程序输出结果为:

3

abc

程序第 7~9 行使用 char * 类型对函数模板进行了特化。

由于篇幅有限,本书不对模板特化的语法等细节作进一步的详细介绍,有兴趣的读者可自行查阅相关资料。

**2. 非类型模板参数**

模板参数有类型参数和非类型参数两类,之前有关模板的内容介绍只涉及了类型参数,下面讲解非类型参数。观察例 7.25 中的栈类模板,这个类模板使用 T size[20]定义了一个长度为 20 的数组来存放数据,如果希望这里的数组长度可配置,将长度作为参数传递给构造函数从而动态分配空间是一种办法,但是很多时候程序员希望尽可能使用静态空间,这时就可以使用非类型模板参数。看下面的例子。

【例 7.31】

```
1) #include<iostream>
2) using namespace std;
3) template <class T,int maxsize>
4) class stack
5) {
6) private:
7)    T size[maxsize];
```

```
8)    int p;
9)public:
10)   void init()
11)   {
12)     p = 0;
13)   }
14)   void push(T obj)
15)   {
16)     size[p] = obj;
17)     p++;
18)   }
19)   void showsize()
20)   {
21)     cout<<maxsize<<endl;
22)   }
23)   T pop();
24)};
25)template <class T,int maxsize>
26)T stack<T,maxsize>::pop()
27){
28)   p --;
29)   return size[p];
30)}
31)int main()
32){
33)   stack<int,30> s1;
34)   stack<int,50> s2;
35)   s1. showsize();
36)   s1. showsize();
37)   return 0;
38)}
```

程序输出结果为：

30

50

例 7.31 改写了 stack 类模板,加入了一个非类型参数"int maxsize",这样在实例化这个类模板的时候就可以指定栈的空间大小。关于非类型模板参数的使用存在很多限制和技巧,这里不再详述,有兴趣的读者可以自行查阅相关资料。

本小节简单介绍了模板特化及非类型参数这两种比较高级的模板应用技巧,C++中的模板还有很多巧妙的使用方法和技巧,如模板嵌套定义、模板偏特化、类模板的继承与被继承、友元模板等。这些方法与技巧在 C++ 最为著名的开发库 STL(Standard Template Librar,标准模板库)中体现得淋漓尽致。由于篇幅问题本书无法一一进行详细介绍,有兴趣深入学习的读者可以查阅相关资料自行学习。

## 7.6  函数重载、函数模板和类型转换

函数模板和普通的函数重载可以同时使用,如同时使用下面的一系列函数定义是正确的:
template<class T>
T getmax(T x, T y)
{…}
int getmax(int x)
{…}
int getmax(int x,int y)
{…}

可能有读者会注意到,针对上面的一系列函数定义如果使用 getmax(1,2)的方式调用,编译器又会面临两个选择:是调用有两个整型参数的普通函数还是去匹配模板。这种情况下会不会再次出现二义性? 看下面的例子。

【例 7.32】

```
1) #include <iostream>
2) using namespace std;
3) template<class T>//定义函数模板
4) void fun(T x, T y)
5) {
6)     cout<<"template fun"<<endl;
7) }
8) template<>//为 double 类型特化模板
9) void fun<double>(double x,double y)//
10) {
11)     cout<<"specialization of template fun for double"<<endl;
12) }
13) void fun(int x,int y)//定义 int 类型参数的函数
14) {
15)     cout<<"normal fun for int"<<endl;
16) }
17) void fun(double x,double y)
18) {
19)     cout<<"normal fun for double"<<endl;
20) }
21) int main()
```

```
22){
23)    fun(1,2);
24)    fun(4.2,1.3);
25)    fun('a','b');
26)    fun<>(1,2);
27)    fun<>(4.2,1.3);
28)    fun(1,'a');
29)    return 0;
30)}
```

程序输出结果为：

normal fun for int

normal fun for double

template fun

template fun

specialization of template fun for double

normal fun for int

从运行结果可以发现，并没有出现二义性问题。这与 C＋＋编译器处理函数调用的方式有关，对于一个函数调用编译器通常会按下面的步骤进行处理：

（1）如果有显式实例化的模板函数，则直接查找匹配的模板，如果找到，则将其实例化，产生一个模板函数，并调用它，如程序第 26、27 行。如果没有找到匹配的模板，则编译器直接认定函数调用错误，不再执行后面的步骤。

（2）寻找一个参数完全匹配（个数及对应位置的类型）的函数，如果找到，就调用该函数，如程序第 23、24 行。

（3）寻找一个匹配的函数模板，如果找到，则将其实例化，产生一个模板函数，并调用它，如程序第 25 行。并且如果存在特化版本，则优先尝试匹配特化的模板，如程序第 27 行。

（4）如果（2）（3）都失败，则尝试对参数进行类型转换，并用转换后的类型寻找匹配的函数（函数模板不参与这个过程），如果找到，则进行参数隐式类型转换并调用该函数，如程序第 28 行。

（5）当上述步骤都失败后，编译器会认定函数调用错误。

上述处理流程来自 C＋＋标准化组织的建议并且被大部分编译器采用，但是 VC＋＋ 6.0 编译环境对这一流程的支持存在问题，导致例 7.32 中的代码无法正确编译执行，并且对能够正确通过编译的部分语句进行处理时也存在违反上述步骤的现象。例 7.32 中的程序在其他常用编译环境中，如 Visual Studio 2008、g＋＋、Dev C＋＋等，都能够正确通过编译并产生上述运行结果。

通过上面的例子可以看出，只有当编译器在某一个步骤中同时面临多种选择时，才会出现之前提及的种种二义性问题。而编译器会消除类似上例中存在的不同步骤间的二义性问题，从而使程序正确通过编译并能够运行，但是程序员需要自己确保函数调用能够按照预想进行，如例 7.32 中程序第 26、27 行明确指出使用函数模板。

## 7.7 　虚函数

虚函数和多态性使得设计和实现易于扩展的系统成为可能。程序可以对类层次中所有类的对象进行一般性处理(按基类对象处理)。程序开发期间不存在的类可以用一般化程序稍作修改或不经修改加进去,只要这些类属于一般处理的继承层次。

### 7.7.1 　覆写

在 C++中,当派生类中定义了与基类同名的成员(包括变量及函数)时,在使用派生类的场合中,所有对该名称成员的访问都会指向派生类的成员,而基类中定义的成员会被覆盖屏蔽,这种机制称为覆写(override)。

特别需要注意的是,覆写并不是覆盖或替换,它只是屏蔽了对基类中同名成员的访问,因此基类中的同名成员依然存在,并且可以通过一些方法进行访问。用下面的例子对覆写机制进行详细说明。

【例 7.33】

```
1)#include <iostream>
2)using namespace std;
3)class Base//定义基类
4){
5)private:
6)    int value;//基类成员变量
7)protected:
8)    void showmsg()//输出类信息
9)    {
10)        cout<<"This is a base class"<<endl;
11)    }
12)public:
13)    Base(int v)//基类构造函数
14)    {
15)        value=v;
16)    }
17)    void showvalue()//value 显示函数
18)    {
19)        cout<<value<<endl;
20)    }
21)    void showvalue(int time)//包含一个参数的重载,按次数输出 value
22)    {
23)    if(time<=0)return;
24)    while(time! =0)
```

```
25)   {
26)     cout<<value;
27)     time--;
28)   }
29)   cout<<endl;
30)}
31)};
32)class Child : public Base//派生类定义
33){
34)private：
35)   int value;//定义与基类同名的成员变量
36)public：
37)   Child(int v):Base(v)//定义派生类构造函数
38)   {
39)     value=v+1;//使用与构造基类时不同的值初始化派生类成员变量
40)   }
41)   void showvalue()//value 显示函数
42)   {
43)     cout<<value<<endl;
44)   }
45)   void showmsg()//输出类信息
46)   {
47)     cout<<"This is a child class"<<endl;
48)   }
49)   void showbasemsg()//输出基类信息
50)   {
51)     Base::showmsg();//调用基类成员函数
52)   }
53)};
54)int main()
55){
56)   Child c(4);
57)   c.showmsg();
58)   c.showvalue();
59)   //c.showvalue(3);//错误
60)   c.Base::showvalue();
61)   c.Base::showvalue(3);
62)   //c.Base::showmsg();//错误
63)   c.showbasemsg();
```

64)　　return 0;

65)}

程序输出结果为：

This is a child class

5

4

444

This is a base class

例7.33中，派生类和基类都定义了一个名为 value 的成员变量，并且都定义了 showvalue 和 showmsg 两个成员函数。在定义派生类的构造函数时，将参数 v 的值传递给基类的构造函数，将 v+1 赋值给派生类的成员变量 value，从而使两个值有所区别。从程序第57、58行的运行结果可以看出，当使用派生类对象调用同名成员函数或访问同名成员变量时，被访问的是派生类中定义的成员函数和成员变量。要访问基类的同名成员函数或同名成员变量需要特别指明，如程序51、60、61行，并且使用基类的成员函数访问同名成员变量时，会访问基类中的成员变量，从程序第60、61行的运行结果可以看出这一点。

例7.33展示了覆写机制在 C++中的体现，下面对覆写机制作出以下总结：

(1)当派生类中定义了与基类同名的成员函数或成员变量时，通过派生类访问这些成员时，会指向派生类中的定义，而基类的同名成员会被屏蔽。特别需要注意一点，在成员函数覆写的情况下，基类本来可以被继承的其他同名重载函数都会被屏蔽而不会被继承，例如，当把例7.33中第59行的注释去掉之后，编译器会报错，并提示派生类中并未定义含有一个参数的 showvalue 函数，可见基类中定义的成员函数 void showvalue(int)并没有被继承。

(2)被覆写的基类成员依然存在，可以通过一些方法进行访问。要通过派生类对象访问同名的基类成员可以通过下面的形式实现。

对象名.基类名::成员名

如例7.33中程序第60、61行。使用派生类对象只能访问基类的 public 成员，当把例7.33中第62行注释去掉后会出现访问错误。除了上述方法外，还可以通过将派生类对象赋值给基类指针或引用的方式来访问同名基类成员，这种方法的使用将在下一小节中详细介绍。而要在派生类定义中访问同名的基类成员可以通过下面的形式实现。

基类名::成员名

如例7.33中程序第51行。在派生类定义中可以访问基类的 public 和 protected 成员。

当使用基类的成员函数时，只能访问到基类中的成员变量，如例7.33中程序第60、61行调用基类成员函数 showvalue 时，访问到的是基类中 value 成员的值。

(3)覆写与基类成员的访问级别（public、protected、private）无关，如例7.33中基类的 public 成员 showvalue 和 protected 成员 showmsg 都被派生类覆写，而 private 成员对派生类而言本来就是不可见的。

(4)继承方式会影响基类成员的可访问性。例如当使用 protected 或 private 继承时，基类的 public 同名成员也无法在派生类定义之外用访问。

在面向对象程序设计中，覆写机制非常重要，它是实现多态性的重要基础之一，它使一个派生类能够针对同一个消息产生与基类及其他派生类不同的行为。

### 7.7.2　指向派生类的基类指针与引用

在 C++中可以使用公有派生类对象为基类指针和引用赋值,通过使用被赋值的指针或引用就可以把派生类当做基类使用,为程序设计提供一种新的方式。当一个基类派生出了很多类时,尽管这些类的对象彼此之间互不相同,但是对它们的很多处理都可以按照基类一致地进行,此时只要将这些对象作为基类对象处理就可以了。例如,对所有 Shape 类对象都需要输出它们的类别、名字、面积,Shape 类的派生类 Circle 和 Square 也都需要执行这些操作,此时就可以把它们都按照 Shape 类对象进行处理。下面的例子对这一点进行说明。

【例 7.34】

```
1)#include <iostream>
2)#include <string.h>
3)using namespace std;
4)class Shape//定义基类
5){
6)    char * name;
7)public:
8)    int area;//基类成员变量
9)    Shape(char * n,int a)//基类构造函数
10)    {
11)      name=new char[strlen(n)+1];
12)      strcpy(name,n);
13)      area=a;
14)    }
15)    ~Shape()
16)    {delete [] name;}
17)    void showclass()
18)    {
19)      cout<<"This is a Shape class"<<endl;
20)    }
21)    void showname()
22)    {
23)      cout<<name<<endl;
24)    }
25)};
26)class Circle : public Shape
27){
28)public:
29)    Circle(char * n,int a):Shape(n,a){}
30)    void showclass()
```

```
31)   {
32)      cout<<"This is a Circle class"<<endl;
33)   }
34)};
35)class Square ：public Shape
36){
37)public：
38)   Square(char * n,int a)：Shape(n,a){}
39)   void showclass()
40)   {
41)      cout<<"This is a Square class"<<endl;
42)   }
43)};
44)void showmsg(Shape * s)//用基类指针做参数的函数
45){
46)   cout<<"show information with pointer of shape："<<endl;
47)   s ->showclass();//访问被覆写的基类成员
48)   s ->showname();
49)   cout<<"area："<<s ->area<<endl;
50)}
51)void showmsg(Shape &s)//用基类引用做指针的函数
52){
53)   cout<<"show information with reference of shape："<<endl;
54)   s.showclass();//访问被覆写的基类成员
55)   s.showname();
56)   cout<<"area："<<s.area<<endl;
57)}
58)int main()
59){
60)   Circle c("circle1",5);
61)   Square s("square1",8);
62)   Shape * p；              //定义指向基类 Shape 的指针
63)   p=&c；                  //用派生类 Circle 对象给指针赋值
64)   p ->showname()；         //调用基类成员函数
65)   p=&s；                  //用派生类 Square 对象给指针赋值
66)   p ->showname()；         //调用基类成员函数
67)   Shape &sp1=c；          //用派生类 Circle 对象给引用赋值
68)   Shape &sp2=s；          //用派生类 Square 对象给引用赋值
69)   cout<<"area："<<sp1.area<<endl;//访问基类成员
```

```
70)    cout<<"area:"<<sp2.area<<endl;//访问基类成员
71)    showmsg(&c);
72)    showmsg(&s);
73)    showmsg(c);
74)    showmsg(s);
75)    return 0;
76)}
```

程序输出结果为：

circle1

square1

area:5

area:8

show information with pointer of shape:

This is a Shape class

circle1

area:5

show information with pointer of shape:

This is a Shape class

square1

area:8

show information with reference of shape:

This is a Shape class

circle1

area:5

show information with reference of shape:

This is a Shape class

square1

area:8

　　上面的例子中首先分别定义了两个 Shape 类的派生类 Circle 和 Square 的对象,之后定义了一个 Shape 类的指针 p,依次把两个对象赋值给指针 p,并通过指针 p 按照使用基类的方法使用派生类,如程序 64、66 行对基类成员函数的调用。接下来程序定义了两个 Shape 类引用(引用一经赋值就不能更改,因此定义两个类引用)sp1 和 sp2,并分别用两个派生类对象对两个引用初始化,之后通过引用按照使用基类的方法使用派生类,如程序 69、70 行对基类成员变量的访问。这是因为编译器会将基类指针或引用指向的内容作为基类对象看待和使用。

　　到目前为止,似乎并没有体现出将派生类刻意作为基类使用的优点,甚至多出了一些指针及引用的定义和初始化语句。但是当希望对这些派生类完成一系列的操作时,这种使用基类指针和引用处理派生类的优势就会体现出来,如上例程序中第 44 和第 51 行分别用 Shape 类的指针和引用作为参数重载定义了两个函数用来显示 Shape 类及其派生类对象的基本信息,此时当任意一个派生类对象需要执行显示操作时都可以直接使用派生类对象作为参数调用函数,如程序第71～75行。可以看出这两个函数实现时并不需要知道得到的参数究竟是哪个派生类的对象,函数中的所有操作都只需要把参数当做基类对象处理。如果没有这种方法,为了实现上例程序中的功能,可能需要分别以 Circle 类和 Square 类对象为参数重载定义函数,当 Shape 类的派生类不断增加时,必须为每一个新增加的派生类重载这个函数,而有了这种将派生类对象作为基类对象使用的方式,程序中对某一个类及其派生类的共同处理可以只用一次代码编写工作来完成,这给程序的维护和扩展带来了极大的便利。

继续分析例 7.34 的程序运行结果,可以发现正如上一小节中提到的,通过使用基类指针或引用可以访问被覆写的基类成员,如程序第47、54行访问被派生类覆写过的基类成员时,会访问基类中的成员。但是,在程序中调用 showclass 成员函数时,显然是希望使用具体的派生类中的相应成员函数。那么怎样实现这种想法呢?下一小节将要介绍的虚函数能够很好地解决这一问题。

在通过基类指针或引用把派生类对象当做基类对象使用时,需要注意以下几点:

(1)只有使用 public 方式继承产生的派生类,才能将派生类对象赋给基类指针或引用,这时可认为派生类对象是一个基类对象。在将派生类对象赋值给基类指针或引用时,编译器实际上会将一个指向派生类的指针赋值给基类指针或引用,在此过程中编译器将会进行隐式类型转换,这种隐式类型转换只有当派生类对象的基类部分与一个基类对象完全一致时才能完成。而使用非 public 方式继承时,基类对象的成员可访问性会被改变,派生类对象和基类对象之间不再是"是"的关系,编译器无法对派生类指针进行隐式转换,因此不能将基类对象指针或引用指向它的非公有派生类对象。

(2)当基类指针或引用指向公有派生类对象时,只能访问派生类中从基类继承来的成员,不能访问派生类中定义的成员(包括覆写的基类成员)。因为编译器认为该指针或引用指向的是一个基类对象。例如:

```cpp
class Base
{
public：
    void   show_base();
};
class Derived :public Base
{
public：
    void show_derived();
};
int main()
{
    Base  * ptr；//定义基类 Base 的对象 b 和基类指针 ptr
    Derived d；   //定义派生类对象
    ptr=&d；//将指针指向派生类对象 d
    ptr ->show_base()；//调用基类对象
    ptr ->show_derived()；//错误,基类指针不能访问派生类成员
```

return 0；

}

因为编译器认为指针 ptr 是指向基类对象的指针，因此不能访问派生类的成员。如果要访问其公有派生类的成员，可以将基类指针用显式类型转换为派生类指针。例如可以把上面那条错误的语句改成：

((Derived * )ptr)->show_derived()；

从而编译器会认为转换后的指针指向的是一个派生类对象，可以通过指针来访问派生类的成员。

(3)这种使用方式不能颠倒，即不能使用基类对象给派生类指针或引用赋值。因为派生类中定义的成员在基类对象中并不存在，所以把基类对象直接赋给派生类指针或引用蕴含着危险性，编译器不允许这么做。

### 7.7.3 虚函数的定义与运用

回顾之前介绍的内容，覆写机制使一个派生类能够针对同一个消息产生与基类及其他派生类不同的行为，而将派生类对象赋值给基类指针或引用，则可以将派生类对象统一作为基类处理。将这两点结合起来，会使得程序能够按照处理基类的方法给派生类发送消息要求它完成某个行为，而不同的派生类对象收到这个相同的消息时，会按照自己独有的方式去完成这个行为，这正是多态性的表现。

当通过基类指针或引用将派生类对象作为基类使用时，覆写机制会"失效"，即只能访问基类中定义的成员。可以引入虚函数，使覆写机制在这种情况下也具有效果。

当把基类的某个成员函数声明为虚函数后，如果派生类重新定义(覆写)了这个函数，那么通过基类指针或引用使用派生类时，对该成员的访问会指向派生类中定义的成员函数。C++中虚函数的定义是通过在基类的函数原型前加上关键字 virtual 来完成的。定义虚函数的方法如下：

virtual 返回类型 函数名(参数表)

{

　　函数体

}

将基类中的某个成员函数声明为虚函数后，可以在一个或多个派生类中重定义该虚函数。在派生类中重新定义时，该函数的函数原型(包括返回类型、函数名、参数列表)必须与基类中的函数原型完全相同。下面用虚函数来解决例 7.34 中 showclass 函数调用结果不符合期望的问题。

【例 7.35】

1)#include <iostream>

2)#include <string. h>

3)using namespace std；

4)class Shape//定义基类

5){

```
6)    char * name;
7)public：
8)    int area;//基类成员变量
9)    Shape(char * n,int a)//基类构造函数
10)    {
11)      name＝new char[strlen(n)＋1];
12)      strcpy(name,n);
13)      area＝a;
14)    }
15)    ～Shape()
16)    {delete [] name;}
17)    virtualvoid showclass()//在基类中定义虚函数
18)    {
19)      cout<<"This is a Shape class"<<endl;
20)    }
21)    void showname()
22)    {
23)      cout<<name<<endl;
24)    }
25)};
26)class Circle ：public Shape
27){
28)public：
29)    Circle(char * n,int a):Shape(n,a){}
30)    void showclass()//在派生类中重定义虚函数
31)    {
32)      cout<<"This is a Circle class"<<endl;
33)    }
34)};
35)class Square ：public Shape
36){
37)public：
38)    Square(char * n,int a):Shape(n,a){}
39)    void showclass()//在派生类中重定义虚函数
40)    {
41)      cout<<"This is a Square class"<<endl;
42)    }
43)};
44)void showmsg(Shape &s)//用基类引用做指针的函数
```

```
45){
46)    cout<<"show information with reference of shape:"<<endl;
47)    s.showclass();//访问虚函数
48)    s.showname();
49)    cout<<"area:"<<s.area<<endl;
50)}
51)int main()
52){
53)    Circle c("circle1",5);
54)    Square s("square1",8);
55)    showmsg(c);
56)    showmsg(s);
57)    return 0;
58)}
```

程序输出结果为：

show information with reference of shape:

This is a Circle class

circle1

area:5

show information with reference of shape:

This is a Square class

square1

area:8

在上面的例子中,将基类 Shape 的函数 showclass 声明为虚函数,在函数 showmsg 中使用基类 Shape 的引用来调用 showclass 函数,则程序会动态地(即在运行时)选择相应派生类的 showclass 函数,这称为动态关联。通常,通过使用指向派生类对象的基类指针或引用来访问虚函数,从而实现动态关联。派生类对象也可以像使用普通成员函数一样使用虚函数(如 c.showclass()),但是此时被调用的函数是在编译时确定的,即为该特定对象的类定义的虚函数,没有动态关联的过程。

下面再给出一个利用虚函数动态关联的多态性机制实现的图形面积计算程序。

【例 7.36】

```
1)#include <iostream>
2)using namespace std;
3)class Shape//定义图形基类
4){
5)public:
6)    virtual void display_area() //shape 不是具体图形不进行计算
7)    {
8)        cout<<"No specification figure"<<endl;
```

```
9)    }
10)};
11)class Circle:public Shape  //定义 Circle 派生类
12){
13)public:
14)    Circle(double r=0.0, int a=0,int b=0)
15)    {
16)       x=a;
17)       y=b;
18)       radius=r;
19)    }
20)    void display_area()  //计算圆形面积
21)    {
22)       cout<<"Circle Center=["<<x<<","<<y<<"],Radius="
23)       <<radius<<" and area="<<3.1416 * radius * radius<<endl;
24)    }
25)protected:
26)    int x;
27)    int y;
28)    double radius;
29)};
30)class Square:public Shape//定义矩形派生类
31){
32)public:
33)    Square(double x=0.0,double y=0.0)
34)    {
35)       width=x;
36)       height=y;
37)    }
38)    void display_area()//计算矩形面积
39)    {
40)       cout<<"Square width="<<width
41)       <<",height="<<height <<" and area="<<width * height<<endl;
42)    }
43)protected:
44)    double width;
45)    double height;
46)};
47)void show_area(Shape & s) //根据具体形状显示相应图形面积
```

```
48){
49)    s.display_area();
50)}
51)int main()
52){
53)    Shape * ptr=0;//定义基类指针 s
54)    Circle c(10.0,30,50);//定义圆形对象 c
55)    Square s(10.0,6.0);//定义矩形对象
56)    show_area(c);   //显示圆形面积
57)    show_area(s); //显示矩形面积
58)    return 0;
59)}
```

程序运行结果如下：

Circle Center=[30,50],Radius=10 and area=314.16

Square width=10,height=6 and area=60

上例程序中，虽然 Shape 的派生类 Circle、Square 计算面积的方法不同，但它们具有相同的接口：display_area()，通过虚函数可以实现动态关联，从而使用具体派生类的接口实现。当需要添加新的图形类时，只需要定义新的图形类，而不需要修改现有的代码（如 show_area 函数）。

一个类的构造函数不能是虚函数，因为执行构造函数时，对象还没有实例化，无法为虚函数建立虚函数表。但析构函数可以为虚函数，当使用基类指针动态创建一个定义了自己的析构函数的派生类对象时，基类的析构函数应该定义为虚函数，否则派生类的析构函数将不会被调用。下面的两个例子说明了这一点。

【例 7.37】

```
1) # include <iostream>
2)using namespace std;
3)class a
4){
5)public：
6)    ~a(){cout<<"~a()"<<endl;}
7)};
8)class b ：public a
9){
10)public：
11)    ~b(){cout<<"~b()"<<endl;}
12)};
13)int main()
14){
15)    a * pa = new b();
```

16)　delete pa；

17)　return 0；

18)}

程序运行结果如下：

～a()

下面改写这个程序将基类的析构函数定义为虚函数。

【例 7.38】

```
1) #include <iostream>
2) using namespace std；
3) class a
4) {
5) public：
6)     virtual～a(){cout<<"～a()"<<endl；}
7) }；
8) class b ：public a
9) {
10) public：
11)     ～b(){cout<<"～b()"<<endl；}
12) }；
13) int main()
14) {
15)     a * pa = new b()；
16)     delete pa；
17)     return 0；
18) }
```

程序运行结果如下：

～b()

～a()

通过上面的两个例子可以看出，当基类析构函数为非虚函数时，编译器将基类指针指向的对象作为基类处理，派生类定义的析构函数并没有被调用；而当基类的析构函数被定义为虚函数时，派生类定义的析构函数被成功调用。

关于虚函数的定义与使用，需要注意以下几点：

(1)只有类的成员函数才能声明为虚函数，因为虚函数仅适用于有继承关系的类对象，普通函数不能声明为虚函数。

(2)在派生类中重定义虚函数时，函数的原型必须与基类中的函数原型完全相同，其中关键字 virtual 可以写也可以不写。

(3)虚函数一旦被定义，则它会在继承关系中一直存在下去，各个级别的派生类都可以重定义虚函数，并且该派生类的任意一级基类的指针或引用都能成功关联到该派生类的虚函数。例如，类 A、B、C 存在图 7.4 所示的继承关系，其中 B 继承自 A，C 继承自 B。

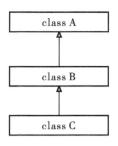

图 7.4　类 A、B、C 继承关系图

其中,如果 A 中定义了一个虚函数 fun(),那么类 B 和 C 中都可以重新定义虚函数 fun,并且无论通过类 A 还是类 B 的指针或引用来使用 C 类对象,都可以访问到 C 类中定义的虚函数。

(4)当虚函数动态关联时,会从派生类向上层基类逐级查找虚函数的定义。例如,图 7.4 中的类 A 中定义了虚函数,当使用 A 类指针访问 C 类对象的虚函数时,会先查看 C 中是否重定义了虚函数,如果重定义了,则关联 C 中定义的虚函数,否则查看 C 的上层基类 B 中是否重定义了虚函数,如果定义了,则关联 B 中定义的虚函数,否则继续查看 B 的上层基类 A,直到找到一个虚函数定义。

(5)使用“派生类对象名.基类名::函数名”的形式访问虚函数时,会访问基类中的定义,虚函数的作用不会出现。

(6)不能把静态成员函数声明为虚函数,因为静态成员函数不属于某个对象,而虚函数是通过对象指针或引用来调用的。

(7)构造函数不能是虚函数,因为执行构造函数时,对象还没有实例化。析构函数可以是虚函数。

(8)虽然可以使用对象名和点运算符的方式来调用虚函数,但是这种调用是在编译时进行的静态关联,它没有充分利用虚函数的特性。

### 7.7.4　纯虚函数与抽象类

在面向对象的概念中,所有的对象都是通过类来描绘的,但是反过来,并不是所有的类都是用来描绘对象的。如果一个类中没有包含足够的信息来描绘一个具体的对象,这样的类就是抽象类。如果要建立实例对象,需要定义明确的类,这就是所谓的具体类。例如,“动物”这个类无法与现实世界中的某个具体对象对应,尽管人类、鸟类、鱼类等都属于“动物类”,但是没有一个事物能够直接说它就是一个“动物”类,因此,“动物”类就是一个抽象类,而人类、鸟类、鱼类就是具体类。

抽象类往往用来表征对问题领域进行分析、设计中得出的抽象概念,是对一系列看上去不同,但是本质上相同的具体概念的抽象。例如,在一个图形编辑软件的分析设计过程中,就会发现问题领域存在着圆、三角形这样一些具体概念,它们是不同的,但是它们又都属于形状这样一个概念,形状这个概念在问题领域中并不是直接存在的,它就是一个抽象概念。而正是因为抽象的概念在问题领域没有对应的具体概念,所以用以表征抽象概念的抽象类是不能够实例化的。

在 C++中如果把含有虚函数的类中的一个或多个虚函数声明为纯虚函数,则该类就成为抽象类。纯虚函数的声明方法如下:

virtual 返回类型 函数名(参数列表) = 0;

纯虚函数是一个在基类中说明的虚函数,它不在基类中进行定义,而是在派生类中进行定义。如果在派生类中没有提供该虚函数的定义,则该虚函数在派生类中仍然是纯虚函数,而该派生类也仍然是一个抽象类。直到一个派生类中所有继承的纯虚函数都被该派生类或它的某一级基类所定义,这个派生类才成为一个具体类,才能够用来实例化对象。

观察例 7.39 中的程序可以看出:由于根本不存在一个真正的 Shape 类对象,因此 Shape 类也不可能有具体的计算面积的方法,但是任意一个具体的形状一定具有计算面积的操作。此时就可以把 Shape 类中的 display_area 函数声明为纯虚函数,从而使 Shape 类成为一个抽象类。具体的实现代码如下。

【例 7.39】

```cpp
1)#include <iostream>
2)using namespace std;
3)class Shape//定义图形基类
4){
5)public:
6)    virtual void display_area()=0; //将计算面积操作定义为纯虚函数
7)};
8)class Circle:public Shape//定义 Circle 派生类
9){
10)public:
11)    Circle(double r=0.0, int a=0,int b=0)
12)    {
13)        x=a;
14)        y=b;
15)        radius=r;
16)    }
17)    void display_area() //计算圆形面积
18)    {
19)        cout<<"Circle Center=["<<x<<","<<y<<"],Radius="
20)        <<radius<<" and area="<<3.1416 * radius * radius<<endl;
21)    }
22)protected:
23)    int x;
24)    int y;
25)    double radius;
26)};
27)class Square:public Shape//定义矩形派生类
```

28）{

29）public：

30）　Square(double x＝0.0,double y＝0.0)

31）　{

32）　　width＝x；

33）　　height＝y；

34）　}

35）　void display_area()//计算矩形面积

36）　{

37）　　cout<<"Square width＝"<<width

38）　　<<",height＝"<<height <<" and area＝"<<width * height<<endl；

39）　}

40）protected：

41）　double width；

42）　double height；

43）}；

44）void show_area(Shape & s)//根据具体形状显示相应图形面积

45）{

46）　s. display_area()；

47）}

48）int main()

49）{

50）　Shape * ptr＝0;//定义基类指针 s

51）　Circle c(10.0,30,50);//定义圆形对象 c

52）　Square s(10.0,6.0);//定义矩形对象

53）　show_area(c);//显示圆形面积

54）　show_area(s); //显示矩形面积

55）　return 0；

56）}

程序运行结果：

Circle Center＝[30,50],Radius＝10 and area＝314.16

Square width＝10,height＝6 and area＝60

在例 7.39 中,将基类 Shape 的虚函数 display_area()声明为纯虚函数,从而使类 Shape 被定义为抽象基类。在派生类 Circle、Square 中对基类 Shape 的纯虚函数 display_area()进行具体的定义。由于 Shape 类是一个抽象类,因此程序中不能实例化任何 Shape 类对象。这样修改后,能够更准确地描述形状类的类层次。

关于抽象类和纯虚函数的使用总结如下：

(1)抽象类只能用作其他类的基类,不能有实例化的对象。

(2)抽象类中至少包含一个未定义功能的纯虚函数。

（3）因为抽象类不能表示具体的类型，所以抽象类不能用作参数类型、函数返回类型或进行显式类型转换的类型，但是抽象类的指针或引用可以作为类型使用。声明为抽象类的指针或引用，通常指向它的派生类，从而实现多态性。

```
class Shape{
    //…
    public：
    void virtual draw()=0;
};
Shape fun();                    //错误,Shape 不能作为返回类型
void fun(Shape);                //错误, Shape 不能作为参数类型
Shape& fun2(Shape&);            //正确,Shape 的引用可以作为参数类型和返回类型
Shape s;                        //错误,Shape 不能实例化对象
Shape * ptr;                    //正确,可以声明指向 Shape 的指针和引用
```

（4）如果在派生类中，并没有对其抽象基类中的纯虚函数进行定义，则该虚函数在派生类中仍为纯虚函数，而该派生类也是一个抽象类。

（5）直到一个派生类中所有继承的纯虚函数都被该派生类或它的某一级基类所定义，这个派生类才成为一个具体类，才能够用来实例化对象。

（6）在抽象基类中除了声明纯虚函数以外，还可以定义普通成员函数和虚函数，可以通过派生类的对象来访问它们。

本节最后，通过一个工资单管理程序来说明如何使用虚函数、纯虚函数和抽象类实现多态性。

【例 7.40】

```
1)#include <iostream>
2)#include <string. h>
3)#include <assert. h>
4)using namespace std;
5)//声明抽象基类 Employee
6)class Employee
7){
8)public：
9)    Employee(const char * n);
10)    ～Employee();
11)    const char * getName()const;
12)    virtual double earing()const=0;
13)    virtual void print()const;
14)protected：
15)    char * name;
16)};
```

17)//定义 Employ 类的成员函数
18)Employee::Employee(const char * n)//定义构造函数
19){
20)    name = new char[strlen(n)+1];
21)    assert(name!=0);//确保内存分配成功
22)    strcpy(name,n);
23)}
24)Employee::~Employee()//定义析构函数
25){
26)    delete []name;
27)}
28)const char * Employee::getName ()const
29){
30)    return name;
31)}
32)void Employee::print()const
33){
34)    cout<<name;
35)}
36)//声明 Boss 类
37)class Boss:public Employee
38){
39)public:
40)    Boss(const char * ,double = 0.0);
41)    void setWeekSalary(double = 0.0);
42)    double earing()const;
43)    void print()const;
44)protected:
45)    double weekSalary;
46)};
47)//定义 Boss 类的成员函数
48)Boss::Boss(const char * n,double s):Employee(n)
49){
50)    setWeekSalary(s);
51)}
52)void Boss::setWeekSalary(double s)//设置 weekSalary
53){
54)    weekSalary=s>0? s:0;
55)}

```
56)double Boss::earing()const//定义基类的纯虚函数 earing
57){
58)    return weekSalary;
59)}
60)void Boss::print()const//重定义基类虚函数 print
61){
62)    cout<<"Boss: ";
63)    Employee::print();//访问基类成员函数
64)}
65)//声明 HourlyWorker 类
66)class HourlyWorker:public Employee
67){
68)public:
69)    HourlyWorker(const char * n,double = 0.0,double = 0.0);
70)    void setWage(double w);
71)    void setHours(double h);
72)    double earing()const;
73)    void print()const;
74)protected:
75)    double wage;
76)    double hours;
77)};
78)//定义 HourlyWorker 类的成员函数
79)HourlyWorker::HourlyWorker(const char * n,doublew,doubleh):Employee(n)
80){
81)    setWage(w);
82)    setHours(h);
83)}
84)void HourlyWorker::setWage(double w) //设置 wage 成员
85){
86)    wage=(w>=0) ? w:0;
87)}
88)void HourlyWorker::setHours(double h)//设置 hours
89){
90)    hours = (h>=0) ? h:0;
91)}
92)double HourlyWorker::earing()const//定义基类的纯虚函数 earing
93){
94)    //计算 hourlyWorker 薪水
```

95)　if（hours＜＝40)//没有超时

96)　　return wage * hours；

97)　else//超时时工资计算方法

98)　　return 40 * wage＋(hours－40) * wage * 1.5；

99)}

100)void HourlyWorker：：print()const//重定义基类虚函数 print

101){

102)　cout＜＜"Hourly worker：";

103)　Employee：：print()；//访问基类成员函数

104)}

105)//声明 PieceWorker 类

106)class　PieceWorker：public Employee

107){

108)public：

109)　PieceWorker(const char * n，double w＝0.0，int q＝0)；

110)　void setWage(double w)；

111)　void setQuantity(int q)；

112)　double earing()const；

113)　void print()const；

114)protected：

115)　double wagePerpiece；//生产一件得到的薪水

116)　int　quantity；//生产的件数

117)}；

118)//定义 PieceWorker 类的成员函数

119)PieceWorker：：PieceWorker(const char * n，double w，int q)：Employee(n)

120){

121)　setWage(w)；

122)　setQuantity(q)；

123)}

124)void PieceWorker：：setWage(double w)//设置 wage

125){

126)　wagePerpiece ＝w；

127)}

128)void PieceWorker：：setQuantity(int q)//设置 quantity

129){

130)　quantity＝q；

131)}

132)double PieceWorker：：earing()const//定义基类的纯虚函数 earing

133){

```
134)    return wagePerpiece * quantity;//计算 pieceWorker 薪水
135)}
136)void PieceWorker::print()const//重定义基类虚函数 print
137){
138)    cout<<"Piece worker: ";
139)Employee::print(); //访问基类成员函数
140)}
141)//按照雇员类型显示薪水(参数类型为基类指针)
142)void displaySalary(const Employee * basePtr)
143){
144)    basePtr->print();
145)    cout<<"   earned   $ "<< basePtr->earing()<<endl;
146)}
147)//按照雇员类型显示薪水(参数类型为基类引用)
148)void displaySalary(const Employee& e)
149){
150)    e.print();
151)    cout<<"   earned   $ "<< e.earing()<<endl;
152)}
153)//定义主函数进行测试
154)int main()
155){
156)    //设置输出格式
157)    cout.setf(ios::fixed|ios::showpoint);//设置浮点数显示格式
158)    cout.precision(2);//设置小数点后有效数字位数为2
159)    Boss b("John",800.00);//定义 Boss 对象
160)    displaySalary(&b);//显示 Boss 对象的 Salary
161)    displaySalary(b); //显示 Boss 对象的 Salary
162)    PieceWorker p("Bob",2.5,200); //定义 PieceWorker 对象
163)    displaySalary(&p);//显示 PieceWorker 对象的 Salary
164)    displaySalary(p);//显示 PieceWorker 对象的 Salary
165)    HourlyWorker h("Tom",13.75,40);//定义 HourlyWorker 对象
166)    displaySalary(&h);//显示 HourlyWorker 对象的 Salary
167)    displaySalary(h);//显示 HourlyWorker 对象的 Salary
168)    return 0;
169)}
```

程序输出结果：

Boss: John   earned   $ 800.00
Boss: John   earned   $ 800.00

Piece worker：Bob　　earned　　＄500.00

Piece worker：Bob　　earned　　＄500.00

Hourly worker：Tom　　earned　　＄550.00

Hourly worker：Tom　　earned　　＄550.00

在例 7.40 中定义的基类是雇员类 Employee，其派生类包括：老板类 Boss，收入固定，按周计算；小时工类 HourlyWorker，收入以小时计费，再加上加班费；计件工类 PieceWorker，收入是生产一个工件的薪水乘以生产的工件数量。

函数 earing 用于计算雇员的收入。每种雇员收入的计算方法取决于它属于哪一种雇员。因为这些类都是由基类 Employee 派生出来的，所以 earing 在基类 Employee 中被声明为纯虚函数，并在每个派生类中具体实现 earing 函数，而 Employee 成为了一个抽象类。

在抽象基类 Employee 中，该类的 public 成员函数包括：构造函数，为成员变量 name 分配内存；析构函数，用来释放动态分配的内存；getName 函数，用来返回雇员的名字；纯虚函数 earing，对于基类 Employee，不能计算收入，因此将 earing 函数声明为纯虚函数，所有的派生类根据相应的实现定义 earing；虚函数 print，尽管基类 Employees 是一个抽象类，但是它可以完成一些基本输出，因此 print 没有定义为纯虚函数而是定义为一个虚函数，并且完成了输出姓名这一基本功能。

类 Boss、PieceWorker、HourlyWorker 是 Employee 类的派生类，每个类除了继承了基类 Employee 的成员外，还包含各自的成员，并且根据相应的实现定义了纯虚函数 earing 和虚函数 print。例如，Boss 类除了继承基类 Employee 的成员 name 以外，还包括自身成员 wage（该成员用来表示 Boss 类的周薪），它定义了纯虚函数 earing 用来实现 Boss 收入的计算，同时它还重新定义了虚函数 print，并在函数定义中通过 7.7.1 小节介绍的方法使用了基类中的同名函数 print。

程序中定义了两个不同参数类型的同名函数：displaySalary(const Employee ＊ )和 displaySalary(const Employee&)。两个函数的功能相同，都是根据具体的雇员类型来显示其相应的收入，通过基类指针和引用的方式来调用虚函数，从而实现动态关联，为程序带来多态性。

## 7.8　编译时多态与运行时多态

C++中的多态实现机制根据实现方式的不同可以分为两种：编译时多态和运行时多态，也称静态多态和动态多态。

函数重载、运算符重载和模板都属于编译时多态。无论是函数重载、运算符重载还是模板，都要求编译器在处理到相关语句时能够找到唯一的执行方式，不能存在二义性。尽管这些多态机制能够为同一操作提供多种执行方式，但是一旦完成编译，"操作的执行方式就能确定下来"，因此这些多态机制被称为编译时多态。

虚函数属于运行时多态。当一个基类指针或引用指向一个派生类对象时，由于对虚函数的访问需要在某个具体的派生类中的定义，因此无法由编译器确定调用哪个具体函数。当一个程序根据用户的输入选择将哪个派生类对象赋给基类指针，之后使用这个指针调用虚函数，很显然这种情况下使用哪个类定义的虚函数不可能在编译期间确定，只有在程序运行期间才能确定，是动态关联的，因此称为运行时多态。这种运行时多态是通过建立一张存放类中虚函数地址的虚函数表实现的,由于篇幅原因本书不再深入介绍,有兴趣的读者可以自行查阅相关资料。

编译时多态的优点是运行时速度快、效率高,但编写出的程序缺乏灵活性。运行时多态的优点是提高了程序的可维护性和可扩展性,使得当需要向原有程序中加入新模块时,只需要对原有代码做少量修改,甚至不需要修改。灵活运用面向对象程序设计中的多态性,是提高编程效率、增加程序灵活性的重要途径。

## 7.9 综合训练

**训练 1**

定义一个复数类,通过重载运算符"*"和"/"直接实现两个复数之间的乘除运算。编写一个完整的程序,测试重载运算符的正确性。要求乘法"*"用友元函数实现重载,除法"/"用成员函数实现重载。

(1)分析。

两复数相乘的计算公式为:(a+b*i)*(c+d*i)=(a*c-b*d)+(a*d+b*c)*i

两复数相除的计算公式为:(a+b*i)/(c+d*i)=(a*c+b*d)/(c*c+b*d)+(b*c

－a*d)/(c*c+d*d)*i

(2)一个完整的参考程序。

1)#inlcude<iostream>

2)using namespace std;

3)class   Complex

4){

5)    float Real,Image;

6)public:

7)    Complex(float r=0,float i=0){ Real=r;Image=i;}

8)    void Show()

9)    {

10)     cout <<"Real="<<Real<<' \t ' <<"Image="<<Image<<' \n ' ;

11)    }

12)    friend Complex  operator *(Complex  &,Complex  &);

13)    Complex  operator /(Complex  &);//重载运算符+

14)};

15)Complex operator *( Complex &c1,Complex  &c2)

16){

17)    Complex  t;

18)    t.Real=c1.Real * c2.Real - c1.Image * c2.Image;

19)    t.Image = c1.Image * c2.Real +c1.Real * c2.Image;

20)    return t;

21)}

22)Complex Complex∶∶operator /(Complex 　&c)

23){

24)　　Complex t；

25)　　t. Real＝(Real * c. Real＋Image * c. Image)/(c. Real * c. Real＋c. Image * 　c. Image)；

26)　　t. Image＝(Image * c. Real－Real * c. Image)/(c. Real * c. Real＋c. Image * 　c. Image)；

27)　　return t；

28)}

29)int main()

30){

31)　　Complex a(1. 0,2. 0),b(2. 0,3. 0),c,d；

32)　　c＝a * b；

33)　　d＝a/b；

34)　　c. Show()；

35)　　d. Show()；

36)　　return 0；

37)}

**训练 2**

设计一个堆栈的类模板,利用堆栈的类模板分别实现整数入栈和出栈处理,实数的入栈和出栈处理,字符型的入栈和出栈处理。

(1)分析。

定义一个栈的类模板。栈操作需要检测栈满和栈空。在主函数中实例化 3 个模板类对象对象。

(2)一个完整的参考程序。

1)＃include＜iostream＞

2)＃include＜stdlib. h＞

3)using namespace std；

4)template＜class SType＞

5)class Stack{

6)public：

7)　　Stack(int size)；

8)　　～Stack()

9)　　{delete [] s；}

10)　　void push(SType i)；

11)　　SType pop()；

12)private：

13)　　int tos,length；

```cpp
14)    SType * s;
15)};
16)template <class Stype>
17)Stack<Stype>::Stack(int size)
18){
19)    s=new Stype[size];
20)    if(! s)
21)    {
22)       cout<<"Can't Allocate stack."<<endl;
23)       exit(1);
24)    }
25)    length=size;
26)    tos=0;
27)}
28)template<class SType>
29)void Stack<SType>::push(SType i)
30){
31)    if(tos==length)
32)    {
33)       cout<<"Stack is full"<<endl;
34)    }
35)    s[tos]=i;
36)    tos++;
37)}
38)template <class Stype>
39)Stype Stack<Stype>::pop()
40){
41)    if(tos==0)
42)    {
43)       cout<<"Stack overflow."<<endl;
44)       return 0;
45)    }
46)    tos--;
47)    return s[tos];
48)}
49)int main()
50){
51)    Stack<int>a(10);
52)    Stack<double>b(10);
```

```
53)    Stack<char>c(10);
54)    a. push(45);
55)    b. push(100 - 0.7);
56)    a. push(10);
57)    a. push(8+6);
58)    b. push(2 * 1.6);
59)    cout<<a. pop()<<",";
60)    cout<<a. pop()<<",";
61)    cout<<a. pop()<<endl;
62)    cout<<b. pop()<<",";
63)    cout<<b. pop()<<endl;
64)    for(int i=0;i<10;i++)
65)       c. push((char)'j'-i);
66)    for(i=0;i<10;i++)
67)       cout<<c. pop();
68)    cout<<endl;
69)    return 0;
70)}
```

**训练 3**

利用虚函数实现的多态性求 4 种几何图形的面积之和。这 4 种几何图形是:三角形、矩形、正方形和圆,几何图形的类型可以通过构造函数或通过成员函数来设置。

(1)分析。

计算这 4 种几何图的面积公式分别是:

三角形的边长为 W、高为 H 时,则三角形的面积为 W * H/2;矩形的边长为 W、宽为 H 时,则其面积为 W * H;正方形的边长为 S,则正方形的面积为 S * S;圆的半径为 R,其面积为 3.1415926 * R * R。为设置几何图形的数据并求出几何图形的面积,需要定义一个包含两个虚函数的类:

```
class    Shape
{
public:
   virtual    float Area( void) =0;              //求面积
   virtual    void  Setdata(float ,float =0) =0;   //设置图形数据
};
```

面积的计算依赖于几何图形,故在类中只能定义一个纯虚函数 Area。同理,设置几何图形数据的函数 Setdata 也只能定义为虚函数。当从基类派生出其他几何图形类时,可以对基类定义的纯虚函数进行实现。如从图形类派生出的三角形类为:

```
class    Triangle:public Shape
{
   float W,H;                                    //三角形边长为 W,高为 H
public:
```

```
      Triangle(float w=0,float h=0){ W=w;H=h;}
      float Area( void){ return W * H/2;}
      void  Setdata(float w,float h=0){W=w;H=h;}
};
```

(2)一个完整的参考程序。

```
1)#include<iostream>
2)using namespace std;
3)class  Shape{
4)public：
5)    virtual   float Area( void)=0;                //虚函数
6)    virtual   void  Setdata(float ,float =0)=0; //虚函数
7)};
8)class  Triangle：public Shape
9){
10)   float W,H;//三角形边长为 W,高为 H
11)public：
12)   Triangle(float w=0,float h=0)
13)   {
14)     W=w;H = h;
15)   }
16)   float Area( void)                 //定义虚函数
17)   {
18)     return   W * H/2;
19)   }
20)   void  Setdata(float w,float h=0)        //定义虚函数
21)   {
22)     W=w;   H = h;
23)   }
24)};
25)class  Rectangle：public Shape{
26)   float W,H;                            //矩形边长为 W,高为 H
27)public：
28)   Rectangle(float w=0,float h=0){ W=w;H = h;}
29)   float Area( void)                 //定义虚函数
30)   {
31)     return   W * H;
32)   }
33)   void  Setdata(float w,float h=0)        //定义虚函数
34)   {
```

```
35)      W=w;   H = h;
36)   }
37)};
38)class   Square:public Shape{
39)   float S;                                    //正方形边长 S
40)public:
41)   Square(float a=0)
42)   {
43)     S=a;
44)   }
45)   float Area( void)                           //定义虚函数
46)   {
47)     return   S * S/2;
48)   }
49)   void   Setdata(float w,float h=0)           //定义虚函数
50)   {
51)     S=w;
52)   }
53)};
54)class   Circle:public Shape{
55)   float R;                                    //圆的半径为 R
56)public:
57)   Circle(float r=0)
58)   {
59)     R=r;
60)   }
61)   float Area( void)                           //定义虚函数
62)   {
63)     return   3.1415926f * R * R ;
64)   }
65)void   Setdata(float w,float h=0)              //定义虚函数
66)   {
67)     R=w;
68)   }
69)};
70)class   Compute{
71)   Shape   * * s;                              //指向基类的指针数组
72)public:
73)   Compute()
```

```
74)  {                                          //给几何图形设置参数
75)     s= new Shape *[4];
76)     s[0] = new  Triangle(3,4);
77)     s[1] = new  Rectangle(6,8);
78)     s[2] = new  Square(6.5);
79)     s[3] = new  Circle(5.5);
80)}
81)   float  SumArea(void);
82)   ～Compute();
83)   void  Setdata(int n, float a,float b=0) //A
84)   {
85)     s[n]->Setdata(a,b);
86)   }                                          //B
87)};
88)Compute::～Compute()                          //释放动态分配的存储空间
89){
90)   for(int i= 0; i<4; i++)   delete  s[i];
91)   delete  [ ] s;
92)}
93)float  Compute::SumArea(void )
94){
95)   float sum =0;
96)   for( int i =0; i< 4; i++)
97)     sum += s[i]->Area();                     //通过基类指针实现多态性
98)   return  sum;
99)}
100)int main()
101){
102) Compute  a;
103) cout<<"4 种几何图形的面积="<<a.SumArea()<<'\n';
104) a.Setdata(2,10);                            //设置正方形的边长
105) cout<<"4 种几何图形的面积="<<a.SumArea()<<'\n';
106) a.Setdata(0, 10,12);                        //设置三角形的边长和高
107) cout<<"4 种几何图形的面积="<<a.SumArea()<<'\n';
108) a.Setdata(1,2,5);                           //设置正方形的长和宽
109) cout<<"4 种几何图形的面积="<<a.SumArea()<<'\n';
110) a.Setdata(3,15.5);
111) cout<<"4 种几何图形的面积="<<a.SumArea()<<'\n';
112)   return 0;
113)}
```

**训练 4**

利用虚函数实现多态性,设计一个通用的双向链表操作程序。链表上每一个节点数据包括:姓名、地址和工资。要求建立一条双向有序链表,节点数据按工资从小到大的顺序排序。

(1)分析。

定义抽象类 Object,并由其派生出包含题目要求的节点数据类。这两个类可定义为:

```
class   Object{                        //定义一个抽象类,用于派生描述节点信息的类
public:
    Object(){}                         //缺省构造函数
    virtual int IsEqual(Object &)=0；   //判断两个节点是否相等
    virtual void Show()=0；             //输出一个节点上的数据
    virtual int IsGreat(Object &)=0；   //判断两个节点的大小
    virtual  ～Object(){ }；
};
class MenNode:public Object           //由抽象类派生出描述节点数据的类
{
    char  * Name；                     //姓名
    char  * Addr；                     //地址
    int   Salary；                     //工资
public:
    MenNode(char * n =0, char * a=0, iny s =0) //完成数据初始化
    {
      if( n==0 )
        Name =0；
      else
      {
      Name = new   char [strlen(n)+1]；
      strcpy(Name,n)；
      }
      if( a==0 )
        Addr =0；
      else
      {
      Addr = new   char [strlen(a)+1]；
      strcpy(Addr,a)；
      }
        Salary =s；
    }
    void SetData(char  *  ,char  * , int )；//重新设置节点的数据
    int IsEqual(Object &)；               //判断二个节点是否相等
```

```
        int IsGreat(Object &ob);              //判断 ob 节点是否大于当前节点
        ~MenNode( )                           //释放动态分配的存储空间
        {
          if(Name) delete [ ] Name;
          if(Addr) delete [ ] Addr;
        }
        void Show()//重新定义虚函数
        {
          cout <<"姓名:"<< Name<<' \t ' << "地址:"<<Addr<<' \t '
          <<"工资:"<<Salary<<endl;
        }
    };
```

产生一个新节点时,要在链表上找到插入位置(按工资大小的升序),将新节点插入。List
类中完成插入的成员函数为:

```
    void List::AddNode(Node * node)
    {
      if(Head ==0){                                     //A
        Head=Tail=node;//使链表首和链表尾指针都指向这节点
        node ->Next=node ->Prev=0;//指向该节点的前后向指针置为空
      }
      else
      {          //链表不为空,找到插入位置
        Node * pn = Head;
        while (pn ) {                                    //B
          Object &obj=  * (node ->Info);
          if( pn ->Info ->IsGreat( obj) <=0 ) break;      //C
          else pn = pn ->Next;
        }
        if(pn == 0 ){                                    //D
          Tail ->Next=node;//使原链表尾节点的后向指针指向这节点
          node ->Prev=Tail;//使该节点的前向指针指向原链表尾节点
          Tail=node;//使 Tail 指向新的链表尾节点
          node ->Next=0;
        }
        else
        {          //插在 pn 所指向节点之前
          if( pn == Head )
          {                                              //E
            node ->Next = Head;
```

```
        Head ->Prev = node;
        node ->Prev = 0;
        Head = node;
    }
    else
    {                                    //F
        pn ->Prev ->Next = node;        //使 pn 指向节点的前一个节点指向 node
        node ->Next = pn;
        node ->Prev = pn;               //设置后向链
        pn ->Prev = node;
    }
  }
 }
}
```

A 行中条件成立时,双向链表为空链,要插入节点为链表上的第上一个节点,初始化该双向链表。B 行中的循环语句实现查找插入位置,当找到插入位置或整个链表上的节点都查完后,结束该循环语句。C 行中的条件成立时,表示要把节点插在 pn 所指向的节点之前。D 行中的条件成立时,表示要把节点插入链尾。E 行中的条件成立时,要把节点插在第一个节点之前;否则将节点插在 pn 所指向的节点之前。

(2)一个完整的参考程序。

```
1)#include    <iostream>
2)#include    <string.h>
3)using namespace std;
4)class    Object{                       //定义一个用于派生节点信息的抽象类
5)public：
6)     Object(){}
7)     virtual int IsEqual(Object &)=0;  //判断二个节点是否相等
8)     virtual void Show()=0;            //输出一个节点上的数据
9)     virtual int IsGreat(Object &)=0;  //判断二个节点的大小
10)    virtual   ～Object(){ };
11)};
12)class Node{                           //结点类
13)private：
14)    Object * Info;                    //指向描述节点的数据域
15)    Node * Prev, * Next;              //用于构成链表的前后向指针
16)public：
17)    Node (){ Info=0; Prev=0; Next=0;}
18)    Node ( Node &node)                //完成拷贝功能的构造函数
19)    {
```

```
20)      Info=node.Info;Prev=node.Prev;Next=node.Next;
21)    }
22)    void  FillInfo(Object    * obj){Info =obj;}//使 Info 指向数据域
23)    friend  class  List;                        //定义友元类
24)};
25)class List{                                  //实现双向链表操作的类
26)    Node   * Head,* Tail;                    //链表首和链表尾指针
27)public：
28)    List(){Head=Tail=0;}                     //置为空链表
29)    ～List();                                //释放链表占用的存储空间
30)    void   AddNode(Node * );                 //在链表尾加一个节点
31)    Node * DeleteNode(Node * );              //删除链表中的一个指定的节点
32)    Node * LookUp(Object &);                 //在链表中查找一个指定的节点
33)    void ShowList();                         //输出整条链表上的数据
34)    void DeleteList();                       //删除整条链表
35)};
36)void List∷AddNode(Node * node)
37){
38)    if(Head ==0)
39)    {          //条件成立时,为空链表
40)      Head=Tail=node;                        //使链表首和链表尾指针都指向这结点
41)      node ->Next=node ->Prev=0;             //指向该节点的前后向指针置为空
42)    }
43)    else
44)    {          //链表不为空,找到插入位置
45)      Node * pn = Head;
46)      while (pn ) {
47)        Object  &obj= *(node ->Info);
48)        if( pn ->Info ->IsGreat( obj) <=0 ) break;
49)        else pn = pn ->Next;
50)      }
51)      if(pn == 0 )
52)      {          //插入链尾
53)        Tail ->Next=node;                     //使原链表尾节点的后向指针指向这节点
54)        node ->Prev=Tail;                     //使该结点的前向指针指向原链表尾节点
55)        Tail=node;//使 Tail 指向新的链表尾节点
56)        node ->Next=0;
57)      }
58)      else
```

```
59)    {          //插在 pn 所指向节点之前
60)      if( pn == Head ){ //插在第一个节点之前
61)        node ->Next = Head; Head ->Prev = node;
62)        node ->Prev = 0;
63)        Head = node;
64)      }
65)      else
66)      { //使 pn 指向节点的前一个节点指向 node
67)        pn ->Prev ->Next = node;
68)        node ->Next = pn;
69)        node ->Prev = pn; //设置后向链
70)        pn ->Prev = node;
71)      }
72)    }
73)  }
74) }
75) Node * List::DeleteNode(Node * node) //删除指定的节点
76) {
77)   if( node == Head ) //二者相等,表示删除链表首节点
78)     if(node == Tail) //二者相等,表示链表上只有一个节点
79)       Head=Tail=0;
80)     else            { //删除链表首节点
81)       Head=node ->Next;
82)       Head ->Prev=0;
83)     }
84)   else            { //删除的节点不是链表上的首节点
85)     node ->Prev ->Next=node ->Next; //从后向链指针上取下该节点
86)     if(node ! = Tail ) node ->Next ->Prev=node ->Prev;
87)     else Tail = node ->Prev ; //要删除的节点为链表尾节点
88)   }
89)   node ->Prev=node ->Next=0; //将已删除节点的前后向指针置为空
90)   return( node);
91) }
92) Node * List::LookUp(Object &obj) //从链表上查找一个节点
93) {
94)   Node * pn=Head;
95)   while(pn) {
96)     if(pn ->Info ->IsEqual(obj)) return pn; //找到要找的节点
97)     pn=pn ->Next;
```

```
98) }
99) return 0;              //链表上没有要找的节点
100)}
101)void List ::ShowList()//输出链表上各节点的数据值
102){
103)    Node * p=Head;
104)    while(p) {
105)        p ->Info ->Show();p=p ->Next;
106)    }
107)}
108)List::~List()//删除整条链表
109){
110) Node * p, * q;
111) p=Head;
112) while (p) {//释放描述节点数据的动态空间
113)    q=p;
114)    p=p ->Next;
115)    delete q;//释放 Node 占用的动态空间
116) }
117)}
118)class MenNode :public Object{//由抽象类派生出描述节点数据的类
119) char * Name;//姓名
120) char * Addr;//地址
121) int   Salary;//工资
122)public:
123) MenNode(char * n=0, char * a=0, int s =0)
124) {
125)    if( n==0 )
126)       Name =0;
127)    else
128)    {
129)       Name = new char [strlen(n)+1];
130)       strcpy(Name,n);
131)    }
132)    if( a==0 )
133)       Addr =0;
134)    else
135)    {
136)       Addr = new char [strlen(a)+1];
```

137)    strcpy(Addr,a);

138)    }

139)    Salary ＝s;

140) }

141) void SetData(char ＊ ,char ＊ , int );

142) int IsEqual(Object ＆);

143) int IsGreat(Object ＆);

144) ～MenNode( )

145) {

146)    if(Name) delete [ ] Name;

147)    if(Addr) delete [ ] Addr;

148) }

149) void Show()//重新定义虚函数

150) {

151)    cout ＜＜"姓名:"＜＜ Name＜＜' \t ' ＜＜"地址:"＜＜Addr＜＜' \t '

152)    ＜＜"工资:"＜＜Salary＜＜' \n ' ;

153) }

154)};

155)void   MenNode::SetData(char ＊n ,char ＊a, int s)

156){

157) if(Name) delete  [ ] Name;

158) if(Addr) delete  [ ] Addr;

159) if( n＝＝0 ) Name ＝0;

160) else {

161)    Name ＝ new   char [strlen(n)＋1];

162)    strcpy(Name,n);

163) }

164) if( a＝＝0 ) Addr ＝0;

165) else {

166)    Addr ＝ new   char [strlen(a)＋1];

167)    strcpy(Addr,a);

168) }

169)Salary ＝s;

170)}

171)int MenNode::IsEqual(Object ＆obj)//定义比较节点是否相等的虚函数

172){

173) MenNode ＆temp＝(MenNode ＆) obj;

174) return   (Salary ＝＝ temp.Salary); //相等返回 1,否则返回 0

175)}

```
176) int    MenNode::IsGreat(Object &obj)//定义比较节点大小的虚函数
177) {
178)  MenNode &temp=(MenNode &)obj;
179)  return   (temp. Salary - Salary);
180) }
181) void   main(void )
182) {
183)  MenNode    *p;
184)  Node *pn,*pt,node;
185)  List list;
186)  for (int i=1;i<5;i++)        //建立包含4个节点的双向链表
187)  {
188)     p= new MenNode;//动态建立一个IntOb类的对象
189)     char   name[20],addr[40];
190)     int s;
191)     cout<<"输入姓名,地址和工资:";
192)     cin. getline(name,20);
193)     cin. getline(addr,40);
194)     cin>>s;cin. get();
195)     p ->SetData(name,addr,s);
196)     pn= new Node;//建立一个新节点
197)     pn ->FillInfo(p);//填写节点的数据域
198)     list. AddNode(pn);//将新节点加入链表尾
199)  }
200)  list. ShowList();//输出链表上各节点的数据值
201)  cout<<'\n';
202)  MenNode   da;
203)  da. SetData( "zhang", "NanJin", 2000);//设置置要查找的节点数据值
204)  pn=list. LookUp(da);//从链表上查找指定的节点
205)  if (pn) list. DeleteNode(pn); //若找到,则从链表上删除节点
206)  list. ShowList();//输出已删除节点后的链表
207)  cout<<'\n';
208)  pt=new Node;
209)  pt ->FillInfo(&da);
210)  list. AddNode(pt);//将这节点加入链表尾
211)  list. ShowList();//输出已加一个节点后的链表
212) }
```

# 7.10 本章小结

本章对多态的编程思想及 C++中提供的多态机制进行了介绍。所谓多态性是指当不同的对象收到相同的消息时,产生不同的动作。在 C++中多态机制可以通过重载、模板和虚函数实现,其中重载包括函数重载和运算符重载,模板包括函数模板和类模板。重载和模板属于编译时多态,而虚函数属于运行时多态。

本章首先对函数及运算符重载的定义和使用方法进行了介绍,并对几种常用运算符重载进行了举例说明。"然后"分别对函数模板及类模板的定义和使用做了详细介绍,模板可以实现类型的参数化,即把类型定义为参数,从而实现了代码的可重用性。最后对虚函数的定义和使用进行了详细的介绍,同时介绍了抽象类和纯虚函数在实际设计中的作用,并结合具体的例子介绍了抽象类和纯虚函数的定义和使用。虚函数使得程序可以对层次中所有现有类的对象进行一般性处理,提高了程序的可维护性和可扩展性。

此外,本章还对 C++多态机制中的一些常见问题进行了总结与分析,包括:函数及运算符的限制,函数重载、函数模板及类型转换同时存在时编译器的处理机制,编译时多态与运行时多态的对比等。

多态性是面向对象程序设计中的重要特性之一,熟悉编程语言提供的多态机制,建立多态的编程思想,充分利用多态性,能够提高编程效率,并设计出具有高度灵活性的程序。

## 思考与练习题

1. 面向对象程序设计的三大特征是封装性、继承性和_____。
2. 运算符的重载形式有两种,重载为类的成员函数和_____。
3. 模板是为了实现代码的_____,它把数据类型作为_____,模板包括_____和_____。
4. 函数模板和类模板变为真正的函数和类的过程称为_____。实例化函数模板时,可以显式指定模板参数类型,也可以隐式进行,隐式实例化时模板参数类型是由_____来决定的。
5. 编译时多态是在_____阶段实现的,运行时多态是在_____阶段实现的。
6. 可以通过基类_____或_____操作子类对象。
7. 被关键字_____说明的函数称为虚函数。
8. 在 C++中,一个类中不能声明_____,但可以声明虚析构函数。
9. 带有纯虚函数的类是_____。
10. 抽象类不能实例化,即不能定义一个抽象类的_____。
11. 简述运算符重载的规则。
12. 友元运算符函数和成员运算符函数有什么不同?
13. 若 a 为 A 类的对象,那么语句"A b=a;"和"A b;b=a;"的执行方式相同吗?
14. 简述函数模板、模板函数、类模板、模板类的概念以及它们的关系。
15. 什么是函数覆写?什么是虚函数?它们有哪些不同?
16. 如果将例 7.36 中第 47 行的函数定义改为 void show_area(Shape s),程序运行结果会是什么?为什么?

17. 什么是纯虚函数？什么是抽象类？

18. 对比编译时多态与运行时多态。

19. 下列运算符中，_____运算符在 C＋＋中不能重载。

　　A. ?：　　　　　　　　B. ＋　　　　　　　　C. new　　　　　　　　D. ＜＝

20. 下列关于运算符重载的描述中，_____是正确的。

　　A. 运算符重载可以改变运算数的个数

　　B. 运算符重载可以改变优先级

　　C. 运算符重载可以改变结合性

　　D. 运算符重载不可以改变语法结构

21. 下列函数中，_____不能重载。

　　A. 一般的成员函数　　　　　　　　　B. 一般的非成员函数

　　C. 析构函数　　　　　　　　　　　　D. 构造函数

22. 关于运行时多态的下列描述中，_____是错误的。

　　A. 运行时多态是以虚函数为基础的

　　B. 运行时多态是在运行时确定所调用的函数代码的

　　C. 用基类指针或引用所标识的派生类对象来操作虚函数才能实现运行时多态

　　D. 运行时多态是在编译时确定操作函数的

23. 关于虚函数的描述中，_____是正确的。

　　A. 虚函数可以是一个 static 类型的成员函数

　　B. 虚函数是一个非成员函数

　　C. 基类中说明了虚函数后,派生类中与其对应的函数可不必说明为虚函数

　　D. 派生类的虚函数与基类的虚函数具有不同的参数个数和类型

24. 如果一个类至少有一个纯虚函数,那么就称该类为_____。

　　A. 抽象类　　　　　　　　　　　　　B. 虚基类

　　C. 派生类　　　　　　　　　　　　　D. 以上都不对

25. 关于纯虚函数和抽象类的描述中，_____是错误的。

　　A. 纯虚函数是一种特殊的虚函数,它没有具体的实现

　　B. 抽象类是指具有纯虚函数的类

　　C. 抽象基类的派生类一定不再是抽象类

　　D. 抽象类只能作为基类来使用,其纯虚函数的实现由派生类给出

26. 分析以下程序的运行结果。

(1)程序 1

```
1) #include<iostream>
2) using namespace std;
3) class Sample
4) {
5)     int n;
6) public：
7)     Sample(){}
```

```
8)    Sample(int i){n=i;}
9)    friend Sample operator -(Sample &,Sample &);
10)   friend Sample operator+(Sample &,Sample &);
11)   void disp(){cout<<"n="<<n<<endl;}
12)};
13)Sample operator -(Sample &s1,Sample &s2)
14){
15)   int m=s1.n-s2.n;
16)   return Sample(m);
17)}
18)Sample operator+(Sample &s1,Sample &s2)
19){
20)   int m=s1.n+s2.n;
21)   return Sample(m);
22)}
23)int main()
24){
25)   Sample s1(10),s2(20),s3;
26)   s3=s2-s1;
27)   s3.disp();
28)   s3=s2+s1;
29)   s3.disp();
30)   return 0;
31)}
```

(2)程序 2

```
1)#include <iostream>
2)using namespace std;
3)class Integer{
4)public:
5)    Integer( ){x=0;}
6)    Integer(int i):x(i){};
7)    friend Integer operator++(Integer a);
8)    friend Integer operator—(Integer& a);
9)    void print();
10)private:
11)   int x;
12)};
13)Integer operator++(Integer a) //重载运算符++
14){
```

```
15)    ++a. x;
16)    return a;
17)}
18)Integer operator —(Integer& a)
19){
20)    — a. x;
21)    return a;
22)}
23)void Integer::print( )
24){
25)    cout<<x<<endl;
26)}
27)int main( )
28){
29)    Integer obj(7);
30)    ++obj;
31)    obj. print( );
32)    — obj;
33)    obj. print();
34)    return 0;
35)}
```

27. 分析以下程序的执行结果。

(1)程序 1

```
1)#include<iostream>
2)using namespace std;
3)template <class T>
4)T max(T x,T y)
5){
6)    return (x>y? x:y);
7)}
8)int main()
9){
10)    cout<<max(2,5)<<","<<max(3.5,2.8)<<endl;
11)    return 0;
12)}
```

(2)程序 2

```
1)#include<iostream>
2)using namespace std;
3)template <class T>
```

```
4)class Sample
5){
6)    T n;
7)public：
8)    Sample(T i){n=i;}
9)    void operator++();
10)   void disp(){cout<<"n="<<n<<endl;}
11)};
12)template <class T>
13)void Sample<T>::operator++()
14){
15)   n+=1; // 不能用 n++;因为 double 型不能用++
16)}
17)int main()
18){
19)   Sample<char> s('a');
20)   s++;
21)   s.disp();
22)   return 0;
23)}
```

（3）程序 3

```
1)#include<iostream>
2)using namespace std;
3)template <class T>
4)T abs(T x)
5){
6)    return (x>0? x:-x);
7)}
8)int main()
9){
10)   cout<<abs(-3)<<","<<abs(-2.6)<<endl;
11)   return 0;
12)}
```

（4）程序 4

```
1)#include<iostream>
2)using namespace std;
3)template<class T>
4)class Sample
5){
```

```
6)        T n;
7)public：
8)        Sample(){}
9)        Sample(T i){n=i;}
10)       Sample<T>&operator+(const Sample<T>&);
11)       void disp(){cout<<"n="<<n<<endl;}
12)};
13)template<class T>
14)Sample<T>&Sample<T>∷operator+(const Sample<T>&s)
15){
16)       static Sample<T> temp;
17)       temp.n=n+s.n;
18)       return temp;
19)}
20)int main()
21){
22)       Sample<int>s1(10),s2(20),s3;
23)       s3=s1+s2;
24)       s3.disp();
25)       return 0;
26)}
```

28. 建立类 RationalNmuber(分数类)，使之具有下述功能：

①建立构造函数，它能防止分母为 0，当分数不是最简形式时进行约分以及避免分母为负数；

②重载加法、减法、乘法以及除法运算符。

③重载关系运算符和相等运算符。

29. 设计一个三角形类 Triangle，包含三角形三条边长的私有数据成员，另有一个重载运算符"+"，以实现求两个三角形对象的面积之和。

30. 编写一个对具有 n 个元素的数组 x[]求最大值的程序，要求将求最大值的函数设计成函数模板。

31. 编写一个函数模板，它返回两个值中的较小者，同时要求能正确处理字符串。

32. 编写一个使用类模板对数组进行排序、查找和求元素和的程序。

33. 一个 Sample 类模板的私有数据成员为 n，n 可以为多个类型，在该类模板中设计一个 operator==重载运算符函数，用于比较各对象的数据 n 是否相等。

34. 开发一个基本图形包。用 Shape 类继承层次，只限于二维形状，如正方形、长方形、三角形和圆，并与用户交互，让用户指定每个形状的位置、尺寸。用户可以指定多个同一形状的项目。生成每个项目时，将每个新 Shape 对象的 Shape 指针放在数组中。每个类有自己的 draw 成员函数。编写一个多态屏幕管理程序，遍历数组。向数组中的每个对象发一个 draw 消息，形成屏幕图形。每次用户指定新形状时，重新输出屏幕图形。

# 第 8 章   I/O 流

数据的输入和输出是十分重要的操作,如从键盘读入数据,在屏幕上显示数据,把数据保存在文件中,从文件中取出数据等等。C++系统提供了用于输入输出(I/O)的类体系,这个类体系提供了对预定义类型进行输入输出操作的功能,程序员也可以利用这个类体系进行自定义类型的输入输出操作。本章包含的主要内容如图 8.1 所示。

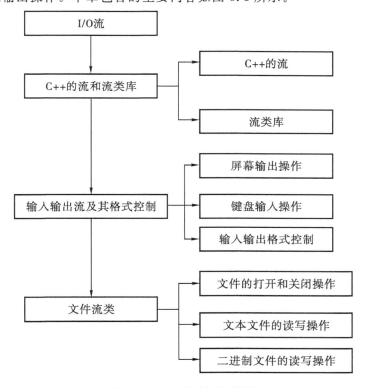

图 8.1   I/O 流的知识导图

## 8.1   C++的流和流类库

### 8.1.1   C++的流

C++程序中,输入输出操作是由"流"来处理的。所谓流是指数据的流动,即指数据从一个位置流向另一个位置。程序中的数据可以从键盘流入,也可以流向屏幕或者流向磁盘。数据流实际上是一种对象,它在使用前要被建立,使用后要被删除,而输入输出操作实际上就是从流中获取数据或者向流中添加数据。通常称从流中获取数据的操作为提取操作,即为读操作或输入操作；向流中添加数据的操作称为插入操作，即为写操作或输出操作。

在经常被使用的iostream头文件中提供了4个标准流对象供用户使用。表8.1是这4个对象在C++和C中的名字以及相关设备。

表 8.1　标准流对象

| C++名字 | C 名字 | 设备 | 默认含义 |
|---|---|---|---|
| cin | stdin | 键盘 | 标准输入 |
| cout | stdout | 屏幕 | 标准输出 |
| cerr | stderr | 屏幕 | 标准错误输出 |
| clog | stdprn | 打印机 | 打印机输出 |

## 8.1.2　流类库

在C++中，各种流对象可以被抽象成流类，而这些流类形成的层次结构就构成了流类库。C++提供了如图8.2所示的继承结构来描述流的行为。

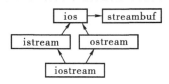

图 8.2　I/O 流类的继承关系

（1）ios 类是一个虚基类。

（2）istream 类提供了向流中插入数据的有关操作，istream 类的输入操作被认为是提取过程，通过对运算符"＞＞"重载来实现，重载后的运算符"＞＞"称为提取符。

（3）ostream 提供了从流中提取数据的有关操作，ostream 类的输出操作被认为是插入过程，通过对运算符"＜＜"重载来实现，重载后的运算符"＜＜"称为插入符。

（4）iostream 类对象执行插入和提取操作，它是从 istream 和 ostream 继承而来的，同时包括了它的两个父类所提供的方法，在程序编写过程中，通常需要引入这个类的对象来进行输入输出操作。

（5）streambuf 类提供对数据的缓冲支持。

在使用下述对象时，总要包含 iostream 文件。

①cin：istream 类的对象，用来处理标准输入，即键盘输入。

②cout：ostream 类的对象，用来处理标准输出，即屏幕输出。

③cerr：ostream 类的对象，用来处理标准出错信息，提供不带缓冲区的输出。

④clog：ostream 类的对象，用来处理标准出错信息，提供带缓冲区的输出。

**提示**：cin、cout 等控制输入输出的流对象分别是 istream 和 ostream 类的对象，在程序编写的过程中需要告知编译器 cin、cout 对象是来自于哪个类，同时，由于 iostream 类是由 istream 和 ostream 类共同派生的，需要告知编译器 cin、cout 是来自于 iostream 类，所以在程序的一开始要加入"♯include ＜iostream＞"。

# 8.2 输入输出流及其格式控制

## 8.2.1 屏幕输出操作

### 1. 使用 ostream 流类的对象及预定义的插入符

cout 是 ostream 流类的对象,它在 iostream 头文件中作为全局对象定义。

【例 8.1】

```
1)＃include ＜iostream＞
2)using namespace std;
3)int main()
4){
5)    cout<<"cout is an Object of class ostream. "<<endl;
6)    return 0;
7)}
```

ostream 流类通过对运算符"＜＜"的重载,实现了对各种基本数据类型的输出操作。重载函数的声明如下。

```
inline   ostream& operator<<(ostream& (__cdecl * _f)(ostream&));
inline   ostream& operator<<(ios& (__cdecl * _f)(ios&));
inline   ostream& operator<<(const char*);
inline   ostream& operator<<(const unsigned char*);
inline   ostream& operator<<(const signed char*);
inline   ostream& operator<<(char);
inline   ostream& operator<<(unsigned char);
inline   ostream& operator<<(signed char);
inline   ostream& operator<<(short);
inline   ostream& operator<<(unsigned short);
inline   ostream& operator<<(int);
inline   ostream& operator<<(unsigned int);
inline   ostream& operator<<(long);
inline   ostream& operator<<(unsigned long);
inline   ostream& operator<<(float);
inline   ostream& operator<<(double);
inline   ostream& operator<<(long double);
inline   ostream& operator<<(const Void*);
inline   ostream& operator<<(Streambuf*);
```

利用 ostream 流类中有关"＜＜"运算符对应于不同参数类型的重载函数(重载后"＜＜"称为插入符)来分析例 8.1 中的语句:

```
cout<<"cout is a Object of class ostream. ";
```

cout 是 ostream 类的对象,"<<"是 ostream 类中通过对"<<"运算符重载而得到的插入符,右面参数"cout is a Object of class ostream"是 char * 类型,故匹配"ostream& operator<<(const char *);"函数,它将整个字符串输出,并返回 ostream 流对象的引用。

如果是:

cout<<"cout is a Object of class ostream. "<<7;

则根据<<运算符的结合性(优先级关系),可以看作为:

(cout<<"cout is a Object of class ostream. ")<<7;

由于 cout<<"cout is a Object of class ostream. "返回的是 ostream 流对象的引用,与后面的<<7 匹配了另一个" ostream& operator<<(int);"重载函数,结果构成了连续的输出。

**2. 使用成员函数输出**

(1)使用 put()输出一个字符。

使用"I/O"流中提供的成员函数 put(),可以输出一个字符。使用格式如下:

ostream &cout. put(char c)

或

ostream &cout. put(const char c)

【例 8.2】

```
1) #include <iostream>
2) using namespace std;
3) int main()
4) {
5)     cout<<'B'<<'E'<<'I'<<'J'<<'I'<<'N'<<'G'<<'\n';
6)                         //使用预定义的插入符"<<"
7)     cout. put('B'). put('E'). put('I'). put('J'). put('I'). put('N').
8)     put('G'). put('\n');                //使用类 ostream 的方法 put
9)     char c1='A',c2='B',c3='C';
10)    cout. put(c1). put(c2). put(c3). put('\n');
11)    return 0;
12) }
```

程序的输出结果为:

BEIJING

BEIJING

ABC

(2)使用 write()输出一个字符串。

格式为:

cout. write(const char * str,int n)

【例 8.3】

```
1) #include <iostream>
2) #include <string. h>
3) using namespace std;
```

```
4)void Print(char * s)
5){
6)     cout.write(s,strlen(s)).put('\n');    //使用 ostream 类的 write 方法实
7)     //现字符串的输出,该语句意思
8)     //为输出字符串 s 中所有的内容
9)      cout.write(s,6)<<'\n';    //该语句意思为输出字符串 s 中前 6 个字符
10)     }
11)    int main()
12)    {
13)      char * str="I love C++ Program!";
14)      cout<<"The string is "<<str<<endl;
15)      Print(str);
16)      return 0;
17)}
```

程序的输出结果为:

The string is I love C++ Program!

I love C++ Program!

I love

## 8.2.2　键盘输入操作

### 1. 使用 istream 流对象预定义的提取操作符

cin 是 istream 的全局对象,它在 iostream 头文件中作为全局对象定义。

【例 8.4】

```
1)#include <iostream>
2)using namespace std;
3)int main()
4){
5)     int a;
6)     char b;
7)     double c;
8)     cin>>a>>b>>c;    //获取用户输入
9)     cout<<a<<"   "<<b<<"   "<<c<<endl;
10)    return 0;
11)}
```

istream 流类通过对运算符">>"的重载,实现了对各种基本数据类型的输入操作。重载函数的声明如下。

inline istream& operator>>(istream& (__cdecl * _f)(istream&));

inline istream& operator>>(ios& (__cdecl * _f)(ios&));

inlineistream& operator>>(char *);

```
inline istream& operator>>(unsigned char *);
inline istream& operator>>(signed char *);
inlineistream& operator>>(char &);
inline istream& operator>>(unsigned char &);
inline istream& operator>>(signed char &);
inlineistream& operator>>(short &);
inlineistream& operator>>(unsigned short &);
inlineistream& operator>>(int &);
inlineistream& operator>>(unsigned int &);
inlineistream& operator>>(long &);
inlineistream& operator>>(unsigned long &);
inlineistream& operator>>(float &);
inlineistream& operator>>(double &);
inlineistream& operator>>(long double &);
inlineistream& operator>>(streambuf *);
```

利用 istream 流类中关于"＞＞"运算符对应于不同参数类型的重载函数(重载后"＞＞"称为提取符)来分析例 8.4 中的语句:

```
int a;
char b;
double c;
cin>>a>>b>>c;
```

cin 是 istream 类的对象,"＞＞"是 istream 类中通过对"＞＞"运算符重载而得到的插入符,其操作返回的是 istream 流对象的引用,所以语句"cin＞＞a＞＞b＞＞c"也可以被理解为"((cin＞＞a)＞＞b)＞＞c"而构成了连续的输入。又因为 a、b、c 对应的类型是 int、char 和 double,分别"inline istream& operator＞＞(int &);","inline istream& operator＞＞(char &);"和"inline istream& operator＞＞(double &);"函数相匹配,所以该语句分别完成对 a、b、c 的输入控制。

**2. 使用成员函数输入**

(1)使用 get()输入一个字符。

格式为:

istream &cin.get()

【例 8.5】

```
1) #include <iostream>
2) using namespace std;
3) int main()
4) {
5)     char ch;
6)     cout<<"InPut:";
7)     while((ch=cin.get())! =EOF)    //获取用户输入(字符类型)
```

```
8)    cout.put(ch);
9)    return 0;
10)}
```

程序结果为：

InPut://等待用户输入一个字符,然后显示

（2）使用 getline()获取一行字符。

istream &cin.getline(char * buf , int n,deline=' \n ')

其中:buf 是一个字符指针,用来存放从输入流中提取的字符序列,即字符串;n 是一个 int 型变量,用来限定从输入流读取的字符个数不得超过 n-1 个;第三个参数是一个 char 型量,并设置默认参数值为' \n ',用来限定一行字符的结束符。

结束该函数的条件如下：

①从输入流中读取 n-1 个字符后；

②从输入流中读取到换行符后；

③从输入流中读取到文件结束或其他输入流结束符之后。

【例 8.6】

```
1)#include <iostream>
2)using namespace std;
3)const int SIZE=80;
4)int main()
5){
6)    char buf[SIZE];
7)    int lcnt=0,lmax=-1;
8)    cout<<"Input  \n";
9)    while(cin.getline(buf,SIZE))    //获取用户输入的一行不超过 SIZE 个字
10)                                  //符,并将其存入 buf 数组中
11)    {
12)      int count=cin.gcount();
13)      lcnt++;
14)      if(count>lmax)
15)        lmax=count;
16)      cout<<"Line: "<<lcnt<<": "<<count<<endl;
17)      cout.write(buf,count).put(' \n ').put(' \n ');
18)      //使用 ostream 类的 write 方法输出
19)    }
20)    cout<<endl;
21)    cout<<"Longest line: "<<lmax<<endl;
22)    cout<<"Total line: "<<lcnt<<endl;
23)    return 0;
24)}
```

具体运行结果建议通过上机实验获得。

（3）使用 read()读取若干字符。

格式为：cin. read(char * buf，int size)；

其功能是可从输入流中读取指定数目 size 个字符，并存放在指定的地方。

【例 8.7】

```
1) #include <iostream>
2) using namespace std;
3) int main()
4) {
5)    const int SIZE=81;
6)    char buf[SIZE]=" ";
7)    cout<<"InPut\n";
8)    cin. read(buf,SIZE-1);   //获取用户输入的前 SIZE-1 个字符
9)    cout<<endl;
10)   cout<<buf<<endl;
11)     return 0;
12) }
```

程序运行结果为接受用户输入的前 80 个字符并显示。

### 8.2.3　输入输出格式控制

C++语言的 I/O 库提供了完善的格式控制功能，除了可以使用 C 中的 Printf()和Scanf()函数进行格式化，C++还提供了两种进行格式化的方法：一种是使用 ios 类中有关格式控制的成员函数，另一种是使用成为流操作符的特殊类型的函数，本节对这两种方式进行介绍。

#### 1. 用于格式控制的类 ios 成员函数

在 ios 类中提供了一些用于格式控制的成员函数，见表 8.2。

表 8.2　控制输入输出格式的成员函数

| 函数原型 | 作　用 |
| --- | --- |
| long flags() | 返回当前标志字 |
| long flags(long) | 设置标志字并返回 |
| long setf(long) | 设置指定的标志位 |
| long unsetf(long) | 清除指定的标志位 |
| long setf(long,long) | 设置指定的标志位的值 |
| int width() | 返回当前显示数据的域宽 |
| int width(int) | 设置当前显示数据域宽并返回原域宽 |
| char fill() | 返回填充字符 |
| char fill(char) | 设置填充字符并返回原填充字符 |
| int precision() | 返回当前浮点数精度 |
| int precision(int) | 设置浮点数精度并返回原精度 |

其中所涉及的标志字又称为标志状态字,它是一个 long 类型(长整型)的变量。状态字的各状态字的各位都控制一定的 I/O 特征,例如标识状态字的右第一位为 1,则表示在输入时跳过空白符号。状态字的各位以枚举类型形式定义于 ios 说明中:

```
enum{
    skipws=0x0001,        //输入时跳过空白
    left=0x0002,          //左对齐输出
    right=0x0004,         //右对齐输出
    internal=0x0008,      //在符号位和基指示符后填充
    dec=0x0010,           //十进制格式
    oct=0x0020,           //八进制格式
    hex=0x0040,           //十六进制格式
    showbase=0x0080,      //输出标明基数说明
    showpoint=0x0100,     //输出浮点数带小数点
    uppercase=0x0200,     //十六进制大写输出
    showpos=0x0400,       //输出正整数带+号
    scientific=0x0800,    //输出浮点数用科学表示法
    fixed=0x1000,         //输出浮点数以定点形式
    unitbuf=0x2000,       //插入后刷新流缓冲区
    stdio=0x4000,         //插入后刷新 stdout 和 stderr
};
```

以上的枚举元素有一个共同的特点,即状态标志字二进制表示中的不同位为 1,例如:

```
skipws   0x0001   0000   0000   0000   0001
left     0x0002   0000   0000   0000   0010
...
```

在 ios 类中,状态标志字存放在数据成员 long x_flags 中。若设定了某一项,则 x_flags 中的某一位设置为 1,否则为 0。例如如果在状态标志字中设置了 skipws 和 hex,其他位未设定,则 x_flags 的值为 0000 0000 0100 0001,即为十六进制的 0x0041。这些状态值之间可以通过或运算使这些状态并存。

例 8.8 说明了 ios 类中有关格式控制的成员函数的使用。

【例 8.8】

```
1)#include <iostream>
2)using namespace std;
3)int main()
4){
5)    cout.setf(ios::scientific);      //科学表示法
6)    cout.setf(ios::showpos);         //显示正号
7)    cout<<4785<<27.4272<<endl;
8)    cout.precision(2);               //小数点后取 2 位
9)    cout.width(10);                  //打印宽度位 10
```

10)　　cout<<4785<<27.4272<<endl;

11)　　cout. unsetf(ios：:scientific)；　　　//不用科学表示法

12)　　cout. fill(' ♯ ')；　　　　　　　　//用'♯'填充空格

13)　　cout. width(8)；　　　　　　　　//宽度位 8

14)　　cout<<4785<<27.4272<<endl；

15)　　return 0；

16)}

程序运行结果如下：

+4785+2.742720e+001

+4785+2.74e+001

♯♯♯+4785+27

### 2. 格式控制符

为了进行格式控制，ios 的成员函数中定义的格式函数已经完全够用。但是，其使用有些不够方便。例如，在使用中必须加上流类对象名和"."进行限定，且其必须以单独的语句调用。因此，C++的 I/O 系统又定义了一些用来管理 I/O 格式的控制函数。其不在类的封装之内，表面上也不一定以函数调用的形式出现，因此被称为格式控制符。格式控制符包括有参和无参的控制符，分别在<iostream>和<iomanip>两个文件中出现。

在<iostream>文件中的 I/O 控制符如表 8.3 所示。

表 8.3　<iostream>中的格式控制符

| 控制符名称 | 作　　用 |
| --- | --- |
| endl | 输出时插入换行符并刷新流 |
| ends | 输出时在字符串后插入 NULL 作为尾符 |
| flush | 刷新，把流从缓冲区输出到目标设备 |
| ws | 输入时略去空白字符 |
| dec | 令 I/O 数据按十进制格式 |
| hex | 令 I/O 数据按十六进制格式 |
| oct | 令 I/O 数据按八进制格式 |

在<iomanip>文件中的格式控制符如表 8.4 所示。

表 8.4　<iomanip>中的格式控制符

| 控制符名称 | 作　　用 |
| --- | --- |
| setbase(int a) | 把转换基数设置为 a |
| resetiosflags(long f) | 关闭由参数 f 指定的标志 |
| setiosflags(long f) | 设置由参数 f 指定的标志 |
| setfill(char c) | 设置 c 为填充字符 |
| setprecision(int n) | 设置精度 |
| setw(int n) | 设置域宽为 n |

例 8.9 用格式控制符实现了例 8.8 的功能。

【例 8.9】

1）# include<iostream>

2）# include<iomanip>

3）using namespace std；

4）int main()｛

5）//使用科学计数法显示正号

6）　　cout<<setiosflags(ios∷scientific|ios∷showpos)

7）　　<<4785<<27.4272<<endl；

8）//小数点后取 2 位，设置打印宽度为 10

9）　　cout<<setprecision(2)<<setw(10)

10）　　<<4785<<27.4272<<endl；

11）//不使用科学计数法，设置填充字符为 #，打印宽度为 8

12）　　cout<<resetiosflags(ios∷scientific)<<setfill(' # ')<<setw(8)

13）　　<<4785<<27.4272<<endl；

14）　　return 0；

15）｝

可以看到例 8.9 中采用了格式控制符对数的输出格式进行控制，这样做比较方便，例 8.8 和例 8.9 的区别主要为：

（1）用成员函数需增加限定前缀"cout"，控制符是类外定义的无此要求；

（2）用格式成员函数时要单独成一语句，不能用 I/O 运算符"<<"和">>"与数据的 I/O 写到一起。

## 8.3　文件流类

在 C++中，一个具体的外部设备被叫做一个"文件"，最典型的就是磁盘文件。C++的 I/O 流体系中，定义了一种专门用于磁盘文件输入输出的流类，称为文件流类。在头文件 fstream.h 中定义了 3 个文件流类，分别是类 ofstream、类 ifstream 和类 fstream，C++就是使用这些类对磁盘文件进行各种操作的。

### 8.3.1　文件的打开和关闭操作

在对一个文件进行各种读写操作之前需要打开这个文件，当所有的操作都结束后，要关闭这个文件。本小节将介绍 C++中文件打开和关闭的方法。

#### 1. 打开文件

C++中可以使用类 ofstream、类 ifstream 和类 fstream 中的一个来实现文件的打开操作，下面分别介绍这 3 个类打开文件的语法格式。

（1）使用类 ifstream 打开某个读文件的格式如下：

ifsream<对象名>；

（对象名）. open("<文件名>")；

或者

ifstream ＜对象名＞("＜文件名＞");

例如：

ifstream ifs ;　　　　　　//定义文件流对象 ifs

ifs. open("a. txt");　　　　//使用刚定义的流对象 ifs 的 open 函数打开文本文件 a. txt

(2)使用类 ofstream 打开某个写文件的格式如下：

oftream＜对象名＞;

(对象名). open("＜文件名＞");

或者

ofstream ＜对象名＞("＜文件名＞");

例如：

ofstream ofs ;　　　　　　//定义文件流对象 ofs

ofs. open("a. txt");　　　　//使用刚定义的流对象 ofs 的 open 函数打开文本文件 a. txt

(3)使用类 fstream 打开一个文件的格式如下：

fstream(对象名);

(对象名). open("＜文件名＞",＜方式＞);

例如：

fstream　fst;　　　　　　//定义一个文件流类 fstream 的对象

fst. open("a. txt", ios::aet);

　　　　　　　　　　　//使用刚定义的流对象 fst 的 open 函数打开文本文件 a. txt

　　使用文件流 fstream 打开文件的时候可以选择打开的方式,各种打开放式都用对应的方式常量来表示,如表 8.5 所示。

表 8.5　打开文件操作的方式常量

| 方式常量 | 含　　义 |
| --- | --- |
| ios::aet | 文件打开时,文件指针位于文件尾 |
| ios::in | 以输入(读)方式打开文件,(ifstream)默认 |
| ios::out | 以输出(写)方式打开文件,(ofstream)默认 |
| ios::app | 以输出追加方式打开文件 |
| ios::trunc | 如果文件存在,清除文件内容(默认),不存在则创建 |
| ios::nocreat | 打开一个已有文件,如果文件不存在,返回错误 |
| ios::noreplace | 如果文件存在,除非设置 ios::aet 或 ios::app,否则打开操作失败 |
| ios::out\|ios::binary | 以二进制写方式打开文件 |
| ios::in\|ios::binary | 以二进制读方式打开文件 |

**2. 关闭文件**

当对一个打开的文件操作完毕后,应及时对它关闭。关闭文件时,使用待关闭的流对象调用关闭成员函数 close(),具体格式如下：

＜流对象名＞. close();

提示:这里的＜流对象名＞是指打开文件操作中定义的流对象的名称。

## 8.3.2  文本文件的读写操作

文本文件的读写操作是指从打开的文件中读出字符信息或向打开的文件中写入字符信息。读写操作是文本文件最常用到的两种操作。下面通过一个完整的例子来介绍对文本文件进行读写操作的方法。

【例 8.10】

```
1) #include"iostream"
2) #include "fstream"                              //必须包含 fstream.h,否则不能进行
                                                      文件操作
3) #include "stdlib.h"
4) using namespace std;
5) int main()
6) {
7)     fstream infile,outfile;                     //定义两个流对象 infile 和 outfile
8)     infile.open("d:\\ls\\file1.txt",ios::in);   //用读方式打开一个文件
9)     if(! infile)                                 //判断是否成功打开
10)    {
11)      cout<<"file1.txt can't open.\n";           //没有成功打开输出提示语句
12)      abort();
13)    }
14)    outfile.open("d:\\ls\\file2.txt",ios::out);  //用写方式打开文件
15)    if(! outfile)                                //判断是否成功打开
16)    {
17)      cout<<"file2.txt can't open.\n";           //没有成功打开输出提示语句
18)      abort();
19)    }
20)    char ch;                                     //定义临时字符变量
21)    while(infile.get(ch))                        //利用循环从一个文本文件中逐个取
                                                      出字符
22)      outfile.put(ch);                           //逐个将取出的字符放入另一个打开
                                                      的文本文件
23)    infile.close();                              //关闭第一个被打开的文件
24)    outfile.close();                             //关闭第二个被打开的文件
25)    return 0;
26) }
```

上面的程序完成了把一个文本文件的内容复制到另一个文本文件中的功能。有以下几点需要注意。

(1)对文件进行操作,一定要加头文件 fstream.h。

(2)在上面程序段中的 9 行和 15 行分别使用了一条 if 语句对文件打开操作的结果进行判

断,这是因为要打开的文件可能因为各种原因(如文件不存在,没有权限打开这个文件)无法被打开,如果不对文件是否已经被打开进行验证,就对该文件进行读写操作,将带来许多运行时难以发现的异常。

(3)如 21 行和 22 所示,流对象使用 get 函数从文本文件中读一个字符,使用 put 函数向文本文件中写一个字符。

### 8.3.3　二进制文件的读写操作

二进制是一种很重要的文件存储形式,使用二进制形式存储信息可以节省磁盘空间,使读写操作更简捷。任何文件,都可以以文本文件或二进制文件的形式打开。其中文本文件的最小单元是字符,而二进制文件的最小单元是字节,所以可以认为二进制文件是字节流。

**提示:** 在默认的情况下,文件都是使用文本文件的方式打开的。

在文本文件中,进行输入操作时,回车和换行两个字符要转换成字符"\n";进行输出操作时,字符"\n"要再转换成回车和换行两个字符。这些转换在二进制文件方式下是不进行的,这是文本方式和二进制方式的主要区别。

下面通过一个例子来介绍二进制文件的读写操作。

**【例 8.11】**

```
1) #include"iostream"
2) #include "fstream"            //文件操作要添加的头文件
3) #include "stdlib. h"
4) using namespace std;
5) int main(){
6)     ofstream out("test");            //打开文件 test
7)     if(! out){                       //对打开操作是否成功进行判断
8)     cout<<"Can ' t open the file\n";
9)     return 1;
10)    }
11)    double temp1 = 123.45;            //定义临时变量 temp1
12)    out. write((char * )&temp1, sizeof(double));    //以二进制的形式写入文件
13)    out. close();                     //关闭文件
14)    ifstream in("test");             //再次以读的形式打开文件
15)    if(! in){
16)        cout<<"Can ' t open the file. \n";
17)        return 1;
18)    }
19)    double temp2;
20)    in. read((char * )&temp2,sizeof(double));    //以二进制形式对文件读
21)    cout<<temp2<<endl;               //输出读出的数据
22)    return 0;
23)}
```

这个程序的运行结果是输出数据 123.45。

在这个程序中先以二进制的形式向文件 test 中写进一个 double 类型的数 123.45,然后再以二进制的形式把这个数从文件 test 中读出并显示出来,其中有几点需要注意。

(1)在主函数中两次打开文件 test,第一次使用写的方式打开(即使用流类 ofstream 的对象打开),第二次使用读的方式打开(即使用流类 ifstream 的对象打开),且在两次打开文件后都立即进行打开操作成功与否的检查。

(2)12 行使用 write 函数以二进制的形式对文件进行写操作。write 函数的定义如下:

ostream &write(unsighned char * buf , int num);

write 函数可以从 buf 所指的缓冲区中把 num 个字节写到相应的流上。

write 函数的调用格式是:

write(缓冲区首地址,写入字节数);

(3)20 行使用 read 函数以二进制的形式对文件进行写操作。read 函数的定义如下:

istream &read(unsighned char * buf , int num);

read 函数可以从相应的流中读 num 个字节放入 buf 所指的缓冲区中。

read 函数的调用格式是:

read (缓冲区首地址,读入字节数);

**提示:**write 函数和 read 函数中,参数缓冲区首地址都是 unsighned char * 类型的,当输入其他类型数据的时候要进行类型转换,如上面程序段中 12 行中的(char * )&temp1 就是把 double 类型的 temp1 转换成 unsighned char * 类型。

## 8.4　综合训练

设计一个管理图书目的简单程序,提供的基本功能包括:可连续将新书存入文件"book.dat"中,新书信息加入到文件的尾部;也可以根据输入的书名进行查找;把文件"book.dat"中同书名的所有书显示出来。为简单起见,描述一本书的信息包括:书号、书名、出版社和作者。

(1)分析。

可以把描述一本书的信息定义为一个 Book 类,它包含必要的成员函数。把加入的新书总是加入到文件尾部,所以以增补方式打开输出文件。从文件中查找书时,总是从文件开始位置查找,以读方式打开文件。用一个循环语句实现可连续地将新书加入文件或从文件中查找指定的书名。由于是以一个 Book 类的实例进行文件输入输出的,所以,这文件的类型应该是二进制文件。

(2)一个完整的参考程序。

```
1) #include <iostream>
2) #include <string.h>
3) #include <fstream>
4) using namespace std;
5) class   Book
6) {
7)     long int   num;                                    //书号
```

```
8)      char bookname[40];                          //书名
9)      char publicname[40];                        //出版社
10)     char name[20];                              //作者
11)public：
12)       Book()
13)       {num＝0; bookname[0]＝0;publicname[0]＝0; name[0]＝0;}
14)       char ＊ Getbookname(void){ return bookname ;}
15)       long  Getnum(void ) { return num;}
16)       void Setdata(long , char ＊ ,char ＊ ,char ＊ );
17)       void Show(void );
18)       Book(long , char ＊ ,char ＊ ,char ＊ );
19)};
20)void   Book：：Setdata(long nu , char ＊ bn,char ＊ p,char ＊ n)
21){
22)    num ＝ nu; strcpy(bookname,bn);
23)    strcpy(publicname,p); strcpy(name,n);
24)}
25)void   Book：：Show(void )
26){
27)    cout＜＜"书号："＜＜num＜＜' \t '＜＜"书名："＜＜bookname＜＜' \t ';
28)    cout＜＜"出版社："＜＜publicname＜＜' \t '＜＜"作者："＜＜name＜＜' \n ';
29)}
30)Book：：Book(long nu, char ＊ bp,char ＊ p,char ＊ n)
31){    Setdata(nu , bp, p, n); }
32)int   main(void)
33){
34)    Book   b1,b2;
35)    long   nu;
36)    char bn[40];                                 //书名
37)    char pn[40];                                 //出版社
38)    char na[20];                                 //作者
39)    ifstream   file1;
40)    ofstream   file3;
41)    char flag ＝ ' y ';
42)    while( flag＝＝' y '||flag＝＝' Y '){            //由 flag 控制循环
43)    cout＜＜"\t\t 1：按书名查找一本书！\n";
44)    cout＜＜"\t\t 2：加入一本新书！\n";
45)    cout＜＜"\t\t 3：退出！\n 输入选择：";
46)    int f;
```

```
47)    cin>>f;
48)    switch(f){
49)    case 1：
50)      cout<<"输入要查找的书名："; cin>>bn;
51)      file1.open("book.dat",ios：：in | ios：：binary);        //按读方式打开件
52)      while(! file1.eof() ){
53)        int n;
54)        file1.read((char *)&b1,sizeof(Book));
55)        n=file1.gcount();
56)        if(n==sizeof(Book))
57)          {
58)             if(strcmp(b1.Getbookname(),bn)==0)        //显示书的信息
59)             b1.Show();
60)          }
61)        }
62)      file1.close();
63)      break;
64)    case 2：
65)      cout<<"输入书号："; cin>>nu;
66)      cout<<"输入书名："; cin>>bn;
67)      cout<<"输入出版社："; cin>>pn;
68)      cout<<"输入作者："; cin>>na;
69)      b1.Setdata(nu,bn,pn,na);
70)      file3.open("book.dat",ios：：app|ios：：binary);        //增补方式打开件
71)      file3.write((char *)&b1,sizeof(b1));
72)      file3.close();
73)      break;
74)      default：   flag = 'n';
75)    }
76)  }
77)  return 0;
78)}
```

## 8.5　本章小结

　　C 语言的 I/O 是丰富、灵活和强大的,但是,C 语言的 I/O 系统一点儿也不了解对象,不具有类型的安全性。C++的 I/O 流摒弃了 C 语言的 I/O 系统,它操作简洁,更易理解,它使标准 I/O 流、文件流和串流的操作在概念上统一了起来。有了控制符,C++更加灵活,由其所重载的插入运算符完全融入了 C++的类及其继承的体系。

# 思考与练习题

1. 在 C++中"流"是表示_____。从流中取得数据称为_____,用符号_____表示;向流中添加数据称为_____,用符号_____表示。

2. 抽象类模板_____是所有基本流类的基类,它有一个保护访问限制的指针指向类_____,其作用是管理一个流的_____。C++流类库定义的 cin、cout、cerr 和 clog 是_____。cin 通过重载_____执行输入,而 cout、cerr 和 clog 通过_____执行输出。

3. C++在类 ios 中定义了输入输出格式控制符,它是一个_____。该类型中的每一个量对应两个字节数据的一位,每一个位代表一种控制,如要取多种控制时可用运算符来合成,放在一个_____访问限制的_____数中。所以这些格式控制符必须通过类 ios 的_____来访问。

4. 取代麻烦的流格式控制成员函数,可采用_____,其中有参数的,必须要求包含头文件。

5. 通常标准设备输入指_____。标准设备输出指_____。

6. EOF 为_____标志,在 iostream.h 中定义 EOF 为_____,在 int get()函数中读入表明输入流结束标志_____,函数返回_____。

7. C++根据文件内容的_____可分为两类_____和_____,前者存取的最小信息单位为_____,后者为_____。

8. 当系统需要读入数据时是从_____文件读入,即_____操作。而系统要写数据时,是写到_____文件中,即_____操作。

9. 在面向对象的程序设计中,C++数据存入文件称作_____,而由文件获得数据称作_____。按常规前者往往放在_____函数中,而后者放在_____函数中。

10. 文件的读写可以是随机的,意思是_____,也可以是顺序的,_____意思是_____或_____。

11. C++把每一个文件都看成一个_____流,并以_____结束。对文件读写实际上受到指针的控制,输入流的指针也称为_____,每一次提取从该指针所指位置开始。输出流的指针也称为_____,每一次插入也从该指针所指位置开始。每次操作后自动将指针向文件尾移动。如果能任意向前向后移动该指针,则可实现_____。

12. 为什么 cin 输入时,空格和回车无法读入? 这时可改用哪些流成员函数?

13. 当输出字符串数组名时,输出的是串内容,有何办法可以输出串的首地址?

14. 文件的使用有它的固定格式,请做简单介绍。

15. 文本文件可以按行也可以按字符进行拷贝,在使用中为保证完整地拷贝各要注意哪些问题?

16. 对文件流,"!"运算符完成什么功能?

17. 二进制文件读函数 read()能否知道文件是否结束? 应怎样判断文件结束?

18. 由二进制文件和文本文件来保存对象各有什么优点和缺点?

19. 文件的随机访问为什么总是用二进制文件,而不用文本文件?

# 附录1 VC＋＋开发环境简介

面向对象语言最突出的特性是抽象性、封装性、继承性和多态性。C＋＋语言作为支持面向对象的机制，既可用于表示过程模型，又可用于表示对象模型。

## 1 用 VisualC＋＋ 6.0创建C＋＋源程序

下面通过一个例子说明用 Visual C＋＋ 6.0 创建 C＋＋源程序的方法。

（1）运行 Microsoft Visual C＋＋ 6.0 程序，如图 F1.1 所示。

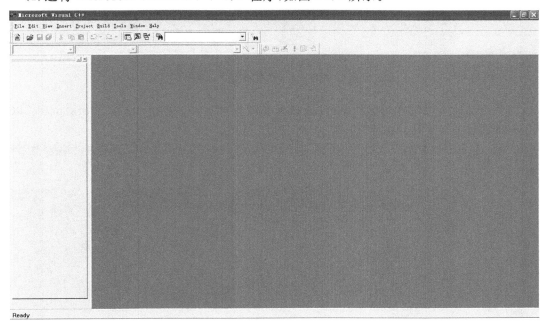

图 F1.1　Visual C＋＋ 6.0 主页面

（2）选择"File"→"New"，如图 F1.2 所示。

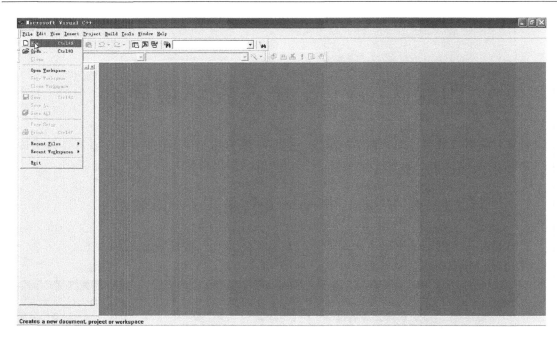

图 F1.2　创建新文件

　　（3）弹出新建类型选择对话框，可以选择的类型有"Files"、"Projects"、"Workspaces"以及"Other Documents"4 类。选择"Files"，如图 F1.3 所示。

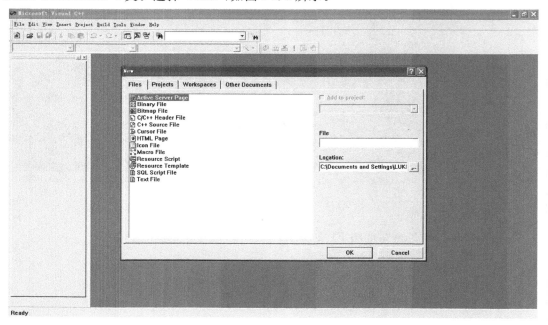

图 F1.3　创建 C++元文件

　　（4）选择"C++Source File"，并在右边的"File"文本框中输入文件的名称：HelloWorld，如图 F1.4 所示。

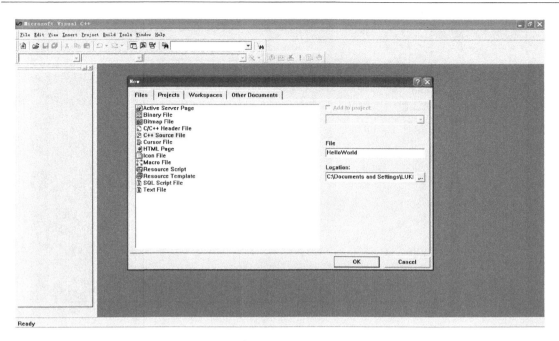

图 F1.4　创建"Hello Word"C＋＋源文件

（5）点击"OK"（确定）按钮后，可以在 Hello Word.Cpp 窗口中书写代码，如图 F1.5 所示。

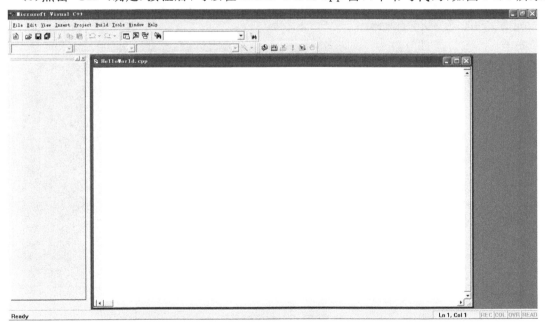

图 F1.5　C＋＋源程序书写界面

（6）写入代码，如图 F1.6 所示。注意，在 Visual C＋＋ 6.0 中，C＋＋的关键字都用蓝色表示。

图 F1.6　加入代码的 C++源程序

(7)代码要经过编译和执行两个步骤才能够得到结果。编译代码,如图 F1.7 所示,选择"Build"→"Compile"。

图 F1.7　编译源程序

(8)系统编译过程中会询问是否建立某些资源或文件,编译完成之后,界面的下部出现错误(error)和警告(warning)的提示,当错误(error)的个数为 0 时,就可以执行程序,如图 F1.8 所示。

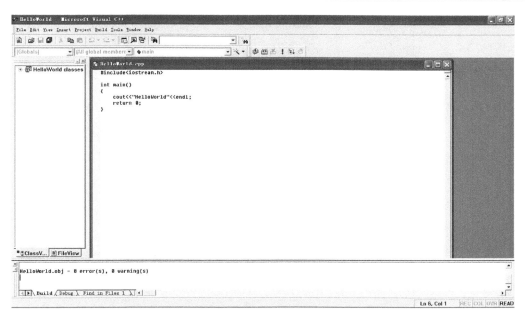

图 F1.8　提示源程序编译无错误

(9)选择"Build"→"Execute"或者直接点击"执行(Execute)"图标,开始执行程序,如图 F1.9 所示。

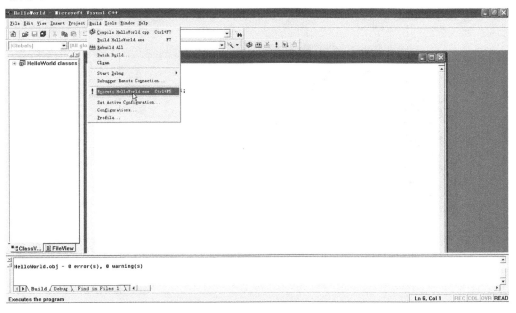

图 F1.9　执行源程序

(10)执行程序前,系统会询问是否要建立 exe(可执行)文件,点击"是"后开始执行程序,如图 F1.10 所示。

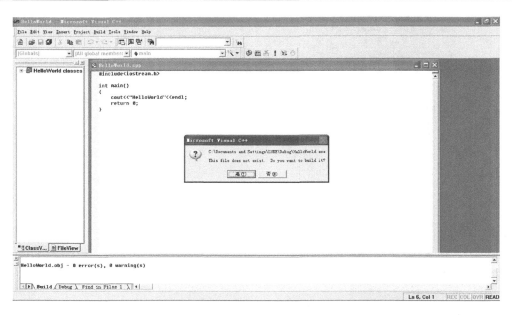

F1.10　建立可执行文件

(11)经过编译和执行后,得到程序的运行结果,如图 F1.11 所示,第一行就是程序要输出的字符串"HelloWorld"。

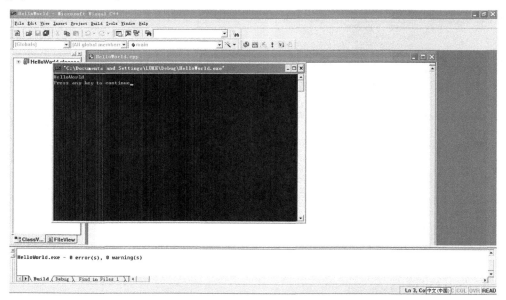

图 F1.11　源程序运行结果

# 2　Visual C++ 6.0 MFC 特点介绍

MFC(Microsoft Foundation Class Library)是 Microsoft 基本类库,由微软公司的 AFX 小组于

1992 年创建。MFC 拥有一个庞大的、扩展的 C++类层次结构,它封装了 SDK 结构、功能以及应用程序框架的内部技术。MFC 简化了程序员的工作,使程序员不必像以前那样必须要做大量关于 Windows 的界面和实现细节等局部重复的工作,而可以专心于项目功能的开发。

在 MFC 出现之前,用 C 语言进行 Windows 编程要求程序员直接使用 Windows API(应用程序接口),大量的程序代码都需要程序员自己编写,常常需要编写许多重复代码后才能实现特定的应用。MFC 的优点在于它已经包含了所有标准的模板(template)代码,而这些代码封装了所有用 C 编写的 Windows 应用程序接口,程序员只需调用这些模板代码就可以了。程序员也可以直接调用标准 C 函数进行编程,因为 MFC 并没有修改 Windows 程序的基本结构。

MFC 中的类大概可以分为以下几种类型:应用程序框架,图形处理,文件服务,调试和异常处理,数组类、列表类和映像类;Internet 服务,OLE,数据库,通用类。

MFC 中的绝大部分类都是从基类 CObject 中继承下来的,它包含有大部分 MFC 类通用的数据成员和成员函数。

# 3　用 Visual C++ 6.0 创建 MFC 源程序的例子

下面通过一个例子说明,如何用 Visual C++ 6.0 来创建 MFC 源程序。

## 3.1　建立程序框架

(1)从开始菜单中打开 Microsoft Visual C++ 6.0 程序,如图 F1.12 所示。

(2)运行 Microsoft Visual C++ 6.0 程序,如图 F1.13 所示。

(3)选择"File"→"New"或直接按快捷键 Ctrl+N,打开"New"对话框,如图 F1.14 所示。

(4)选择"Projects",如图 F1.15 所示。

(5)选择"MFC AppWizard(exe)"选项,并在右边的"Project name"文本框中输入项目的名称"Hello World",如图 F1.16 所示。

图 F1.12　打开 Visual C++ 6.0 程序

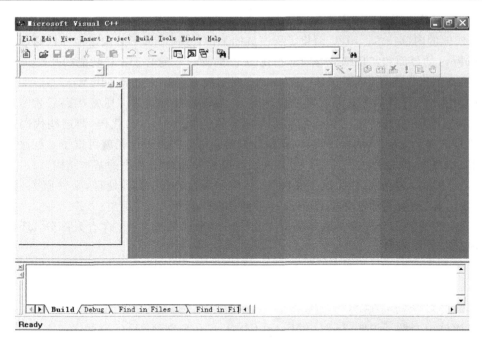

图 F1.13　VisualC++6.0 主页面

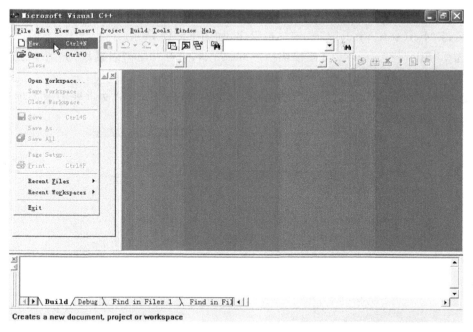

图 F1.14　创建新文件

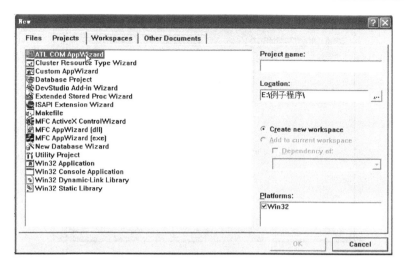

图 F1.15　创建新工程

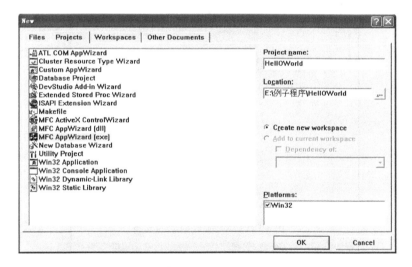

图 F1.16　创建"Hello Word"MFC 应用程序

（6）点击"OK"按钮，打开"MFC AppWizard - Step 1"对话框，如图 F1.17 所示。用于选择应用程序的基本结构，可以选择单文档界面（SDI）、多文档界面（MDI）和基于对话框的界面。选择"Single document"，表示选择单文档界面，一次只允许在程序中打开一个文档。

（7）点击"Next"按钮，打开"MFC AppWizard - Step 2 of 6"对话框，选择数据库支持环境，如图 F1.18 所示。选择"None"，表示不需要任何数据库支持。

（8）点击"Next"按钮，打开"MFC AppWzard - Step 3 of 6"对话框，选择是否为不同的 ActiveX 控件容器生成相应的支持代码，如图 F1.19 所示。选择"None"，表示不需要任何 ActiveX 支持。

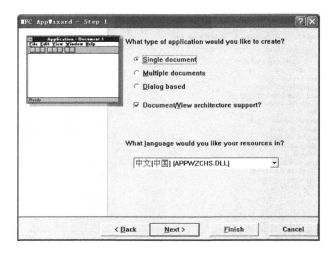

图 F1.17　创建单文档界面

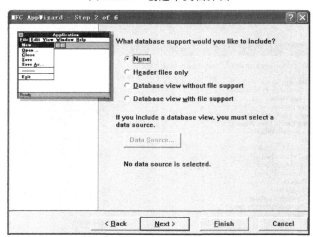

图 F1.18　无需数据库的支持

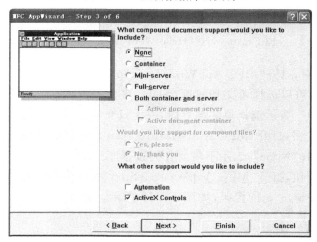

图 F1.19　无需 ActiveX 支持

　　(9)点击"Next"按钮,打开"MFC AppWizard - Step 4 of 6"对话框,选择各种用户界面特征,如图 F1.20 所示。对话框中各复选框的意义如下。

　　Docking toolbar:添加工具栏到程序中。工具栏包括多个常用的按钮,如 New、Open、Save、Cut、Copy、Paste 和 Help 等。此外,MFC AppWizard 还会自动在"View"菜单中增加相应命令来显示或隐藏工具栏。

　　Initial status bar:添加状态栏到程序中。MFC AppWizard 同时提供显示或隐藏状态栏的菜单命令。

　　Printing and print preview:添加代码处理打印、打印设置和打印预览等菜单命令。

　　Context - senitive Help:添加帮助按钮到程序中,并生成.RTF 文件、.HPJ 文件和批处理文件,帮助用户编写帮助文件。

　　3D controls:为程序的用户界面添加三维外观。

　　MAPI(Messaging API):增加代码处理邮件信息。

　　Windows Sockets:使程序可以使用 TCP/IP 协议与网络通信。

　　How do you want your toolbars to look? 单选框用于选择工具栏的外观,用户可以将工具栏按钮设置成 IE 的按钮外观。

　　How mang files would you like on your recent file list? 选择保留最近打开文件记录的个数。

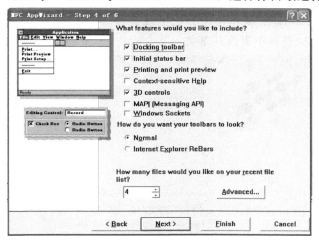

图 F1.20　选择默认值

　　(10)保留系统的缺省选择,点击"Next"按钮,打开"MFC AppWizard - Step 5 of 6"对话框,如图 F1.21 所示。

　　可供设置的选项如下。

　　What style of project would you like? 设置项目风格为 MFC 标准风格或类似 Windows 的资源浏览器的风格。

　　Would you like to generate source file comments? 选择是否在源文件中插入相应的注释以便编写程序。注释会提示用户应该在哪里添加自己的代码。

　　How would you like to use the MFC library? 选择使用动态链接库或静态链接库。

　　选择项目风格为 MFC 标准风格(MFC Standard),选择"Yes,please"要求在源文件中插

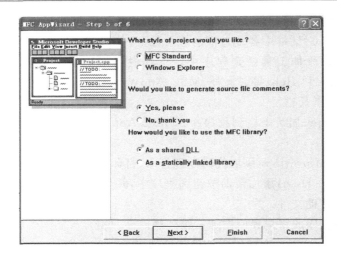

图 F1.21　选择默认值

入注释,并选择"As a shared DLL"使用动态链接库。

(11)点击"Next"按钮,打开"MFC AppWizrad – Step 6 of 6"对话框,如图 F1.22 所示。列表中显示 MFC AppWizard 将要创建的类名,选中某个类后,可以在"Class name:"、"Header file:"和"Implementation file:"文本框中分别更改类名、头文件名和源文件名。只有视图类才可以在"Base class"下拉列表中更改其基类。

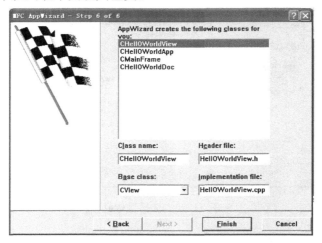

图 F1.22　更改文件名

(12)点击"Finish"按钮,弹出工程信息提示对话框,如图 F1.23 所示。

对话框中显示程序的规范说明,包括将创建的类说明、程序外观和项目工作目录等。点击"OK"按钮,MFC AppWizard 自动为程序生成所需的开始文件,并自动在项目工作区打开新项目——HelloWorld 项目的项目工作区,如图 F1.24 所示。

在项目工作区中可以看到,MFCAppWizard 创建了 CAboutDlg、CHelloWorldApp、CHelloWorldDoc、CHelloWorldView 和 CMainFrame 等 5 个类。建立并运行这个程序,选择"Bulid"→"! Execute FirstTry.exe"选项,或按快捷键 Ctrl+F5。运行结果如图 F1.25 所示。

F1.23　工程信息提示对话框

F1.24　项目工作区

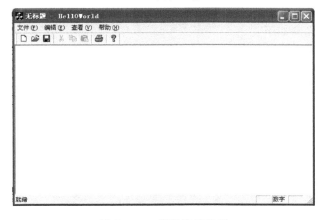

图 F1.25　程序运行结果

　　图 F1.25 中的程序是标准的 Windows 应用程序,除了编辑菜单和相应的工具栏按钮因为没有实现代码无法执行外,其他菜单命令都可以正常执行。

## 3.2　程序建立示例

建立应用程序的基本框架和界面以后,在 HelloWorld 的程序窗口中显示简单的信息,应遵循以下步骤。

(1)在项目工作区窗口找到并展开 CHelloWorldView 类。

(2)双击 CHelloWorldView 类的 OnDraw(CDC ＊ pDC)函数名,源代码编辑窗口将出现 OnDraw 的代码,如图 F1.26 所示。

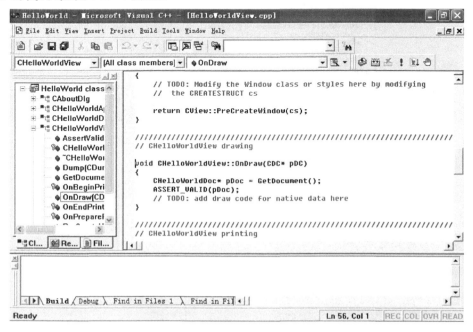

图 F1.26　添加代码到 OnDraw 函数中

OnDraw 函数在每次窗口重绘时都会被自动调用,所以在 OnDraw 函数中添加显示信息。OnDraw 函数原来的代码如下:

```
void CHelloWorldView::OnDraw(CDC ＊ pDC)
{
    CHelloWorldDoc ＊ pDoc = GetDocument();
    ASSERT_VALID(pDoc);
    // TODO：add draw code for native data here
}
```

(3)在 OnDraw 函数中添加两行代码,使程序能够显示信息,改写后的 OnDraw 函数如下:

```
void CHelloWorldView::OnDraw(CDC ＊ pDC)
{
    CHelloWorldDoc ＊ pDoc = GetDocument();
    ASSERT_VALID(pDoc);
```

```
// TODO：add draw code for native data here
CString m_Message= "Hello World";
pDC ->TextOut(0,0,m_Message);
}
```

（4）运行 HelloWorld 程序，如图 F1.27 所示。

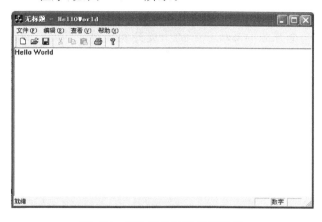

F1.27　修改后的程序运行结果

在第（3）步中使用了 CDC 类的成员函数 TextOut()函数，该函数用于在 CDC 设备类中显示字符串，使用 3 个参数，前两个参数用于指示字符串显示的相对位置，最后的参数用于传递要显示的字符串。

上述步骤完成了从创建一个 MFC 程序到编译执行程序的全过程，通过工程向导建立程序框架，用户只需在程序框架中填入与程序主要功能相关的少量代码。整个过程继承了 Windows 界面和使用风格，快捷方便，为程序员带来很多便利。

# 附录 2　Code::Blocks 开发环境简介

Code::Blocks 是一个开源的 C/C++的集成开发环境。Code ::Blocks 由纯粹的 C++语言开发完成,开发环境具有较快的响应速度,并具有跨平台性,支持在不同的操作系统下运行。Code ::Blocks 是目前进行 C/C++程序开发的主流开发环境之一。

用 Code::Blocks 创建一个 C/C++程序。图 F2.1 是 Code::Blocks 的主界面。

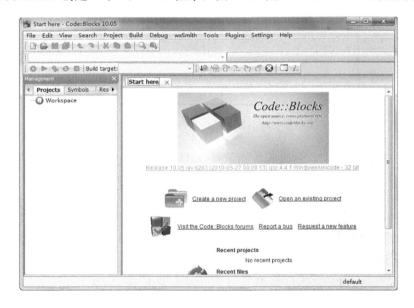

图 F2.1　Code::Blocks 主界面

(1)单击"File"菜单,选择"New"→"Project",如图 F2.2 所示。

(2)在建立工程模板界面中,选择"Console Application",创建一个控制台程序,如图 F2.3 所示。

(3)在项目目录设置中,在 Project title 输入框中填入项目名称,Folder to create project in:输入框中选择项目路径,在 Project filename 输入框中填入要创建的项目文件名,如图 F2.4 所示。

(4)建立好工程后,在左侧项目导航窗口中可以看到生成的项目和项目源代码目录,以及生成的示例代码 main.c,如图 F2.5 所示。

(5)在 main.c 中输入自己的程序,如图 F2.6 所示。

(6)单击"Build"菜单,选择"Build and run",运行结果如图 F2.7 所示。

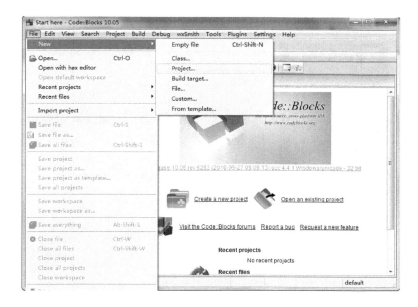

图 F2.2　新建工程

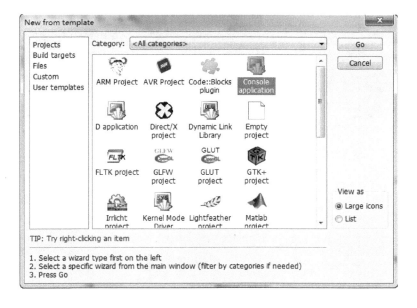

图 F2.3　建立控制台程序

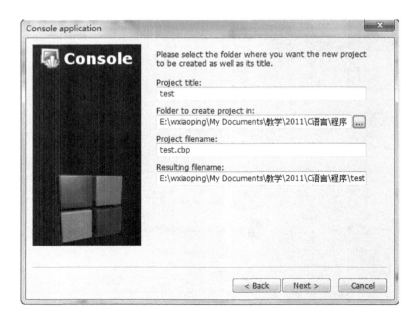

图 F2.4　设置项目目录

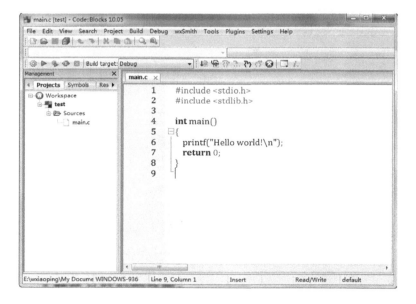

图 F2.5　生成项目

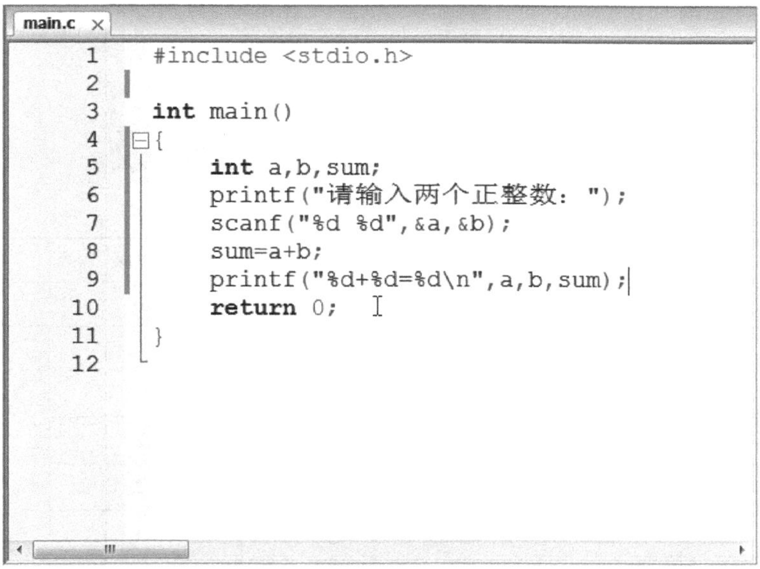

main.c
#include <stdio.h>
int main()
{
int a,b,sum;
printf("请输入两个正整数：");
scanf("%d %d",&a,&b);
sum=a+b;
printf("%d+%d=%d\n",a,b,sum);
return 0;
}

图 F2.6 输入自己的程序

D:\test\bin\Debug\test.exe
请输入两个正整数：23 56
23+56=79
Process returned 0 (0x0) execution time : 6.244 s
Press any key to continue.

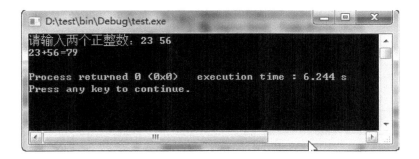

图 F2.7 程序的运行结果

# 附录3  运算符优先级

| 操作符 | 优先级 | 结合性 |
|---|---|---|
| () [] -> :: . | 16 | 从左到右 |
| ! ~ + - ++ - & * sizeof new delete | 15 | 由右到左 |
| . * -> * | 14 | |
| * / % | 13 | |
| + - | 12 | |
| << >> | 11 | |
| < <= > >= | 10 | |
| == != | 9 | |
| & | 8 | 从左到右 |
| ^ | 7 | |
| \| | 6 | |
| && | 5 | |
| \|\| | 4 | |
| ?: | 3 | |
| = *= /= %= += -= &= ^=等 | 2 | 从右到左 |
| , | 1 | 从左到右 |

# 附录4　综合练习

## 综合练习1　象棋类

问题定义：定义一个棋子类，再定义一个棋子类的派生类：象棋子类，并写出测试主函数。
程序源代码如下：

```
1) #include <iostream>
2) #include <string. h>
3) using namespace std
4) class Stone{                              // 棋子类
5) protected：
6)      int   Color;                         // 颜色
7)      int   Col；                          // 列
8)      int   Row；                          // 行
9)      bool bShow；                         // 是否显示
10)      bool Selected；                     // 是否被选择
11) public：
12)      Stone(int color, int col，int row);
13)      void MoveTo(int col，int row){ Col＝col，Row＝row；}
14)      void KillIt(){ bShow ＝ false；}
15)      void Select(){ Selected ＝ ！Selected；}
16)};
17) Stone：：Stone(int color，int col，int row)    //棋子类的构造函数
18){Color ＝ color;
19)     bShow ＝ true;
20)     Selected ＝ false;
21)     Col ＝ col;
22)     Row ＝ row;
23)}
24) class ChineseStone  ：public Stone{          // 中国象棋棋子类
25)     char   strType[10];                      // 棋子类型
26)     int   R;                                 // 棋子半径
27) public：
28)     ChineseStone (int color，int col，int row，char ＊type);// 构造函数
```

```
29)    void    Show();                                    // 显示信息
30)};
31)ChineseStone ::ChineseStone (int color, int col, int row, char * type):Stone(col-
    or,col, row){
32)    strcpy(strType, type);
33)    R = 23;
34)}
35)void ChineseStone ::Show(){
36)    cout<<"— 这是一个象棋棋子 —"<<endl;
37)    cout<<"棋子类型:"<<strType<<endl;
38)    if(Color==0)
39)    {   cout<<"    棋子颜色:红色"<<endl; }
40)    else{   cout<<"    棋子颜色:黑色"<<endl; }
41)    cout<<"棋子位置:("<<Col<<","<<Row<<")"<<endl;
42)    if(bShow==true)
43)    { cout<<"    是否显示:是"<<endl; }
44)    else{ cout<<"    是否显示:否"<<endl; }
45)    if(bShow==true && Selected==true)
46)    { cout<<"    是否被选:是"<<endl; }
47)    else{ cout<<"    是否被选:否"<<endl; }
48)    cout<<"棋子半径:"<<R<<endl<<endl;
49)}
50)int main()                                             //测试主函数
51){
52)ChineseStone    c1(1,3,6,"炮");                        //建立一个棋子对象
53)    c1. Show();                                         //显示棋子信息
54)    c1. Select();                                       //选中棋子
55)    c1. MoveTo(3,2);                                    //移动棋子
56)    c1. Show();                                         //显示棋子信息
57)    c1. KillIt();                                       //棋子被吃掉
58)    c1. Show();                                         //显示棋子信息
59)    return 0;
60)}
```

程序首先定义了棋子基类 stone,它包含了 5 个数据成员 Color、Col、Row、bShow、Select-ed,分别表示棋子的颜色、列号、行号,以及是否被显示和被选择;另外,它除了构造函数外还有 3 个成员函数 MoveTo()、KillIt()、Select(),分别用于移动棋子、不显示棋子以及改变棋子被选择的状态。Stone 基类只有构造函数在函数体外定义,bShow 和 Selected 两个数据成员默认为 ture 和 false。程序然后定义了一个 ChineseStone 的子类来继承 Stone 基类,它包含 2 个数据成员 strType[10]和 R,分别表示棋子类型和棋子的半径;其 2 个成员函数 ChineseStone()

和 Show()分别为子类的构造函数和显示函数。

在主程序中,定义一个子类的对象 c1(1,3,6,"炮")并进行了初始化,分别表示棋子颜色为黑、位置在 3 行 6 列,通过 Show()函数显示初始化的结果。通过调用成员函数 MoveTo(3,2)、KillIt()、Show()显示移动棋子后的状态,黑色棋子移动到 3 行 2 列,其中要注意棋子类型和棋子半径始终没有发生变化。程序运行结果如图 F4.1 所示。

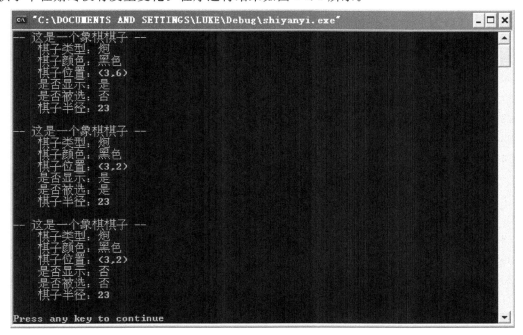

图 F4.1　程序运行结果

## 综合练习 2　职工档案管理系统

问题定义:建立一个简单的职工档案管理系统,具有职工档案管理的一些基本功能,并写出测试的主函数。程序源代码如下:

```
1) #include <iostream>
2) #include <string>
3) using namespace std;
4) class EmpSalary{                    //定义工资类
5) public:
6)     floatWage;                      //基本工资
7)     floatSubsidy;                   //岗位津贴
8)     floatRent;                      //房租
9)     floatCostOfElec;                //电费
10)    floatCostOfWater;               //水费
11) public:
```

```
12)    floatRealSum()                              //计算实发工资
13)    {return Wage + Subsidy - Rent - CostOfElec - CostOfWater;};
14)};
15)enum Position                                   //定义职务类型
16){ MANAGER,                                      //经理
17)   ENGINEER,                                    //工程师
18)   EMPLOYEE,                                    //职员
19)   WORKER                                       //工人
20)};
21)class Date                                      //定义日期类
22){ int day,month,year;
23)public:
24)   void init(int,int,int);
25)   void print_ymd();
26)};
27)class Employee                                  //定义职工类
28){ string Department;                            //工作部门
29)   string  Name;                                //姓名
30)   Date   Birthdate;                            //出生日期
31)   Position EmpPosition;                        //职务
32)   Date DateOfWork;                             //参加工作时间
33)   EmpSalary  Salary;                           //工资
34)public:
35)   void Register(string Depart, stringnName, Date tBirthdate,
36)       Position nPosition, Date tDateOfWork);
37)   void SetSalary(float wage, float subsidy, float rent, float elec,
38)       float water);
39)   float GetSalary();
40)   void ShowMessage();                          //打印职工信息
41)};
42)void Date::init(int yy, int mm, int dd)
43){    month = ( mm >= 1 && mm <= 12 ) ? mm : 1;
44)     year = ( yy >= 1900 && yy <= 2100 ) ? yy : 1900;
45)     day = ( dd >= 1 && dd <= 31 ) ? dd : 1;
46)}
47)void Date::print_ymd()
48){   cout << year << "-" << month << "-" << day << endl;}
49)//   职工类的成员函数定义
50)void Employee::Register(string Depart, stringnName, Date tBirthdate,
```

```
51)                          Position nPosition, Date tDateOfWork)
52){ Department = Depart；
53)   Name= nName；
54)   Birthdate= tBirthdate；
55)   EmpPosition = nPosition；
56)   DateOfWork = tDateOfWork；
57)}
58)void Employee：：SetSalary(float wage, float subsidy, float rent, float elec, float
59)water)
60){ Salary. Wage=wage；
61)   Salary. Subsidy=subsidy；
62)   Salary. Rent=rent；
63)   Salary. CostOfElec=elec；
64)   Salary. CostOfWater=water；
65)}
66)float Employee：：GetSalary()
67){ return Salary. RealSum()；}
68)void Employee：：ShowMessage()
69){ cout << "Depart：" << Department << endl；
70)   cout << "Name：" << Name << endl；
71)   cout << "Birthdate：" ；
72)   Birthdate. print_ymd()；
73)   switch(EmpPosition)
74)   {
75)   case MANAGER：
76)     cout << "Position：" << "MANAGER" <<endl；break；
77)   case ENGINEER：
78)     cout << "Position：" << "ENGINEER" <<endl；break；
79)   case EMPLOYEE：
80)     cout << "Position：" << "EMPLOYEE" <<endl；break；
81)   case WORKER：
82)     cout << "Position：" << "WORKER" <<endl；break；
83)   }
84)   cout << "Date of Work：" ；
85)   DateOfWork. print_ymd()；
86)   cout << "Salary：" << GetSalary() <<endl；
87)   cout<<"------------------------------------"<<endl；
88)}
89)#define MAX_EMPLOYEE    1000
```

```
90) int main()
91) { Employee EmployeeList[MAX_EMPLOYEE];        //定义职工档案数组
92)    int EmpCount=0;
93)    Date birthdate,workdate;
94)    birthdate.init(1980,5,3);                  //输入第一个职工数据
95)    workdate.init(1999,7,20);
96)    EmployeeList[EmpCount].Register("销售处",
97)       "张弓长",birthdate,ENGINEER,workdate);
98)    EmployeeList[EmpCount].SetSalary(1000,200,100,50,20);
99)    EmpCount++;
100)   birthdate.init(1979,4,8);                  //输入第二个职工数据
101)   workdate.init(2002,3,1);
102)   EmployeeList[EmpCount].Register("项目部",
103)      "李木子",birthdate,MANAGER,workdate);
104)   EmployeeList[EmpCount].SetSalary(1500,200,150,50,20);
105)   EmpCount++;
106)   for(int i=0;i<EmpCount;i++)                //输出所有职工的记录
107)      EmployeeList[i].ShowMessage();
108)   return 0;
109) }
```

本程序首先定义了工资类 Empsalary,其 5 个数据成员 Wage、Subsidy、Rent、CostOfElec 和 CostOfwater 分别代表了基本工资、岗位津贴、房租、电费和水费;成员函数 RealSum()主要计算实发工资总额。程序定义了一个枚举类型,它包含的 4 个枚举变量 MANAGER、ENGINEER、EMPLOYEE 和 WORKER,分别表示经理、工程师、职员和工人。Date 类是一个日期类,主要功能是初始化日期和打印日期。Employee 为定义的职工类,数据成员 Department、Name、Birthdate、EmpPosition、DateOfWork、Salary 分别代表工作部门、姓名、出生日期、职务、参加工作时间和工资。这里要特别注意的是,Birthdate、DateOfWork、Salary 分别是 Date、DateEmp 和 Salary 类定义的对象,EmpPosition 是 Position 枚举类型的枚举变量。它的 4 个成员函数 Register()、SetSalary()、GetSalary()、ShowMessage()其主要功能是初始化职工信息,设置职工工资,获得职工实发工资总额以及显示职工的综合信息。

在主程序 main()中,首先定义了一个 Employee 类职工数组,初始化大小为100。然后定义了 Date 类的两个对象 birthdate、workdate,分别表示出生日期和参加工作的日期。程序初始化了两个 Employee 类的对象,并通过成员函数 ShowMessage()显示出其信息。

在本程序中需要理解的知识点是在一个类中可以使用另一个类的对象,把它作为自己的数据成员。但是在初始化和使用本类对象时,首先要将作为数据成员的其他类的对象初始化好,否则编译将无法通过。程序运行的结果如图 F4.2 所示。

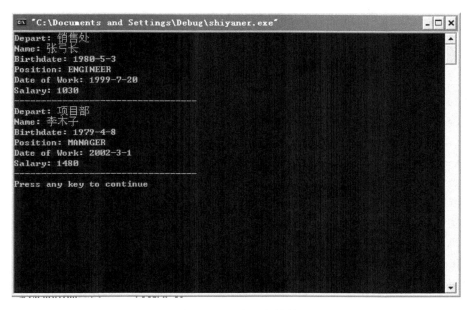

图 F4.2　程序运行结果

# 综合练习 3　较完整的日期类

问题定义:建立一个日期类,具有日期类的一些基本功能,如输出日期、日期的加减以及测试是否是闰年,写出测试的主函数。日期类头文件源代码如下:

```
1)//Date.h 日期类定义
2)#ifndef DATE_H
3)#define DATE_H
4)#include <iostream>
5)using namespace Std;
6)class Date {
7)    int day,month,year;
8)    void IncDay();                        //日期增加一天
9)    int DayCalc() const;                  //距基准日期的天数
10)    static const int days[];              //每月的天数
11)public:
12)    Date( int y, int m, int d);           //构造函数
13)    Date( int m, int d);                  //构造函数,年默认为系统当前年份
14)    Date();                               //构造函数,默认为系统日期
15)    void SystemDate();
16)    void SetDate( int yy, int mm, int dd );   //日期设置
17)    void SetDate( int mm, int dd );           //日期设置,年默认为系统年份
```

```
18)    bool IsLeapYear(int yy) const;                    //是否闰年?
19)    bool IsEndofMonth() const;                        //是否月末?
20)    void print_ymd() const;                           //输出日期 yy_mm_dd
21)    void print_mdy() const;                           //输出日期 mm_dd_yy
22)    const Date &operator+(int days);                  //日期增加任意天
23)    const Date &operator+=(int days);                 //日期增加任意天
24)    int operator -(const Date& ymd)const;             //两个日期之间的天数 add days,
25)modify object
26)};
27)#endif
```

日期类的源文件代码如下:

```
1)//Date.cpp 文件 Date 类成员函数定义
2)#include <iostream>
3)#include <time.h>
4)#include "date.h"
5)using namespace std;
6)//静态成员初始化
7)const int Date::days[] ={ 0, 31, 28, 31, 30, 31, 30, 31, 31, 30, 31, 30, 31 };
8)//构造函数
9)Date::Date(int y,int m,int d){ SetDate(y,m,d); }
10)Date::Date(int m,int d){ SetDate(m,d); }
11)Date::Date(){SystemDate();}
12)void Date::SystemDate()
13){                                                     //取得系统日期
14)    tm  * gm;
15)    time_t t=time(NULL);
16)    gm = gmtime(&t);
17)    year = 1900 + gm ->tm_year;
18)    month = gm ->tm_mon +1;
19)    day = gm ->tm_mday;
20)}
21)void Date::SetDate( int yy, int mm, int dd )
22){  month = ( mm >= 1 && mm <= 12 ) ? mm : 1;
23)    year = ( yy >= 1900 && yy <= 2100 ) ? yy : 1900;
24)    if ( month == 2 && IsLeapYear( year ) )
25)        day = ( dd >= 1 && dd <= 29 ) ? dd : 1;
26)    else day = ( dd >= 1 && dd <= days[ month ] ) ? dd : 1;
27)}
28)void Date::SetDate(int mm, int dd )
```

```
29){ tm *gm;
30)   time_t t=time(NULL);
31)   gm = gmtime(&t);
32)   month = ( mm >= 1 && mm <= 12 ) ? mm : 1;
33)   year = 1900 + gm->tm_year;
34)   if ( month == 2 && IsLeapYear( year ) )
35)     day = ( dd >= 1 && dd <= 29 ) ? dd : 1;
36)   else day = ( dd >= 1 && dd <= days[ month ] ) ? dd : 1;
37)}
38)const Date &Date::operator+( int days )
39){ //重载+
40)   for ( int i = 0; i < days; i++ )
41)     IncDay();
42)   return *this;
43)}
44)const Date &Date::operator+=( int days )
45){ //重载+=
46)   for ( int i = 0; i < days; i++ )
47)     IncDay();
48)   return *this;
49)}
50)int Date::operator -(const Date& ymd )const
51){   //重载-
52)   int days;
53)   days = DayCalc()- ymd. DayCalc();
54)   return days;
55)}
56)bool Date::IsLeapYear( int y ) const{
57)   if ( y % 400 == 0 || ( y % 100 ! = 0 && y % 4 == 0 ) ) return true;
58)   return false;
59)}
60)bool Date::IsEndofMonth() const
61){
62)   if ( month == 2 && IsLeapYear( year ) )
63)     return day == 29; //二月需要判断是否闰年
64)   else return day == days[ month ];
65)}
66)void Date::IncDay()
67){ //日期递增一天
```

```
68)   if ( IsEndofMonth())
69)     if (month == 12){    //年末
70)       day = 1;month = 1;year++;}
71)     else {                //月末
72)       day = 1;month++;}
73)     else day++;
74)}
75)int Date::DayCalc() const
76){
77)  int dd;
78)  int yy = year - 1900;
79)  dd = yy * 365;
80)  if(yy) dd += (yy - 1)/4;
81)  for(int i=1;i<month;i++) dd += days[i];
82)  if(IsLeapYear(year)&&(month>2)) dd++;
83)  dd += day;
84)  return dd;
85)}
86)void Date::print_ymd() const{cout << year << "-" << month << "-" <<
    day << endl;}
87)void Date::print_mdy() const
88){ char * monthName[ 12 ] = { "January", "February", "March", "April", "
    May", "June",
89)    "July", "August", "September", "October", "November", "December" };
90)    cout << monthName[ month - 1 ] << ' '<< day << ", " << year << endl;
91)}
```

主函数文件源代码如下：

```
1) //main. cpp 文件 演示较完整的日期类
2)#include <iostream>
3)#include "date. h"
4)using namespace std;
5)int main()
6){Date today,Olympicday(2016,8,5);
7)  cout << "Today (the computer's day) is: ";
8)  today. print_ymd();
9)  cout << "After 365 days, the date is: ";
10)  today += 365;
11)  today. print_ymd();
12)  Date testday(2,28);
```

13）cout << "the test date is："；

14）testday. print_ymd()；

15）Date nextday = testday + 1；

16）cout << "the next date is："；

17）nextday. print_ymd()；

18）today. SystemDate()；

19）cout << "the Olympic Games openday is："；

20）Olympicday. print_mdy()；

21）cout << "And after " << Olympicday - today

22）　<< " days，the Olympic Games will open. " <<endl；

23）return 0；

24）}

本程序包含 3 个文件：date. h 头文件、Date. cpp 文件和 main. cpp 文件。在 date. h 头文件中声明了一个较完整的日期类，其私有成员 day、month 和 year 分别代表具体日期的日、月份和年份；IncDay()私有函数主要功能是累加日期天数；DayCalc()私有函数主要是计算当前日期距离设置的标准日期的天数差，把标准日期设置为 2014 年 7 月 18 日；静态整型常量数组days[]用于保存每个月的天数（2 月的天数我们定为 28 天，也就是非闰年）。公有成员部分，定义了 3 个构造函数，第一个 Date( int y，int m，int d)构造函数的日期设置完全由实例化对象时确定，第二个 Date(int m，int d) 构造函数的年份由系统的默认年份来确定，第三个 Date()构造函数日期则全部由系统默认。公有函数 SystemDate()用来确定系统默认的当前日期；而公有函数 SetDate( int yy，int mm，int dd )和 SetDate( int mm，int dd )则是具体实现日期设置的功能，分别在第一个和第二个构造函数中被调用；公有函数 IsLeapYear(int yy)和 IsEnd-ofMonth()用来判断是否是闰年以及月末；公有函数 print_ymd()和 print_mdy 都是按一定格式输出显示日期，前者格式为：年-月-日，而后者的格式则为：月-日-年；最后类定义了 3 个运算符重载函数 Date &operator＋(int days)，Date &operator＋＝(int days)，operator －(const Date& ymd)，重载后使实例化后的类对象可以直接和整型日期直接进行"＋"和"＋＝"操作，以及两个日期类的"-"运算操作，这一点在 main()程序中体现。

在 Date. cpp 文件中对每个类成员函数进行具体定义，包括构造函数初始化日期，判断是否是闰年和月末的 IsLeapYear(int yy)函数及 IsEndofMonth()函数，最后是 3 个运算符重载函数。

在 main. cpp 文件中主要实现了 main()函数的测试功能，程序定义了两个 Date 类对象today 和 Olympicday(2016，8，5)，然后输出 today 对象的默认初始化结果，语句"today ＋＝ 365"是函数重载的结果，使得类对象可以直接进行加日期的运算，程序然后输出运算后的结果。定义了一个 Date 类 testday(2，28)对象，由于年份是缺省的，所以采用系统的默认年份。语句"Date nextday = testday + 1"也是重载函数的结果，使得两个日期类对象能够直接相加。最后程序把 today 类对象重新设为当前系统日期"today. SystemDate()"，并将 Olympic-day 和 today 两个日期类天数差输出。

程序运行的结果如图 F4. 3 所示。

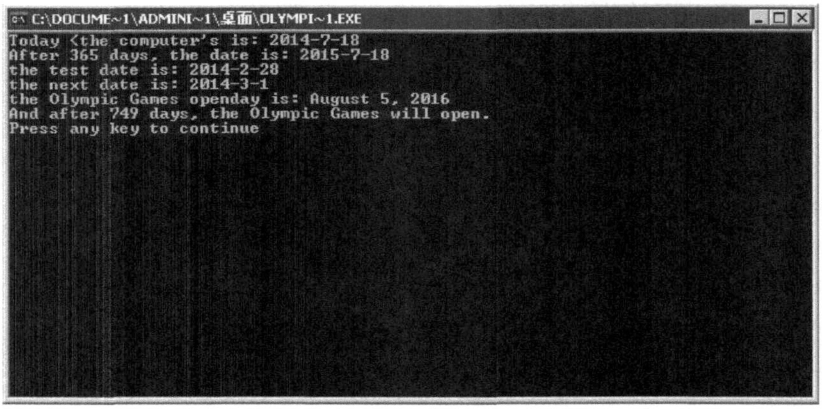

图 F4.3　程序运行结果

# 综合练习 4　矩阵类

问题定义:建立一个矩阵类,使其可以进行矩阵相加、矩阵相减、矩阵相乘的运算,运算要求符合矩阵运算的规则,即矩阵加减运算要求两矩阵的维数一致,并且矩阵相乘运算要求前一矩阵的列数和后一矩阵的行数一致,否则不能进行矩阵运算,写出测试的主函数。程序源代码如下:

```
1)//实数矩阵类程序
2)//头文件 MatrixException.h
3)#include <stdexcept>
4)#include <string>
5)using namespace std;
6)class MatrixException : public logic_error
7){ public:
8)    MatrixException(const string& s) : logic_error(s){   }
9)};
10)class Singular: public MatrixException
11){ public:
12)    Singular(const string& s) : MatrixException("Singular:"+s){   }
13)};
14)class InvalidIndex: public MatrixException
15){ public:
16)    InvalidIndex(const string& s) : MatrixException("Invalid index:"+s){   }
17)};
18)class IncompatibleDimension: public MatrixException
19){ public:
```

20)　IncompatibleDimension(const string& s)：MatrixException("Incompatible

21)Dimensions："+s){　}

22)}；

矩阵类头文件源代码如下：

1)//头文件 Matrix. h

2)#include "MatrixException. h"

3)class Matrix

4){

5)　double * elems;//存放矩阵中各元素,按行存放

6)　int row, col；　//矩阵的行与列

7)public：

8)　Matrix(int r, int c)；

9)　Matrix(double * m, int r, int c)；

10)~Matrix()；

11)　//重载运算符"()",用来返回某一个矩阵元素值

12)　//若所取矩阵下标非法,抛出 InvalidIndex 异常

13)double operator () (int i, int j) const

14)　throw(InvalidIndex)；

15)　//给矩阵元素赋值,若所设置矩阵元素下标非法,抛出 InvalidIndex 异常

16)void SetElem(int i, int j, double val)

17)　throw(InvalidIndex)；

18)　//重载运算符"*",实现矩阵相乘

19)　//若前一个矩阵的列数不等于后一个矩阵的行数,抛出

20)IncompatibleDimension 异常

21)Matrix& operator * (const Matrix& b) const

22)　throw(IncompatibleDimension)；

23)　//重载运算符"+",实现矩阵相加

24)　//若进行运算的矩阵维数不同,抛出 IncompatibleDimension 异常

25)Matrix& operator +(const Matrix& b) const

26)　throw(IncompatibleDimension)；

27)　//重载运算符"-",实现矩阵相减

28)　//若进行运算的矩阵维数不同,抛出 IncompatibleDimension 异常

29)Matrix& operator -(const Matrix& b) const

30)　throw(IncompatibleDimension)；

31)　//重载运算符"=",实现矩阵赋值

32)　//若进行运算的矩阵维数不同,抛出 IncompatibleDimension 异常

33)Matrix& operator =(const Matrix& b) const

34)　throw(IncompatibleDimension)；

35)void Print() const；　　　　　　　　　//按行显示输出矩阵中各元素

```
36)double Matrix::rowTimesCol(int i, double * b, int j, int bc) const;
37)};
```

矩阵类的类文件源代码如下：

```
1)//成员函数的定义文件 Matrix.cpp
2)#include <iostream>
3)#include <strstream>
4)#include <string>
5)#include "Matrix.h"
6)using namespace std;
7)string int2String(int i)          //将整型数转换为 String 类型
8){
9)    char buf[64];
10)   ostrstream mystr(buf, 64);
11)   mystr << i << '\0';
12)   return string(buf);
13)}
14)Matrix::Matrix(int r, int c)
15){
16)if ( r > 0 && c > 0)
17)   {
18)       row = r; col = c;
19)       elems = new double[r * c];     //为矩阵动态分配存储
20)   }
21)   else
22)   {
23)       elems = NULL;
24)       row=col=0;
25)   }
26)}
27)Matrix::Matrix(double * m, int r, int c)
28){
29)if ( r > 0 && c > 0)
30)   {
31)       row = r; col = c;
32)       elems = new double[r * c];
33)   }
34)   else
35)   {
36)       elems = NULL;
```

```
37)          row＝col＝0；
38)}
39)    if ( elems ！ ＝ NULL )
40)      for (int i＝0；i ＜ r * c；i＋＋)
41)        elems[i] ＝ m[i]；
42)}
43)Matrix：：～Matrix()
44){
45)      delete []elems；//释放矩阵所占的存储
46)}
47)    //重载运算符"()"可以由给出的矩阵行列得到相应的矩阵元素值
48)    //之所以重载"()"而不是"[]"，是因为避免数组 elems 所造成的二义性
49)double Matrix：：operator () (int r，int c) const
50)      throw(InvalidIndex)
51){
52)      if ( r＜0 || r＞＝row || c＜0 || c＞＝col )
53)      throw(InvalidIndex(string("Get Element(")
54)        ＋ int2String(r) ＋ "," ＋ int2String(c) ＋ ")"
55)        ＋ " from ("　＋ int2String(row) ＋ " x "
56)        ＋ int2String(col) ＋ ")" ＋ " matrix. " ) )；
57) return elems[r * col＋c]；
58)}
59)void Matrix：：SetElem(int r，int c，double val)
60) throw(InvalidIndex)
61){
62)    if ( r＜0 || r＞＝row || c＜0 || c＞＝col )
63)      throw(InvalidIndex(string("Set Element(")
64)        ＋ int2String(r) ＋ "," ＋ int2String(c) ＋ ")"
65)        ＋ " for ("　＋ int2String(row) ＋ " x "
66)        ＋ int2String(col) ＋ ")" ＋ " matrix. " ) )；
67)    elems[r * col＋c] ＝ val；
68)}
69)Matrix& Matrix：：operator * (const Matrix& b) const
70)      throw(IncompatibleDimension)
71){
72)    if ( col!＝ b. row )　//处理不符合计算条件的矩阵
73)      throw(IncompatibleDimension(" Matrix "＋int2String(row)
74)        ＋ " x " ＋ int2String(col) ＋ " times matrix "
75)        ＋ int2String(b. row) ＋ " x " ＋ int2String(b. col)＋". ")；
```

```
76)      Matrix * ans = new Matrix(row, b. col);
77)      for (int r=0 ; r < row ; r++)
78)      for (int c=0 ; c < b. col;C++)
79)          ans ->SetElem(r, c, rowTimesCol(r, b. elems, c, b. col));
80)      return * ans;
81)}
82)Matrix& Matrix：：operator +(const Matrix& b) const
83)      throw(IncompatibleDimension)
84){
85)      if ( col ！ = b. col || row ! =b. row)
86)      throw(IncompatibleDimension(" Matrix "+int2String(row)
87)        + " x " + int2String(col) + " adds matrix "
88)        + int2String(b. row) + " x " + int2String(b. col)+". "));
89)      Matrix * ans = new Matrix(row, b. col);
90)      for (int r=0 ; r < row ; r++)
91)      for (int c=0 ; c < col;C++)
92)          ans ->SetElem(r, c, elems[r * col+c]+b. elems[r * col+c]);
93)      return * ans;
94)}
95)Matrix& Matrix：：operator -(const Matrix& b) const
96)      throw(IncompatibleDimension)
97){
98)      if ( col ！ = b. col || row ! =b. row)
99)      throw(IncompatibleDimension(" Matrix "+int2String(row)
100)        + " x " + int2String(col) + " minus matrix "
101)        + int2String(b. row) + " x " + int2String(b. col)+". "));
102)      Matrix * ans = new Matrix(row, b. col);
103)      for (int r=0 ; r < row ; r++)
104)          for (int c=0 ; c < col;C++)
105)              ans ->SetElem(r, c, elems[r * col+c]- b. elems[r * col+c]);
106)      return * ans;
107)}
108)Matrix& Matrix：：operator =(const Matrix& b) const
109)      throw(IncompatibleDimension)
110){
111)      if ( col ！ = b. col || row ! =b. row)
112)      throw(IncompatibleDimension(" Matrix "+int2String(row)
113)        + " x " + int2String(col) + " equails matrix "
114)        + int2String(b. row) + " x " + int2String(b. col)+". "));
```

```
115)        Matrix * ans = new Matrix(row, b. col);
116)    for (int r=0 ; r < row ; r++)
117)    for    (int c=0 ; c < col;C++)
118)          ans ->SetElem(r, c, b. elems[r * col+c]);
119)    return * ans;
120)}
121)void Matrix::Print() const
122){
123)      for (int i = 0; i < row; i++)
124)      {
125)       for (int j = 0; j < col - 1; j++)
126)          cout << elems[i * col+j] << "\t";
127)       cout << elems[i * col+col - 1];
128)       cout<<endl;
129)      }
130)    cout<<endl;
131)}
132)double Matrix::rowTimesCol(int i, double *  b, int j, int bc) const
133){
134)    double sum=0. 0;
135)    for (int k=0; k < col; k++)
136)       sum += elems[i * col+k]  * b[k * bc+j];
137)    return sum;
138)}
```

主函数文件的源代码如下：

```
1)//测试文件 MatrixMain. cpp
2)#include <iostream>
3)#include "Matrix. h"
4)using namespace std;
5)int main()
6){
7)    try
8)    {//创建矩阵对象
9)      double a[20]= {1. 0, 3. 0, -2. 0, 0. 0, 4. 0, -2. 0, -1. 0, 5. 0, -7. 0, 2. 0,
10)0. 0, 8. 0, 4. 0, 1. 0, -5. 0, 3. 0, -3. 0, 2. 0, -4. 0, 1. 0};
11)      double b[15]= {4. 0, 5. 0, -1. 0, 2. 0, -2. 0, 6. 0, 7. 0, 8. 0, 1. 0, 0. 0,
12)3. 0,-5. 0, 9. 0, 8. 0, -6. 0};
13)      Matrix x1(a, 4, 5);
14)      cout<<"the matrix of x1 is:"<<endl;
```

```
15)        x1. Print();
16)        Matrix y1(b, 5, 3);
17)        cout<<"the matrix of y1 is;"<<endl;
18)        y1. Print();
19)        Matrix z1 = x1 * y1;//两个矩阵相乘
20)        cout<<"the matrix of z1＝x1 * y1 is;"<<endl;
21)        z1. Print();
22)        Matrix x2(2, 2);
23)        x2. SetElem(0, 0, 1.0);//为矩阵对象添加元素
24)        x2. SetElem(0, 1, 2.0);
25)        x2. SetElem(1, 0, 3.0);
26)        x2. SetElem(1, 1, 4.0);
27)        cout<<"the matrix of x2 is;"<<endl;
28)        x2. Print();
29)        cout<<"x1 * x2 is;"<<endl;
30)        x1 * x2;//两个维数不匹配矩阵相乘,产生异常
31)        cout<<"x1 - x2 is;"<<endl;
32)        x1 - x2;//两个维数不匹配矩阵相减,产生异常
33)        cout<<"Set a new element for x1;"<<endl;
34)        x1. SetElem (7, 8, 30);//设置矩阵元素超界,产生异常
35)        cout<<"Get a element from x1;"<<endl;
36)        x1(4, 5);         //取不存在的矩阵元素,产生异常
37)        }
38)    catch(MatrixException& e)
39)    {
40)        cout << e. what() << endl;//获取异常信息
41)    }
42)    return 0;
43)}
```

　　本程序共包含 4 个文件：MatrixException. h、Matrix. h、Matrix. cpp 和 MatrixMain. cpp。在 MatrixException. h 文件中定义了 4 个异常类，MatrixException 类、Singular 类、InvalidIndex 类和 IncompatibleDimension 类，分别用来处理程序中出现的不同情况的异常。

　　在 Matrix. h 文件中，定义了一个具体的矩阵类 Matrix，该类的私有部分定义了整型变量 row 和 col 分别代表矩阵的行与列，而 double 型的指针变量 elems 则用于按行存放矩阵中的各元素。公有部分定义了成员函数 Matrix(int r, int c)用于初始化矩阵元素，而成员函数 Matrix(double * m, int r, int c)除了初始化矩阵元素外还将各元素值存放到 elems 指向的数组中，语句"double operator () (int i, int j) const"用于重载操作符"()"，该函数返回矩阵指定位置的元素值，而语句"throw(InvalidIndex)"则为抛出 InvalidIndex 异常，其目的在于当所取矩阵下标非法时，将抛出此异常，激活主程序中的 catch 块中的相应的异常处理代码。同理，

下面的成员函数除了重载"＊"、"＋"、"−"、"＝"外,还抛出各自的异常,等待主程序来处理。成员函数 SetElem(int i, int j, double val)是用于对矩阵特定位置的元素进行赋值,函数 Print()将按行显示输出矩阵中各元素,最后函数 Matrix::rowTimesCol(int i, double ＊ b, int j, int bc)在矩阵相乘时用于计算行与列的乘积和。

文件 Matrix.cpp 是对类 Matrix 的各成员的具体定义,注意函数 int2String(int i)用于将输入的整型数按字符串形式输出。

最后在文件 MatrixMain.cpp 中,try 关键字将可能会出现异常的代码包含起来,关键字 catch 紧跟着 try 块,里面包含了处理异常的代码。程序首先定义了两个矩阵类,其初始化的元素分别来自两个 double 型的数组,主程序分别将它们显示出来。然后程序又定义了一个类,它是前两个类的乘积,由于符合矩阵相乘的要求(前一矩阵的列数等于后一矩阵的行数),所以程序能够显示出正确的结果。接下来程序又定义了一个 2＊2 的矩阵与第一个矩阵相乘,由于不符合要求,所以程序抛出异常提醒矩阵不符合计算要求。

程序运行的结果如图 F4.4 所示。

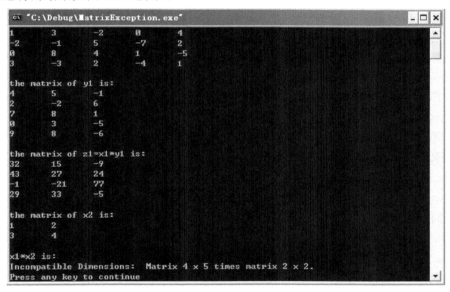

图 F4.4　程序运行结果

# 综合练习 5　电话簿管理程序

问题定义:编写一个简单的电话簿管理程序。电话簿由若干通信录组成,每条通信录由姓名和电话号码两部分组成,姓名不超过 30 个字符,电话号码不超过 20 个字符。具有以下功能。

(1)程序开始执行时显示如下版权信息和主菜单。

```
＊ ＊ ＊ ＊ ＊ ＊ ＊ ＊ ＊ ＊ ＊ ＊ ＊ ＊ ＊ ＊ ＊ ＊ ＊ ＊
＊　　　模拟电话簿　　v1.0　　　　　　　＊
＊　　　　　　　　　　　　　　　　　　　＊
＊　　　1.添加通信录　　　　　　　　　　＊
```

```
*      2.删除通信录                    *
*      3.显示通信录                    *
*      4.电话簿存盘                    *
*      5.读出电话簿                    *
*      6.退出                         *
* * * * * * * * * * * * * * * * * *
```

请输入(1~6)：

（2）通过键盘输入数字 1~5 后，程序能够执行相应的功能，执行完后回到上述主菜单继续等待用户输入；输入数字 6 后程序退出。

（3）选择"添加通信录"后，显示电话簿中已有的通信录数量；如电话簿已经记满，则显示"电话簿已记满"，按任意键返回主菜单；否则，依次提示"输入姓名"和"输入电话号码"，在电话簿中添加一条通信录。

（4）选择"删除通信录"后，显示电话簿中已有的通信录数量；如电话簿已经为空，则显示"电话簿已空"，按任意键返回主菜单；否则，提示"输入姓名"，根据指定的姓名删除一条通信录，如果该姓名在通信录中不存在，则给出提示"该姓名不存在"，按任意键返回主菜单。

（5）选择"显示通信录"后，列出电话簿中全部通信录的清单，包括姓名和电话号码，一条通信录占据一行，按姓名的字典顺序排列。

（6）选择"电话簿存盘"后，提示"输入保存的文件名："，输入文件名后，保存电话簿；如果保存失败，提示"存盘失败"，按任意键返回主菜单。

（7）选择"读出电话簿"后，提示"输入读取的文件名："，输入文件名后，从文件中读取电话簿；如果读文件失败，提示"读出电话簿失败"，按任意键返回主菜单。

通信录头文件源代码如下：

```
1)//Address.h 文件
2)//通信录定义
3)#ifndef ADDRESS_H
4)#define ADDRESS_H
5)#include <iostream>
6)#include <iomanip>
7)#include <fstream>
8)#include <string>
9)using namespace std;
10)class Address
11){bool Status;                      //通信录状态
12)    char Name[31];                 //姓名
13)    char Phone[21];                //电话
14)public:
15)    Address(){Status = true;}      //构造时通信录清空
16)    string GetName()const;         //取姓名
17)    string GetPhone()const;        //取电话
```

18)    bool isEmpty();                        //取通信录状态
19)    void Enter(string& name,string& phone);//输入通信录
20)    void Set();                            //置通信录状态 0,非空
21)    void Clear();                          //置通信录状态 1,空
22)};
23)#endif

通信录头文件源代码如下:

1)//Address. cpp 文件
2)#include "Address. h"
3)#include <iostream>
4)#include <iomanip>
5)#include <fstream>
6)#include <string>
7)using namespace std;
8)string Address::GetName()const
9){ string s = Name;
10)    return s;
11)}
12)string Address::GetPhone()const
13){ string s = Phone;
14)    return s;
15)}
16)bool Address::isEmpty(){return Status;}
17)void Address::Enter(string& name,string& phone)
18){ int len = name. length();
19)    if (len>30) len = 30;                  //输入过长时截断
20)    name. copy(Name,len,0);
21)    Name[len] = 0;                         //字符串结束符,把 string 转换成 char *
22)    len = phone. length();
23)    if (len>20) len = 20;
24)    phone. copy(Phone,len,0);
25)    Phone[len] = 0;
26)}
27)void Address::Set(){Status = false;}
28)void Address::Clear(){Status = true;}

电话薄头文件源代码如下:

1)//AddressBook. h 文件 电话簿定义
2)#ifndef ADDRESSBOOK_H
3)#define ADDRESSBOOK_H

```
4) #include "Address. h"
5) #include <iostream>
6) #include <fstream>
7) #include <iomanip>
8) #include <string>
9) using namespace std;
10) const int ItemNum = 100;              //通信录最大数量
11) class AddressBook
12) { Address Item[ItemNum];              //通信录
13)     int Num;                          //通信录数量
14)     int FindFree();                   //查找空的通信录
15) public:
16)     AddressBook(){Num = 0;}
17)     void Enter();                     //输入
18)     void Erase();                     //删除
19)     void Load();                      //读盘
20)     void Save();                      //存盘
21)     void List();                      //显示
22) };
23) #endif
```

电话薄类文件源代码如下:

```
1) //AddressBook. cpp 文件
2) #include "Address. h"
3) #include "AddressBook. h"
4) #include <iostream>
5) #include <fstream>
6) #include <iomanip>
7) #include <string>
8) using namespace std;
9) ostream &operator<<( ostream &output, const Address& addr )
10) { //重载<<,直接用 cout 输出通信录
11)     output << setiosflags(ios::left) << setw(31)
12)         << addr. GetName() << setw(21) << addr. GetPhone();
13)     return output;
14) }
15) int AddressBook::FindFree()
16) { int t;
17)     for(t=0;t<ItemNum; t++)
18)         if (Item[t]. isEmpty()) return t;
```

```
19)     return -1;                              //电话簿已记满
20) }
21) void AddressBook::Enter()
22) {
23)    string name,phone;
24)    int pointer;
25)    pointer = FindFree();
26)    if(pointer==-1) cout << "电话簿已记满";
27) else {
28)      cout <<"电话簿中有" << Num << "条通信录" <<endl;
29)      cout <<"输入姓名：";
30)      cin >> name;
31)      cout <<"输入电话号码：";
32)      cin >> phone;
33)      Item[pointer].Enter(name,phone);
34)      Item[pointer].Set();
35)      Num++;
36)  }
37) }
38) void AddressBook::Erase()
39) { int t;
40) string s;
41) cout <<"电话簿中有" << Num << "条通信录" <<endl;
42) if (! Num) cout<<"电话簿已空！\n";
43) else {
44)      cout <<"输入姓名：";
45)      cin >> s;
46)      for(t=0;t<ItemNum; t++) {
47)        if(! Item[t].isEmpty()&&Item[t].GetName()==s) {
48)          Item[t].Clear();
49)          Num--;
50)          cout << "已经删除" << s << "的通信录。\n";
51)          break;}
52)      }
53)    if (t==ItemNum) {
54)        cout << "该名字不存在\n";
55)        cin.get();}
56)  }
57) }
```

```
58)void AddressBook::List()
59){   int t,i,j;
60)    Address list[ItemNum],temp;
61)    if (! Num) cout<<"电话簿已空!"<<endl;
62)    else {
63)      cout <<"电话簿中有" << Num << "条通信录" <<endl;
64)      for(t=0;t<ItemNum;t++) list[t] = Item[t];
65)      for(i=0;i<ItemNum;i++)
66)      {                                            //排序
67)        for(j=ItemNum-1;j>i;j—)
68)          if(list[j-1].GetName()>list[j].GetName())
69)          {   temp = list[j-1];
70)              list[j-1] = list[j];
71)              list[j] = temp;
72)          }
73)      }
74)    cout << setiosflags(ios::left) << setw(31)
75)      << "姓名" << setw(21) << "电话" << endl;
76)    for(t=0; t<ItemNum; ++t){
77)      if(! list[t].isEmpty())
78)        cout << list[t] <<endl;}
79)  }
80)}
81)void AddressBook::Save()
82) {   ofstream file;
83)     int i;
84)     char fname[41];
85)     cout << "输入保存的文件名:";
86)     cin >> fname;
87)     file.open(fname,ios::out);
88)     if(! file) {
89)     cout << "打开文件失败! \n";
90)     cin.get();
91) }
92) else{
93)     for(i=0; i<ItemNum; i++)
94)     {
95)       if(file&&! file.eof())
96)         file.write(reinterpret_cast<const char * >(&Item[i]),
```

```
97) sizeof(Address) );
98)    }
99)    file. close();
100) }
101) }
102) void AddressBook::Load()
103) {
104) ifstream file;
105) int i;
106) char fname[41];
107) cout << "输入读取的文件名：";
108) cin >> fname;
109) file. open(fname,ios::in);
110) if(! file) {
111)    cout << "打开文件失败! \n";
112)    cin. get();
113) }
114) else {
115)      Num = 0;
116)      for(i=0; i<ItemNum; i++)
117)      {
118)      if(file&&! file. eof())
119)        file. read(reinterpret_cast<char *>(&Item[i]),
120) sizeof(Address) );
121)      if(! Item[i]. isEmpty()) Num++;
122)    }
123)    file. close();
124) }
125) }
```

主函数文件源代码如下：

```
1) //main. CPP 模拟电话簿
2) #include "Address. h"
3) #include "AddressBook. h"
4) #include <iostream>
5) #include <fstream>
6) #include <iomanip>
7) #include <string>
8) using namespace std;
9) int menu_select();
```

```
10) int main()
11) { char choice;
12)   AddressBook maillist;
13)   for(;;) {                          //循环,直到键盘输入结束代码
14)     choice = menu_select();
15)     switch(choice) {                 //根据键盘输入,调用相应的功能
16)     case 1: maillist.Enter();break;
17)     case 2: maillist.Erase();break;
18)     case 3: maillist.List();break;
19)     case 4: maillist.Save();break;
20)     case 5: maillist.Load();break;
21)     case 6: exit(0);
22)     }
23)   }
24)   return 0;
25) }
26) int menu_select()
27) {                                    //显示主菜单
28)   char c;
29)   cout << "* * * * * * * * * * * * * * * * * * *\n";
30)   cout << "*         模拟电话簿      v1.0        *\n";
31)   cout << "*                                    *\n";
32)   cout << "*        1.添加通信录                 *\n";
33)   cout << "*        2.删除通信录                 *\n";
34)   cout << "*        3.显示通信录                 *\n";
35)   cout << "*        4.电话簿存盘                 *\n";
36)   cout << "*        5.读出电话簿                 *\n";
37)   cout << "*        6.退出                       *\n";
38)   cout << "* * * * * * * * * * * * * * * * * * *\n";
39)   cout << "\n 请输入(1~6): ";
40)   do {//键盘输入循环
41)     cin.get(c);
42)   } while(c<'1' || c>'6');
43)   return c - 48;
44) }
```

本程序一共包含 5 个文件:Address. h 文件、Address. cpp 文件、AddressBook. h 文件,
Address Book. cpp 文件和 main. cpp 文件。下面分别对每个文件所实现的功能做简单说明。

在 Address. h 文件中,定义了一个 Address 地址类,代表了电话簿中的每条电话项,其私
有成员 Name[31]和 Phone[21]分别代表了姓名和电话号码,而 bool 型变量 Status 则用来表

示该条电话项是否为空;公有成员中,定义了构造函数 Address()用于初始化时将电话项清空,GetName()函数和 GetPhone()函数用于获得电话项的姓名与电话,isEmpty()函数用于判断电话项是否为空,函数 Enter(string& name,string& phone)用于输入通信录,Set()函数和Clear()分别用于将通信录置于非空和空。在 Address.cpp 文件中有每个类成员函数的具体定义。程序不允许将姓名和电话号码设置得过长,否则程序将进行截断处理。

在 AddressBook.h 文件中,定义了一个 AddressBook 类来主要负责电话簿的综合管理。类的私有部分定义了一个 Address 类的对象数组 Item[ItemNum],最大容量设置为100,整型变量 Num 表示通信录的实际数量,函数 FindFree()用于查找空的目录项;公有部分定义了构造函数 AddressBook()先将目录项设置为0,成员函数 Enter()、Erase()、Load()、Save()、List()分别用于输入新目录项、删除目录项、将目录项读盘、将目录项存盘和显示目录项。在 AddressBook.cpp 文件中定义了类 AddressBook 的具体实现,另外程序还重载了"<<"运算符,使得程序可以直接输出类对象电话簿的项,Load()函数 Save()还涉及文件的简单操作。

main.cpp 文件中是程序控制的主函数。在 main() 函数中,首先定义了一个 AddressBook 类的对象 maillist,然后程序根据用户对提示操作的选择分别调用不同的函数进行相应的添加、删除、读盘、存盘和显示操作。

通过一个示例来演示这一过程。

(1)运行程序,如图 F4.5 所示。

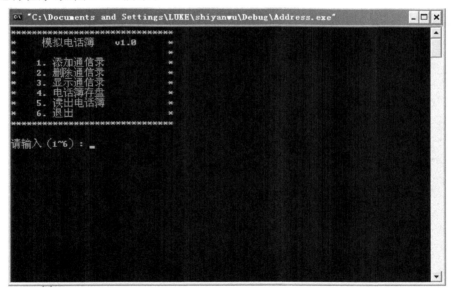

图 F4.5　程序运行主界面

(2)选择"3",电话簿初始化为空,如图 F4.6 所示。

(3)选择"1"添加两条电话项:张三,84556678;李四,66223478,并选择"3"将其显示出来,如图 F4.7 所示。

(4)选择"2"将张三那条记录删除,然后再显示结果如图 F4.8 所示。

(5)选择"4"将建立的电话簿存盘,文件名取为"模拟电话簿"。存盘后,在本程序文件的文件夹下,打开名为"模拟电话簿"的文件,可以查看存盘的记录。

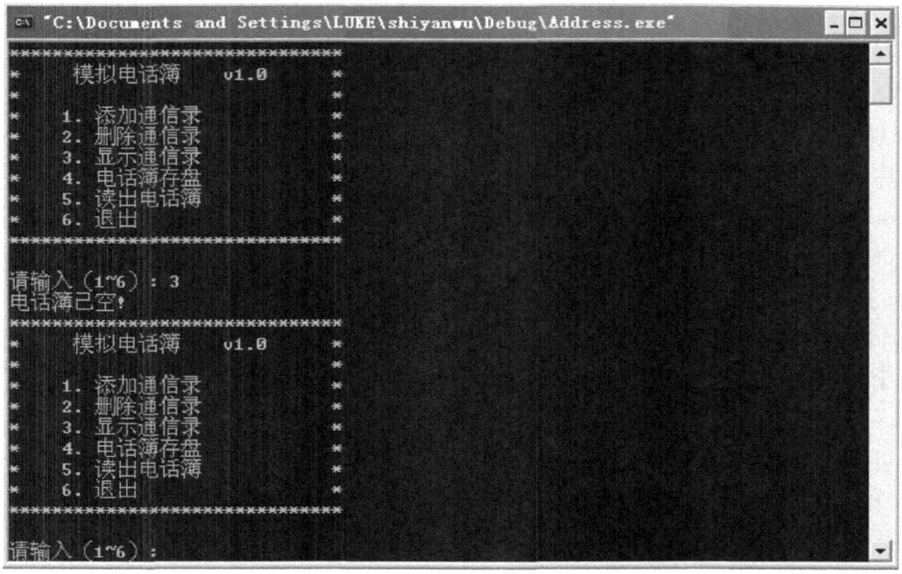

图 F4.6　显示电话薄

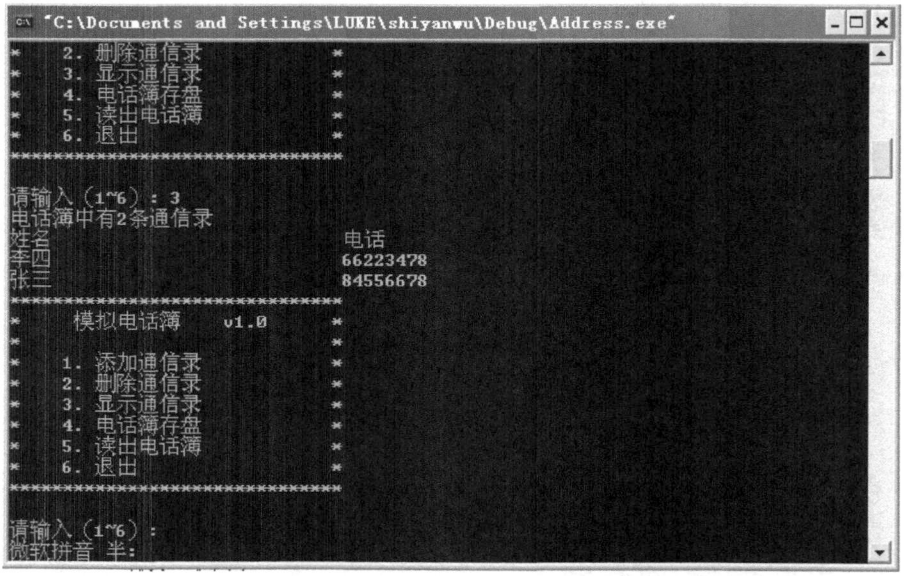

图 F4.7　添加通讯录

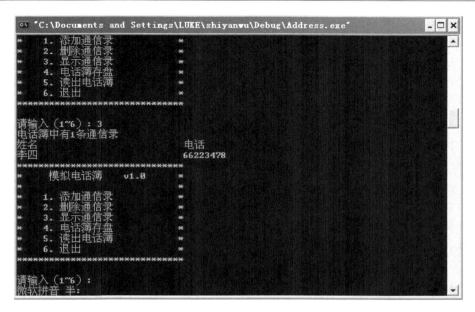

图 F4.8　删除记录后电话薄

# 参考文献

[1]吕凤翥.C++语言基础教程.北京:清华大学出版社,2012.

[2]陈维兴,林小茶.C++面向对象程序设计教程.第2版.北京:清华大学出版社,2004.

[3]Lippman S B,Lajoie J. C++Primer中文版.第3版.潘爱民,张丽,译.北京:中国电力出版社,2004.

[4]宛延闿.C++程序语言和面向对象程序设计.第2版.北京:清华大学出版社,1997.

[5]Deitel H M,Deitel P J.C++大学教程.第2版.邱仲潘,等,译.北京:电子工业出版社,2001.

[6]Fckel B. C++编程思想.刘宗田,邢大红,孙慧杰,等,译.北京:机械工业出版社,2001.

[7]Stroustrup B. The C++ Programming Language(Special Edition).北京:高等教育出版社,2001.

[8]Voss G. Object - Oriented Programing:An Introduction. Berkly,CA:Osbourne McGraw - Hill,1991.

[9]Stroup B. TheC++ Programing Language. Third Edition,Reading,MA:Addison Wesley Publishing Company,1997.

[10] Taylor D. Object - Oriented Information Systems. New York,NY:John Wiley&Sons,1992.

[11]M. Detail.C++大学教程.第2版.电子工业出版社.

[12]Stanley B. Lippman Josee Lajoie Allison,C. C++ Primer.第3版.中国电力出版社 The C Users Journal,VOL 10,No. 12,December 1992

[13]Bar - David,T. ,Object - Oriented Design forC++,Englewood Cliffs,NJ:Prentice Hall,193

[14]Bruce Eckel.C++编程思想.机械工业出版社.

[15]钱能.C++程序设计教程.北京:清华大学出版社,2005.

[16]Ellis M A,Stroustrup B. The Annotated  C++ Reference Manual,Reading,MA:Addison - Wesley,1990

[17]蓝雯飞,陆际光,覃俊.C++面向对象程序设计中的多态性研究.计算机工程与应用,2000,36(8):97 - 98.

[18]滕云,贺春林.面向对象程序设计的核心概念在C++中的实现.西华师范大学学报:自然科学版,2003,24(1):52 - 55.

[19]蓝雯飞.面向对象程序设计语言C++中的多态性.微型机与应用,2000,6(11).

[20]蓝雯飞.C++语言中的面向对象特征探讨.计算机工程与应用,2000,36(9):91 -92.

[21]袁晓东.面向对象方法中的类型概念.计算机研究与发展,1997,34(10):726 - 730.

［22］郝莹.面向对象方法与传统开发方法的比较研究.航空科学技术,2001,(3),37－39.

［23］陈一明.软件危机现象与面向对象方法分析.湖北民族学院学报:自然科学版,2001,19(2):67－69.

［24］雷西玲.面向对象方法与结构化方法的比较.现代电子技术,2002(1):42－44.

［25］徐海洋.用面向对象方法开发软件产品.计算机应用研究,2002,19(4):1－4.

［26］梅宏.面向对象语言中的数据抽象和继承性.计算机应用与软件,1992,9(6):12－17.

［27］蒋维杜.面向对象语言和C＋＋讲座.软件世界,1995,2:026.

［28］张志方.理解面向对象语言中的继承关系.计算机工程,2004,30(B12):25－26.

［29］Soulie J. C＋＋ Language Tutorial. http://www. cplusplus. com/doc/tutorial.

［30］The C＋＋ Programming Language. http://www. research. att. com/～bs/C＋＋. html.

［31］景雪琴.C＋＋语言程序设计课程教学探讨.高等教育研究学报,2006,28(2):87－89.

［32］葛建芳.C＋＋程序设计教学研究.电脑知识与技术.学术交流,2006(7):212－212.

［33］Vandevoorde D,范德沃德,Josuttis N M,et al. C＋＋ Templates 中文版.陈伟柱,译.北京:人民邮电出版社,2004.

［34］Alexandrescu A. C＋＋设计新思维.侯捷,於春景,译.湖北:华中科技大学出版社,2003.

［35］侯捷.STL源码剖析.湖北:华中科技大学出版社,2001.